应用技术型高等教育"十二五"规划教材

高等数学（下册）

主　编　黄玉娟　李爱芹

副主编　曹海军　刘吉晓

主　审　尹金生

中国水利水电出版社
www.waterpub.com.cn

内 容 提 要

本教材是以国家教育部高等工科数学课程教学指导委员会制定的《高等数学课程教学基本要求》为标准，以培养学生的专业素质为目的，充分吸收多年来教学实践和教学改革成果而编写的。

本教材分上、下两册。上册内容包括一元函数、极限与连续、一元函数微分学及其应用、一元函数积分学及其应用、常微分方程。下册内容包括向量代数、空间解析几何、多元函数及其微分法、重积分、曲线积分与曲面积分、无穷级数等。

本教材内容全面、结构严谨、推理严密、详略得当，例题丰富，可读性、应用性强，习题足量，难易适度，简化证明，注重数学知识的应用性，可作为普通高等院校"高等数学"课程的教材，也可供工程技术人员或参加国家自学考试及学历文凭考试的读者作为自学用书或参考书。

图书在版编目（ＣＩＰ）数据

高等数学. 下册 / 黄玉娟，李爱芹主编. -- 北京：中国水利水电出版社，2014.8（2016.8重印）
应用技术型高等教育"十二五"规划教材
ISBN 978-7-5170-2336-4

Ⅰ. ①高… Ⅱ. ①黄… ②李… Ⅲ. ①高等数学－高等学校－教材 Ⅳ. ①013

中国版本图书馆CIP数据核字(2014)第188549号

策划编辑：宋俊娥　责任编辑：李　炎　加工编辑：石永峰　封面设计：李　佳

书　　名	应用技术型高等教育"十二五"规划教材 高等数学（下册）
作　　者	主　编　黄玉娟　李爱芹 副主编　曹海军　刘吉晓 主　审　尹金生
出版发行	中国水利水电出版社 （北京市海淀区玉渊潭南路 1 号 D 座　100038） 网址：www.waterpub.com.cn E-mail: mchannel@263.net（万水） 　　　　sales@waterpub.com.cn 电话：（010）68367658（发行部）、82562819（万水）
经　　售	北京科水图书销售中心（零售） 电话：（010）88383994、63202643、68545874 全国各地新华书店和相关出版物销售网点
排　　版	北京万水电子信息有限公司
印　　刷	北京正合鼎业印刷技术有限公司
规　　格	170mm×227mm　16 开本　14 印张　280 千字
版　　次	2014 年 12 月第 1 版　2016 年 8 月第 3 次印刷
印　　数	12001—13000 册
定　　价	26.00 元

"应用型人才培养基础课系列教材"
编审委员会

前　　言

我国高等教育从 20 世纪 90 年代末开始实行由精英教育向大众化教育的过渡，历经近二十年的历程，教育规模不断扩张，给我国的高等教育带来了一系列的变化、问题与挑战，同时也冲击着高等数学课程在大学阶段的教育问题。传统的高等数学课程的特点是逻辑严密、理论抽象、实际应用少，在大众教育阶段，招收学生的数学基础参差不齐，导致大量学生学习起来感到跨度大，内容过于抽象，从而造成"学不会、用不了"的状况。而对于高等院校的理工科类学生来讲，高等数学课程是一门非常重要的基础课程，它理论严谨，应用广泛，不仅为学生学习专业课和后续课程提供基础保障，同时在培养学生抽象思维、逻辑思维、综合分析问题能力等方面都具有非常重要的作用。

本教材面对大众化教育阶段的现实局面，以教育部非数学专业数学基础课教学指导分委员会制定的"工科类本科数学基础课程教学基本要求"为依据，迎合当下教育部调整教育机构的主要思路——引导部分地方本科高校以社会需求为导向转型发展，本着"难度降低、注重实用"的原则确定高等数学的内容框架和深度。本教材的编写者具有多年丰富的教学实践经验，在编写时，以培养应用型人才为目标，将数学基本知识和实际应用有机结合起来，主要有以下几个特点：

（1）体现应用型本科院校特色，根据理工科各专业对数学知识的需求，本着"轻理论、重应用"的原则制定内容体系。

（2）在内容安排上由浅入深，与中学数学进行了合理的衔接。在引入概念时，注意概念产生的实际背景，采用提出问题—讨论问题—解决问题的思路，逐步展开知识点，使得学生能够从实际问题出发，激发学习兴趣，同时增强学生应用数学工具解决实际问题的意识和能力。

（3）例题和习题的选择上难易适度、层次分明，大部分章节都配有实际应用问题，并在每一章后面配有复习题，主要是用于锻炼学生对本章知识点的综合应用能力。

（4）在每一章的结束部分，附加了历史上在数学方面有杰出贡献的伟大数学家的生平简介，通过了解数学家生平和事迹，可以让学生真正了解数学发展的基本过程，而且能让学生学习数学家坚韧不拔的追求真理、维护真理的科学精神。

（5）本教材结构严谨，逻辑严密，语言准确，解析详细，易于学生阅读。由于抽象理论的弱化，突出理论的应用和方法的介绍，内容深广度适当，使得内容贴近教学实际，便于教师教与学生学。本教材内容分上、下册，包括函数的极限，一元函数微积分学，微分方程，空间解析几何与向量代数，多元函数微积分学，无穷级数等内容。

（6）为了能更好地与中学数学衔接，在上册的附录Ⅰ中对三角函数的常用公式做了全面总结，并在附录Ⅱ、Ⅲ、Ⅳ中分别介绍了二阶、三阶行列式、各种类型的不定积分公式、常用的一些平面曲线及其图形，供需要的学生查阅参考。

本教材适合普通应用型本科院校理工类各专业学生使用，也可作为研究生入学考试的参考书。

参加本教材编写的有黄玉娟（第1、5章），李爱芹（第3章），曹海军（第10章），刘吉晓（第11章），王海棠（第2章），董爱君（第4章），孙光辉（第6章），廉立芳（第7章），刘菲菲（第8章），李文婧（第9章）。全书由黄玉娟、李爱芹统稿，多次修改定稿。最后由尹金生副教授为本教材审稿。在编写过程中，参考和借鉴了许多国内外有关文献资料，并得到了很多同行的帮助和指导，在此对所有关心支持本书的编写、修改工作的教师表示衷心的感谢。

限于编写水平，书中难免有错误和不足之处，殷切希望广大读者批评指正。

编　者
2014 年 10 月

目　　录

第7章　空间解析几何与向量代数

解析几何是用代数的方法来研究几何问题. 空间解析几何是多元函数微积分的基础. 在研究空间解析几何时, 向量代数是一个有力的工具.

本章首先简单介绍向量的概念及向量的线性运算, 然后再建立空间直角坐标系, 利用坐标讨论向量的运算, 并以向量为工具讨论空间解析几何的有关内容.

7.1　向量及其线性运算

7.1.1　向量的概念

在日常生活中有这样一类量, 它们既有大小, 又有方向, 例如位移、速度、加速度、力、力矩等等, 这一类量叫做**向量**（或**矢量**）.

在数学上, 常用一条有方向的线段, 即有向线段来表示向量. 有向线段的长度表示向量的大小, 有向线段的方向表示向量的方向. 以 A 为起点, B 为终点的有向线段所表示的向量记作 $\overrightarrow{AB}$ （如图 7.1 所示）. 有时也用一个粗体字母或者用一个上面加箭头的字母来表示向量, 例如 a, b, F 或 $\vec{a}, \vec{b}, \vec{F}$ 等. 需要特别说明的是, 我们只研究与起点无关的向量, 并称这种向量为**自由向量**.

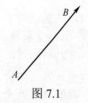

图 7.1

如果两个向量 a 和 b 的大小相等, 且方向相同, 则称向量 a 和 b 是**相等**的, 记作 $a = b$. 这就是说, 经过平行移动后能完全重合的向量是相等的.

向量的大小叫做向量的**模**. 用 $|a|$ 或 $|\overrightarrow{AB}|$ 表示向量的模. 特别地, 模为1的向量称为**单位向量**. 模为0的向量称为**零向量**, 记作 $\mathbf{0}$ 或 $\vec{0}$. 规定零向量的方向为任意方向.

设有两个非零向量 a, b, 任取空间一点 O, 作 $\overrightarrow{OA} = a$, $\overrightarrow{OB} = b$. 规定不超过 π 的 $\angle AOB$ 称为向量 a 与 b 的**夹角**（如图 7.2 所示）, 记作 $(\widehat{a, b})$ 或 $(\widehat{b, a})$. 如果向量 a 与 b 中有一个是零向量, 规定它们的夹角可以在 0 到 π 之间任意取值. 特别地, 当 $(\widehat{a, b}) = 0$ 或 π, 称向量 a 与 b **平行**, 记作 $a \parallel b$; 当 $(\widehat{a, b}) = \dfrac{\pi}{2}$, 称向量 a 与 b **垂直**, 记作 $a \perp b$.

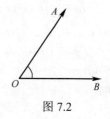

图 7.2

7.1.2 向量的线性运算

1. 向量的加减法

向量的加法运算规定如下：

设有两个向量 a 与 b，任取一点 A，作 $\overrightarrow{AB}=a$，再以 B 为起点，作 $\overrightarrow{BC}=b$，连接 AC（如图 7.3 所示），那么向量 $\overrightarrow{AC}=c$ 称为向量 a 与 b 的和，记作 $a+b$，即 $c=a+b$．这种作出两向量之和的方法叫做向量相加的**三角形法则**．

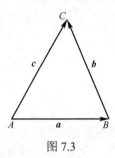

图 7.3

向量的加法符合下列运算规律：

（1）交换律　　$a+b=b+a$．

（2）结合律　　$(a+b)+c=a+(b+c)$．

设 a 为一向量，与 a 的模相同而方向相反的向量叫做 a 的**负向量**，记作 $-a$．由此，我们规定两个向量 b 与 a 的差 $b-a=b+(-a)$．

2. 向量与数的乘法

向量 a 与实数 λ 的乘积是一个向量，记作 λa，并且规定：它的模 $|\lambda a|=|\lambda||a|$；它的方向当 $\lambda>0$ 时与 a 相同，当 $\lambda<0$ 时与 a 相反，当 $\lambda=0$ 时为零向量．

向量与数的乘法符合下列运算规律：

（1）结合律　　$\lambda(\mu a)=\mu(\lambda a)=(\lambda\mu)a$；

（2）分配律　　$(\lambda+\mu)a=\lambda a+\mu a$；　$\lambda(a+b)=\lambda a+\lambda b$．

向量的加法与数乘运算统称为**向量的线性运算**．

设 a 是一个非零向量，把与 a 同向的单位向量记为 e_a，则 $e_a=\dfrac{a}{|a|}$．

例 7.1.1　在平行四边形 $ABCD$ 中，设 $\overrightarrow{AB}=a$，$\overrightarrow{AD}=b$，试用 a 和 b 表示向量 $\overrightarrow{MA},\overrightarrow{MB},\overrightarrow{MC},\overrightarrow{MD}$，这里 M 表示平行四边形对角线的交点（如图 7.4 所示）．

解　因为平行四边形的对角线互相平分，

所以　　　　　　　　　　$a+b=\overrightarrow{AC}=2\overrightarrow{AM}$，

即　　　　　　　　　　　$-(a+b)=2\overrightarrow{MA}$，

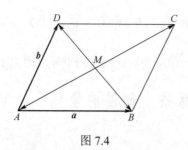

图 7.4

于是

$$\overrightarrow{MA} = -\frac{1}{2}(a+b).$$

由于　　$\overrightarrow{MC} = -\overrightarrow{MA}$，所以　$\overrightarrow{MC} = \frac{1}{2}(a+b).$

又　　$-a+b = \overrightarrow{BD} = 2\overrightarrow{MD}$，所以　$\overrightarrow{MD} = \frac{1}{2}(b-a).$

由于　　$\overrightarrow{MB} = -\overrightarrow{MD}$，所以　$\overrightarrow{MB} = \frac{1}{2}(a-b).$

由向量与数的乘法，可以得到两向量平行的充要条件，即有

定理 7.1.1　设向量 $a \neq 0$，那么向量 b 平行于 a 的充分必要条件是：存在唯一的实数 λ，使 $b = \lambda a$.

证明略.

定理 7.1.1 是建立数轴的理论依据. 我们知道，确定一条数轴，需要给定一个点、一个方向及单位长度. 由于一个单位向量既确定了方向，又确定了单位长度，因此只需给定一个点及一个单位向量就能确定一条数轴. 设点 O 及单位向量 e 确定了数轴

图 7.5

Ox（如图 7.5 所示），则对于数轴上任一点 P，对应着一个向量 $\overrightarrow{OP}$. 由于 $\overrightarrow{OP} \parallel e$，故存在唯一的实数 x，使得 $\overrightarrow{OP} = xe$，$\overrightarrow{OP}$ 与实数 x 一一对应. 于是

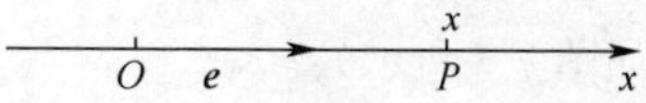

$$点 P \leftrightarrow 向量 \overrightarrow{OP} = xe \leftrightarrow 实数 x，$$

从而数轴上的点 P 与实数 x 有一一对应的关系. 据此定义实数 x 为数轴上点 P 的坐标.

习题 7.1

1. 设向量 a,b 均为非零向量，给出下列等式成立的条件：

（1）$|a+b| = |a-b|$；　　　　　（2）$|a+b| = |a| + |b|$；

（3）$|a+b| = \big||a| - |b|\big|$；　　　（4）$\dfrac{a}{|a|} = \dfrac{b}{|b|}$.

2. 设 $u = 3a - 2b + c$，$v = a + b - c$. 试用 a,b,c 表示向量 $3u - 2v$.

3. 已知菱形 $ABCD$ 的对角线 $\overrightarrow{AC}=a$，$\overrightarrow{BD}=b$，试用向量 a，b 表示 $\overrightarrow{AB}$，$\overrightarrow{BC}$，$\overrightarrow{CD}$，$\overrightarrow{DA}$.

4. 设平面上的一个四边形的对角线互相平分，试用向量证明它是平行四边形.

7.2 空间直角坐标系　向量的坐标

7.2.1 空间直角坐标系

在平面解析几何中，建立了平面直角坐标系，通过平面直角坐标系，把平面上的点与有序数组对应起来．同样，为了把空间的任一点与有序数组对应起来，我们来建立空间直角坐标系.

在空间选定一点 O 作为原点，过原点 O 作三条两两垂直的数轴，分别标为 x 轴（横轴），y 轴（纵轴），z 轴（竖轴），统称为**坐标轴**．它们构成一个空间直角坐标系 $Oxyz$（如图 7.6 所示）．通常把 x 轴和 y 轴配置在水平面上，而 z 轴是铅垂线．它们的正向通常符合右手规则，即以右手握住 z 轴，当右手的四个手指从正向 x 轴以 $\dfrac{\pi}{2}$ 角度转向正向 y 轴时，大拇指的指向就是 z 轴的正向.

三条坐标轴中每两条坐标轴所在的平面 xOy，yOz，zOx 称为**坐标面**．三个坐标面把空间分成八个部分，每个部分称为一个**卦限**，共八个卦限．其中，$x>0$，$y>0$，$z>0$ 部分为第 Ⅰ 卦限，第 Ⅱ，Ⅲ，Ⅳ 卦限在 xOy 面的上方，按逆时针方向确定．第 Ⅴ，Ⅵ，Ⅶ，Ⅷ 卦限在 xOy 面的下方，由第 Ⅰ 卦限正下方的第 Ⅴ 卦限按逆时针方向确定（如图 7.7 所示）.

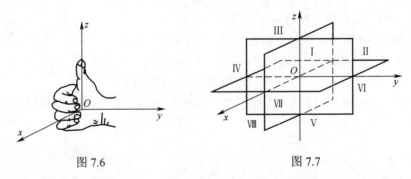

图 7.6　　　　　　　　　　　图 7.7

定义了空间直角坐标系后，来建立空间的点和有序数组之间的对应关系．设点 M 是空间中任意一点（如图 7.8 所示），过点 M 分别作垂直于 x 轴，y 轴，z 轴的平面，它们与 x 轴，y 轴，z 轴分别交于 P，Q，R 三点．设 P，Q，R 三点在三条坐标轴上的坐标分别为 x，y，z，那么点 M 就唯一地确定了一个有序数组 (x,y,z)．反过来，给定一个有序数组 (x,y,z)，可依次在 x 轴，y 轴，z 轴上找到坐标分别为 x，y，z

的三点 P，Q，R．过这三点分别作垂直于 x 轴，y 轴，z 轴的平面，这三个平面的交点就是有序数组所确定的唯一的点 M．

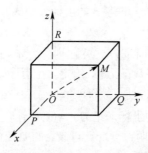

图 7.8

这样，通过空间直角坐标系，在空间中的点 M 和有序数组 (x,y,z) 之间建立了一一对应的关系，这组数 x，y，z 称为**点 M 的坐标**．其中 x，y，z 依次称为点 M 的**横坐标、纵坐标和竖坐标**．坐标为 x，y，z 的点 M 通常记作 $M(x,y,z)$．

坐标轴和坐标面上的点，其坐标各有一定的特征．例如，在 x 轴上的点，其纵坐标 $y=0$，竖坐标 $z=0$，于是其坐标为 $(x,0,0)$．同理，y 轴上的点的坐标为 $(0,y,0)$；z 轴上的点的坐标为 $(0,0,z)$．xOy 面上的点的坐标为 $(x,y,0)$，yOz 面上的点的坐标为 $(0,y,z)$，zOx 面上的点的坐标为 $(x,0,z)$．

7.2.2 向量的坐标表示

向量的运算仅用几何方法来研究有很多不便，我们还需要将向量代数化，即建立向量与有序数组之间的对应关系，通过数组之间的运算来解决向量的运算问题．

任意给定空间一向量 $\boldsymbol{r}$，作向量 $\overrightarrow{OM}=\boldsymbol{r}$，设点 M 的坐标为 (x,y,z)．过点 M 作三坐标轴的垂直平面，与 x 轴，y 轴，z 轴的交点分别为 P，Q，R（如图 7.9 所示）．由向量的加法法则，有

$$\boldsymbol{r}=\overrightarrow{OM}=\overrightarrow{OP}+\overrightarrow{PN}+\overrightarrow{NM}=\overrightarrow{OP}+\overrightarrow{OQ}+\overrightarrow{OR}.$$

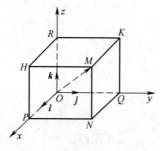

图 7.9

以 $\boldsymbol{i}$，$\boldsymbol{j}$，$\boldsymbol{k}$ 分别表示沿 x，y，z 轴正向的单位向量，则有

$$\overrightarrow{OP} = x\boldsymbol{i}，\quad \overrightarrow{OQ} = y\boldsymbol{j}，\quad \overrightarrow{OR} = z\boldsymbol{k}，$$

从而 $\boldsymbol{r} = \overrightarrow{OM} = x\boldsymbol{i} + y\boldsymbol{j} + z\boldsymbol{k}$，称为向量 $\boldsymbol{r}$ 的**坐标分解式**. $x\boldsymbol{i}$，$y\boldsymbol{j}$，$z\boldsymbol{k}$ 分别称为向量 $\boldsymbol{r}$ 沿 x 轴，y 轴，z 轴方向的**分向量**.

从上面可以看出，给定向量 $\boldsymbol{r}$，就确定了点 M 与 $\overrightarrow{OP}, \overrightarrow{OQ}, \overrightarrow{OR}$ 三个分向量，从而确定了 x，y，z 三个有序数；反之，给定三个有序数 x，y，z，也就确定了点 M 与向量 $\boldsymbol{r}$. 于是，点 M，向量 $\boldsymbol{r}$ 与三个有序数 x，y，z 之间存在一一对应关系，我们称有序数 x，y，z 为**向量 $\boldsymbol{r}$ 的坐标**，记为 $\boldsymbol{r} = (x, y, z)$. 向量 $\boldsymbol{r} = \overrightarrow{OM}$ 称为点 M 关于原点 O 的**向径**. 上述定义表明，一个点与该点的向径有相同的坐标. 记号 (x, y, z) 既表示点 M，又表示向量 $\overrightarrow{OM}$.

7.2.3 利用坐标作向量的线性运算

利用向量在直角坐标系中的坐标表达式，就可以把向量的加法、减法以及向量与数的乘法运算用坐标来表示.

设
$$\boldsymbol{a} = (a_x, a_y, a_z)，\quad \boldsymbol{b} = (b_x, b_y, b_z)，$$

即
$$\boldsymbol{a} = a_x\boldsymbol{i} + a_y\boldsymbol{j} + a_z\boldsymbol{k}，\quad \boldsymbol{b} = b_x\boldsymbol{i} + b_y\boldsymbol{j} + b_z\boldsymbol{k}.$$

利用向量加法的交换律与结合律以及向量数乘运算的结合律与分配律，有

$$\boldsymbol{a} + \boldsymbol{b} = (a_x + b_x)\boldsymbol{i} + (a_y + b_y)\boldsymbol{j} + (a_z + b_z)\boldsymbol{k}，$$

$$\boldsymbol{a} - \boldsymbol{b} = (a_x - b_x)\boldsymbol{i} + (a_y - b_y)\boldsymbol{j} + (a_z - b_z)\boldsymbol{k}，$$

$$\lambda\boldsymbol{a} = \lambda a_x\boldsymbol{i} + \lambda a_y\boldsymbol{j} + \lambda a_z\boldsymbol{k} \quad （\lambda \text{ 为实数}）.$$

即

$$\boldsymbol{a} + \boldsymbol{b} = (a_x + b_x, a_y + b_y, a_z + b_z)，$$

$$\boldsymbol{a} - \boldsymbol{b} = (a_x - b_x, a_y - b_y, a_z - b_z)，$$

$$\lambda\boldsymbol{a} = (\lambda a_x, \lambda a_y, \lambda a_z).$$

由此可见，对向量进行加、减及与数相乘，只需对向量的各个坐标分别进行相应的数量运算即可.

由定理 7.1.1，$\boldsymbol{a} \neq \boldsymbol{0}$ 时，$\boldsymbol{a} /\!/ \boldsymbol{b} \Leftrightarrow \boldsymbol{b} = \lambda\boldsymbol{a}$，

于是有 $b_x = \lambda a_x$，$b_y = \lambda a_y$，$b_z = \lambda a_z$，

即 $\dfrac{b_x}{a_x} = \dfrac{b_y}{a_y} = \dfrac{b_z}{a_z}$.

例 7.2.1 已知两点 $A(x_1, y_1, z_1)$ 和 $B(x_2, y_2, z_2)$ 以及实数 $\lambda \neq -1$，在直线 AB 上求点 M，使 $\overrightarrow{AM} = \lambda\overrightarrow{MB}$.

解 如图 7.10 所示. 因为

$$\overrightarrow{AM} = \overrightarrow{OM} - \overrightarrow{OA}，\quad \overrightarrow{MB} = \overrightarrow{OB} - \overrightarrow{OM}，$$

所以
$$\overrightarrow{OM} - \overrightarrow{OA} = \lambda(\overrightarrow{OB} - \overrightarrow{OM})，$$

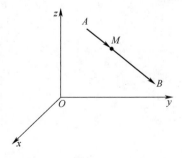

图 7.10

因此 $$\overrightarrow{OM} = \frac{1}{1+\lambda}(\overrightarrow{OA} + \lambda\overrightarrow{OB}).$$

把 $\overrightarrow{OA}$，$\overrightarrow{OB}$ 的坐标（即点 A，点 B 的坐标）代入，得到

$$\overrightarrow{OM} = \left(\frac{x_1 + \lambda x_2}{1+\lambda}, \frac{y_1 + \lambda y_2}{1+\lambda}, \frac{z_1 + \lambda z_2}{1+\lambda}\right),$$

这就是点 M 的坐标.

例 7.2.1 中的点 M 叫做有向线段 $\overrightarrow{AB}$ 的 λ 分点. 特别地，当 $\lambda = 1$ 时，得线段 AB 的中点为 $M\left(\dfrac{x_1 + x_2}{2}, \dfrac{y_1 + y_2}{2}, \dfrac{z_1 + z_2}{2}\right)$.

7.2.4 向量的模与方向余弦

1. 向量的模与两点间的距离公式

设向量 $\boldsymbol{r} = (x, y, z)$，作 $\overrightarrow{OM} = \boldsymbol{r}$，如图 7.9 所示，有 $\boldsymbol{r} = \overrightarrow{OM} = \overrightarrow{OP} + \overrightarrow{OQ} + \overrightarrow{OR}$，由勾股定理可得

$$|\boldsymbol{r}| = |\overrightarrow{OM}| = \sqrt{|OP|^2 + |OQ|^2 + |OR|^2}.$$

由于 $\overrightarrow{OP} = x\boldsymbol{i}$，$\overrightarrow{OQ} = y\boldsymbol{j}$，$\overrightarrow{OR} = z\boldsymbol{k}$，得 $|OP| = |x|$，$|OQ| = |y|$，$|OR| = |z|$，于是向量 $\boldsymbol{r}$ 的模为 $|\boldsymbol{r}| = \sqrt{x^2 + y^2 + z^2}$.

设有点 $A(x_1, y_1, z_1)$ 和点 $B(x_2, y_2, z_2)$，则点 A 与点 B 间的距离 $|AB|$ 就是向量 $\overrightarrow{AB}$ 的模. 由 $\overrightarrow{AB} = \overrightarrow{OB} - \overrightarrow{OA} = (x_2, y_2, z_2) - (x_1, y_1, z_1) = (x_2 - x_1, y_2 - y_1, z_2 - z_1)$，即得 A 与 B 两点间的距离

$$|AB| = |\overrightarrow{AB}| = \sqrt{(x_2 - x_1)^2 + (y_2 - y_1)^2 + (z_2 - z_1)^2}.$$

例 7.2.2 证明以三点 $M_1(4,3,1)$，$M_2(7,1,2)$，$M_3(5,2,3)$ 为顶点的三角形是等腰三角形.

解 因为

$$|M_1M_2| = \sqrt{(7-4)^2 + (1-3)^2 + (2-1)^2} = \sqrt{14},$$

$$|M_2M_3| = \sqrt{(5-7)^2 + (2-1)^2 + (3-2)^2} = \sqrt{6},$$

$$|M_3M_1| = \sqrt{(4-5)^2 + (3-2)^2 + (1-3)^2} = \sqrt{6},$$

所以 $|M_2M_3| = |M_3M_1|$，即 $\triangle M_1M_2M_3$ 为等腰三角形.

例 7.2.3 在 y 轴上求一点，使得与 $A(1,-2,1)$ 和 $B(2,1-2)$ 两点的距离相等.

解 因为所求的点在 y 轴上，设该点的坐标为 $M(0, y, 0)$，由题意得

$$|MA| = |MB|,$$

即

$$\sqrt{(1-0)^2+(-2-y)^2+(1-0)^2}=\sqrt{(2-0)^2+(1-y)^2+(-2-0)^2} ,$$

解得 $y=\dfrac{1}{2}$ ，因此所求的点为 $M\left(0,\dfrac{1}{2},0\right)$ ．

例 7.2.4 已知两点 $A(1,2,3)$ 和 $B(4,2,6)$ ，求与向量 $\overrightarrow{AB}$ 同向的单位向量 $\boldsymbol{e}_{\overrightarrow{AB}}$ ．

解 由于

$$\overrightarrow{AB}=\overrightarrow{OB}-\overrightarrow{OA}=(4,2,6)-(1,2,3)=(3,0,3) ,$$

$$\left|\overrightarrow{AB}\right|=\sqrt{3^2+0^2+3^2}=3\sqrt{2} ,$$

所以

$$\boldsymbol{e}_{\overrightarrow{AB}}=\dfrac{\overrightarrow{AB}}{\left|\overrightarrow{AB}\right|}=\dfrac{(3,0,3)}{3\sqrt{2}}=\dfrac{\sqrt{2}}{2}(1,0,1) .$$

思考：如何求与向量 $\overrightarrow{AB}$ 平行的单位向量．

2. 方向角与方向余弦

设非零向量 $\boldsymbol{r}=(x,y,z)$ ，作 $\overrightarrow{OM}=\boldsymbol{r}$ ，向量 $\boldsymbol{r}$ 与三条坐标轴的夹角 α ，β ，γ 称为向量 $\boldsymbol{r}$ 的**方向角**，称 $\cos\alpha$ ，$\cos\beta$ ，$\cos\gamma$ 为向量 $\boldsymbol{r}$ 的**方向余弦**，如图 7.11 所示．

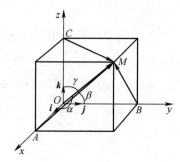

图 7.11

在 $\triangle OAM$ ，$\triangle OBM$ ，$\triangle OCM$ （它们都是直角三角形）中，有

$$\cos\alpha=\dfrac{x}{|\boldsymbol{r}|}=\dfrac{x}{\sqrt{x^2+y^2+z^2}} ,$$

$$\cos\beta=\dfrac{y}{|\boldsymbol{r}|}=\dfrac{y}{\sqrt{x^2+y^2+z^2}} ,$$

$$\cos\gamma=\dfrac{z}{|\boldsymbol{r}|}=\dfrac{z}{\sqrt{x^2+y^2+z^2}} .$$

显然 $\cos^2\alpha+\cos^2\beta+\cos^2\gamma=1$ ．这说明方向余弦 $\cos\alpha$ ，$\cos\beta$ ，$\cos\gamma$ （或方向角 α ，β ，γ ）不是相互独立的．又

$$(\cos\alpha,\cos\beta,\cos\gamma)=\dfrac{1}{|\boldsymbol{r}|}(x,y,z)=\dfrac{\boldsymbol{r}}{|\boldsymbol{r}|}=\boldsymbol{e}_r ,$$

即向量 $(\cos\alpha, \cos\beta, \cos\gamma)$ 是一个与非零向量 $\boldsymbol{r}$ 同方向的单位向量.

例 7.2.5 已知空间两点 $M(2,2,\sqrt{2})$ 和 $N(1,3,0)$，计算向量 $\overrightarrow{MN}$ 的模、方向余弦和方向角.

解
$$\overrightarrow{MN} = (1-2, 3-2, 0-\sqrt{2}) = (-1, 1, -\sqrt{2}),$$
$$|\overrightarrow{MN}| = \sqrt{(-1)^2 + 1^2 + (-\sqrt{2})^2} = 2;$$
$$\cos\alpha = -\frac{1}{2}, \quad \cos\beta = \frac{1}{2}, \quad \cos\gamma = -\frac{\sqrt{2}}{2};$$
$$\alpha = \frac{2\pi}{3}, \quad \beta = \frac{\pi}{3}, \quad \gamma = \frac{3\pi}{4}.$$

例 7.2.6 已知三个力 $\boldsymbol{F}_1 = -\boldsymbol{i} + 2\boldsymbol{k}$，$\boldsymbol{F}_2 = \boldsymbol{i} + 3\boldsymbol{j} - 2\boldsymbol{k}$，$\boldsymbol{F}_3 = 3\boldsymbol{i} + \boldsymbol{j}$ 作用于同一点，求合力 $\boldsymbol{F}$ 的大小及方向余弦.

解 合力 $\boldsymbol{F} = \boldsymbol{F}_1 + \boldsymbol{F}_2 + \boldsymbol{F}_3 = (-\boldsymbol{i} + 2\boldsymbol{k}) + (\boldsymbol{i} + 3\boldsymbol{j} - 2\boldsymbol{k}) + (3\boldsymbol{i} + \boldsymbol{j}) = 3\boldsymbol{i} + 4\boldsymbol{j}$，

所以合力大小
$$|\boldsymbol{F}| = \sqrt{3^2 + 4^2 + 0^2} = 5.$$

其方向余弦为
$$\cos\alpha = \frac{3}{5}, \quad \cos\beta = \frac{4}{5}, \quad \cos\gamma = 0.$$

7.2.5 向量在轴上的投影

设点 O 及单位向量 $\boldsymbol{e}$ 确定了 u 轴（如图 7.12 所示），任意给定向量 $\boldsymbol{r}$，作 $\overrightarrow{OM} = \boldsymbol{r}$，再过点 M 作与 u 轴垂直的平面，交 u 轴于点 M'（点 M' 叫做点 M 在 u 轴上的投影），则向量 $\overrightarrow{OM'}$ 称为向量 $\boldsymbol{r}$ 在 u 轴上的**分向量**. 设 $\overrightarrow{OM'} = \lambda\boldsymbol{e}$，则数 λ 称为向量 $\boldsymbol{r}$ 在 u 轴上的**投影**，记作 $\mathrm{Prj}_u\boldsymbol{r}$ 或 $(\boldsymbol{r})_u$. 显然，$\mathrm{Prj}_u\boldsymbol{r} = |\boldsymbol{r}|\cos\varphi$.

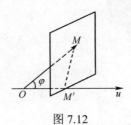

图 7.12

按照定义，向量 $\boldsymbol{a}$ 在空间直角坐标系 $Oxyz$ 中的坐标 a_x, a_y, a_z 分别是向量 $\boldsymbol{a}$ 在 x 轴，y 轴，z 轴上的投影. 即 $a_x = \mathrm{Prj}_x\boldsymbol{a}$，$a_y = \mathrm{Prj}_y\boldsymbol{a}$，$a_z = \mathrm{Prj}_z\boldsymbol{a}$，或记作 $a_x = (\boldsymbol{a})_x$，$a_y = (\boldsymbol{a})_y$，$a_z = (\boldsymbol{a})_z$.

由此可知，向量的投影具有与坐标相同的性质：

性质 7.2.1 $\mathrm{Prj}_u\boldsymbol{a} = |\boldsymbol{a}|\cos\varphi$，其中 φ 为向量 $\boldsymbol{a}$ 与 u 轴的夹角；

性质 7.2.2 $\mathrm{Prj}_u(\boldsymbol{a} + \boldsymbol{b}) = \mathrm{Prj}_u\boldsymbol{a} + \mathrm{Prj}_u\boldsymbol{b}$；

性质 7.2.3 $\mathrm{Prj}_u(\lambda\boldsymbol{a}) = \lambda\mathrm{Prj}_u\boldsymbol{a}$.

例 7.2.7 一向量的终点为 $B(2,-1,7)$，它在 x 轴，y 轴和 z 轴上的投影依次为 $4,-4$ 和 7，求该向量的起点 A 的坐标.

解 由投影的定义可知，$\overrightarrow{AB} = (4,-4,7)$.

设 A 的坐标为 (x,y,z)，则 $\begin{cases} 2-x=4, \\ -1-y=-4, \\ 7-z=7, \end{cases}$ 即 $\begin{cases} x=-2, \\ y=3, \\ z=0, \end{cases}$

即点 A 的坐标为 $(-2,3,0)$.

习题 7.2

1. 在空间直角坐标系中，指出下列各点在哪个卦限？
$$A(4,-2,3)，\quad B(5,1,-4)，\quad C(1,-3,-2)，\quad D(-6,-3,1).$$

2. 指出下列各点在哪个坐标面上或坐标轴上？
$$A(1,4,0)，\quad B(0,5,3)，\quad C(1,0,0)，\quad D(0,-1,0).$$

3. 已知 $A(-1,2,3)$，$B(5,-3,4)$，$C(2,1,6)$，试求向量 $\overrightarrow{AB}$，$\overrightarrow{BC}$，$\overrightarrow{CA}$ 的坐标，并验证：$\overrightarrow{AB}+\overrightarrow{BC}+\overrightarrow{CA} = \mathbf{0}$.

4. 设 $\boldsymbol{a} = 3\boldsymbol{i}+5\boldsymbol{j}-4\boldsymbol{k}$，$\boldsymbol{b} = 2\boldsymbol{i}+\boldsymbol{j}+8\boldsymbol{k}$，求 $\boldsymbol{a}-\boldsymbol{b}$ 及 $3\boldsymbol{a}+2\boldsymbol{b}$.

5. 求平行于向量 $\boldsymbol{a} = (6,7,-6)$ 的单位向量.

6. 设已知两点 $M_1(4,\sqrt{2},1)$ 和 $M_2(3,0,2)$，计算向量 $\overrightarrow{M_1M_2}$ 的模、方向余弦和方向角.

7. 求与 z 轴反向，模为 3 的向量 $\boldsymbol{a}$ 的坐标.

8. 已知三个力 $\boldsymbol{F}_1 = \boldsymbol{i}+2\boldsymbol{j}+3\boldsymbol{k}$，$\boldsymbol{F}_2 = -2\boldsymbol{i}+3\boldsymbol{j}-4\boldsymbol{k}$，$\boldsymbol{F}_3 = 3\boldsymbol{i}-4\boldsymbol{j}+5\boldsymbol{k}$ 作用于同一点，求合力 $\boldsymbol{F}$ 的大小及方向余弦.

7.3　数量积　向量积

7.3.1　两向量的数量积

如果一物体沿着某直线移动，其位移为 $\boldsymbol{s}$（如图 7.13 所示），则作用在物体上的常力 $\boldsymbol{F}$ 所作的功为 $W = |\boldsymbol{F}||\boldsymbol{s}|\cos\theta$，其中 θ 为 $\boldsymbol{F}$ 与 $\boldsymbol{s}$ 的夹角.

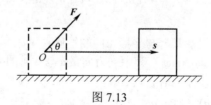

图 7.13

由此可见，功是由 F 与 s 这两个向量所唯一确定的．在物理学和力学的其他问题中，也常常会遇到此类情况．为此，在数学中，我们把这种运算抽象成两个向量的数量积的概念．

定义 7.3.1 设有向量 a，b，它们的夹角为 θ，乘积 $|a||b|\cos\theta$ 称为向量 a 与 b 的**数量积**（或称为**内积、点积**），记作 $a \cdot b$，即 $a \cdot b = |a||b|\cos\theta$．

这样，上述常力所作的功就是力 F 与位移 s 的数量积，即 $W = F \cdot s$．

显然，当 $a \neq 0$ 时，$a \cdot b = |a|\mathrm{Prj}_a b$；当 $b \neq 0$ 时，$a \cdot b = |b|\mathrm{Prj}_b a$．

由数量积的定义，可以得出下列结论：

（1）$a \cdot a = |a|^2$．

证明 因为夹角 $\theta = 0$，所以 $a \cdot a = |a|^2 \cos 0 = |a|^2$．

（2）非零向量 $a \perp b$ 的充分必要条件是 $a \cdot b = 0$．

证明 如果 $a \cdot b = 0$，由 $|a| \neq 0$，$|b| \neq 0$，所以 $\cos\theta = 0$，从而 $\theta = \dfrac{\pi}{2}$，即 $a \perp b$；

如果 $a \perp b$，那么 $\theta = \dfrac{\pi}{2}$，于是 $a \cdot b = |a||b|\cos\theta = 0$．

由于可以认为零向量与任意向量都垂直，从而上述结论可以叙述为：向量 $a \perp b$ 的充分必要条件是 $a \cdot b = 0$．

（3）数量积符合下列运算规律：

交换律：$a \cdot b = b \cdot a$；

分配律：$(a + b) \cdot c = a \cdot c + b \cdot c$；

结合律：$\lambda(a \cdot b) = (\lambda a) \cdot b = a \cdot (\lambda b)$，其中 λ 为实数．

例 7.3.1 已知 $|a| = 2$，$|b| = 1$，$(\overset{\wedge}{a,b}) = \dfrac{\pi}{3}$，求：

（1）$(2a + b) \cdot (a - 4b)$；　（2）$|a + b|$．

解 （1）$(2a + b) \cdot (a - 4b) = 2a \cdot a - 8a \cdot b + b \cdot a - 4b \cdot b$

$$= 2|a|^2 - 7|a||b|\cos\frac{\pi}{3} - 4|b|^2$$

$$= 2 \times 2^2 - 7 \times 2 \times 1 \times \frac{1}{2} - 4 \times 1^2 = -3．$$

（2）$|a + b|^2 = (a + b) \cdot (a + b) = a \cdot a + 2a \cdot b + b \cdot b$

$$= |a|^2 + 2|a||b|\cos\frac{\pi}{3} + |b|^2 = 2^2 + 2 \times 2 \times 1 \times \frac{1}{2} + 1^2 = 7，$$

故 $$|a + b| = \sqrt{7}．$$

下面利用数量积的性质和运算规律来推导数量积的坐标表达式．

设 $a = a_x i + a_y j + a_z k$，$b = b_x i + b_y j + b_z k$，则

$$\boldsymbol{a} \cdot \boldsymbol{b} = (a_x \boldsymbol{i} + a_y \boldsymbol{j} + a_z \boldsymbol{k}) \cdot (b_x \boldsymbol{i} + b_y \boldsymbol{j} + b_z \boldsymbol{k})$$
$$= a_x b_x \boldsymbol{i} \cdot \boldsymbol{i} + a_x b_y \boldsymbol{i} \cdot \boldsymbol{j} + a_x b_z \boldsymbol{i} \cdot \boldsymbol{k}$$
$$+ a_y b_x \boldsymbol{j} \cdot \boldsymbol{i} + a_y b_y \boldsymbol{j} \cdot \boldsymbol{j} + a_y b_z \boldsymbol{j} \cdot \boldsymbol{k}$$
$$+ a_z b_x \boldsymbol{k} \cdot \boldsymbol{i} + a_z b_y \boldsymbol{k} \cdot \boldsymbol{j} + a_z b_z \boldsymbol{k} \cdot \boldsymbol{k}.$$

由于 $\boldsymbol{i}, \boldsymbol{j}, \boldsymbol{k}$ 是两两垂直的单位向量，从而有

$$\boldsymbol{i} \cdot \boldsymbol{j} = \boldsymbol{j} \cdot \boldsymbol{k} = \boldsymbol{k} \cdot \boldsymbol{i} = 0,$$
$$\boldsymbol{i} \cdot \boldsymbol{i} = \boldsymbol{j} \cdot \boldsymbol{j} = \boldsymbol{k} \cdot \boldsymbol{k} = 1.$$

因此得到数量积的坐标表达式

$$\boldsymbol{a} \cdot \boldsymbol{b} = a_x b_x + a_y b_y + a_z b_z.$$

由于 $\boldsymbol{a} \cdot \boldsymbol{b} = |\boldsymbol{a}||\boldsymbol{b}|\cos\theta$，所以当 $\boldsymbol{a}, \boldsymbol{b}$ 为两非零向量时，有

$$\cos\theta = \cos\left(\widehat{\boldsymbol{a}, \boldsymbol{b}}\right) = \frac{\boldsymbol{a} \cdot \boldsymbol{b}}{|\boldsymbol{a}||\boldsymbol{b}|} = \frac{a_x b_x + a_y b_y + a_z b_z}{\sqrt{a_x^2 + a_y^2 + a_z^2} \cdot \sqrt{b_x^2 + b_y^2 + b_z^2}}.$$

由此进一步得到，向量 $\boldsymbol{a} \perp \boldsymbol{b}$ 的充分必要条件是 $a_x b_x + a_y b_y + a_z b_z = 0$.

例 7.3.2 已知 $\boldsymbol{a} = (1, 1, -4)$，$\boldsymbol{b} = (1, -2, 2)$，求

（1）$\boldsymbol{a} \cdot \boldsymbol{b}$；（2）$\boldsymbol{a}$ 与 $\boldsymbol{b}$ 的夹角 θ；（3）$\boldsymbol{a}$ 在 $\boldsymbol{b}$ 上的投影.

解 （1）$\boldsymbol{a} \cdot \boldsymbol{b} = 1 \times 1 + 1 \times (-2) + (-4) \times 2 = -9$.

（2）因为 $\cos\theta = \dfrac{a_x b_x + a_y b_y + a_z b_z}{\sqrt{a_x^2 + a_y^2 + a_z^2} \cdot \sqrt{b_x^2 + b_y^2 + b_z^2}} = -\dfrac{1}{\sqrt{2}}$，所以 $\theta = \dfrac{3}{4}\pi$.

（3）由 $\boldsymbol{a} \cdot \boldsymbol{b} = |\boldsymbol{b}|\mathrm{Prj}_{\boldsymbol{b}}\boldsymbol{a}$，得 $\mathrm{Prj}_{\boldsymbol{b}}\boldsymbol{a} = \dfrac{\boldsymbol{a} \cdot \boldsymbol{b}}{|\boldsymbol{b}|} = -3$.

例 7.3.3 设有一质点位于点 $P(1, 2, -1)$，今有一方向角分别为 $60°, 60°, 45°$，大小为 $100\,\mathrm{N}$ 的力 $\boldsymbol{F}$ 作用于该质点，求质点从点 P 作直线运动至点 $M(2, 5, -1 + 3\sqrt{2})$ 时，力 $\boldsymbol{F}$ 所做的功（坐标轴的单位为 m）.

解 由于力 $\boldsymbol{F}$ 的方向角分别为 $60°, 60°, 45°$，大小为 $100\,\mathrm{N}$，所以

$$\boldsymbol{F} = 100(\cos 60°, \cos 60°, \cos 45°) = (50, 50, 50\sqrt{2}).$$

又因为

$$\overrightarrow{PM} = (2 - 1, 5 - 2, -1 + 3\sqrt{2} + 1) = (1, 3, 3\sqrt{2}),$$

所以

$$W = \boldsymbol{F} \cdot \overrightarrow{PM} = (50, 50, 50\sqrt{2}) \cdot (1, 3, 3\sqrt{2}) = 500 \quad (\mathrm{J}).$$

7.3.2 两向量的向量积

类似于两向量的数量积，两向量的向量积的概念也是从力学及物理学中的某些概念中抽象出来的.

例如，在研究物体的转动问题时，不但要考虑此物体所受的力，还要分析这些力所产生的力矩. 设 O 为一根杠杆 L 的支点，有一力 F 作用于该杠杆上点 P 处. 力 F 与 $\overrightarrow{OP}$ 的夹角为 θ（如图 7.14 所示），力 F 对支点 O 的力矩是一向量 M，它的大小为

$$|M| = |OQ||F| = |\overrightarrow{OP}||F|\sin\theta.$$

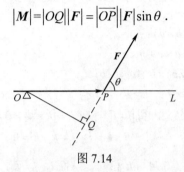

图 7.14

而力矩 M 的方向垂直于 $\overrightarrow{OP}$ 与 F 所决定的平面，并且其指向与 $\overrightarrow{OP}$、F 符合右手规则，即当右手的四个手指从 $\overrightarrow{OP}$ 以不超过 π 的角转向 F 时，大拇指的指向就是力矩 M 的指向. 由此，在数学中我们根据这种运算抽象出两向量的向量积的概念.

定义 7.3.2 若由向量 a 与 b 所确定的向量 c 满足下列条件：

（1）c 的模 $|c| = |a||b|\sin\theta$，其中 θ 为 a 与 b 的夹角；

（2）c 的方向既垂直于 a 又垂直于 b，c 的指向按右手规则从 a 转向 b 来确定（如图 7.15 所示）.

则称 c 为向量 a 与 b 的**向量积**（或称外积、叉积），记作 $a \times b$，即

$$c = a \times b.$$

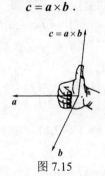

图 7.15

按此定义，上面的力矩 M 等于 $\overrightarrow{OP}$ 与 F 的向量积，即 $M = \overrightarrow{OP} \times F$.

根据向量积的定义，我们可以推得以下结论：

（1）$a \times a = 0$.

证明 因为夹角 $\theta = 0$，所以 $|a \times a| = |a|^2 \sin 0 = 0$，$a \times a = 0$.

（2）设 a, b 为两非零向量，则 $a \parallel b$ 的充分必要条件是 $a \times b = 0$.

证明 如果 $a \times b = 0$，由于 $|a| \neq 0$，$|b| \neq 0$，则有 $\sin\theta = 0$，从而 $\theta = 0$ 或 $\theta = \pi$，

即 $a \parallel b$；反之，如果 $a \parallel b$，则有 $\theta = 0$ 或 $\theta = \pi$，从而 $\sin\theta = 0$，于是

$$|a \times b| = |a||b|\sin\theta = 0 ,$$

即

$$a \times b = \mathbf{0} .$$

（3）$a \times b$ 的模在数值上等于以 a, b 为邻边的平行四边形的面积.

（4）向量积满足下列运算规律：

反交换律：$a \times b = -(b \times a)$；

分配律：$(a + b) \times c = a \times c + b \times c$；

结合律：$\lambda(a \times b) = (\lambda a) \times b = a \times (\lambda b)$.

例 7.3.4 求 $i \times i$，$j \times j$，$k \times k$，$i \times j$，$j \times k$，$k \times i$.

解 根据向量积的定义，得 $|i \times i| = |j \times j| = |k \times k| = 0$，

从而

$$i \times i = j \times j = k \times k = \mathbf{0} ;$$

由 $|i \times j| = |i||j|\sin\dfrac{\pi}{2} = 1$，且方向与 k 相同，从而 $i \times j = k$；

同理

$$j \times k = i , \quad k \times i = j .$$

下面利用向量积的性质和运算规律来推导向量积的坐标表达式.

设 $a = a_x i + a_y j + a_z k$，$b = b_x i + b_y j + b_z k$，则

$$\begin{aligned}
a \times b &= (a_x i + a_y j + a_z k) \times (b_x i + b_y j + b_z k) \\
&= a_x b_x i \times i + a_x b_y i \times j + a_x b_z i \times k \\
&\quad + a_y b_x j \times i + a_y b_y j \times j + a_y b_z j \times k \\
&\quad + a_z b_x k \times i + a_z b_y k \times j + a_z b_z k \times k ,
\end{aligned}$$

再由例 7.3.4 可得到向量积的坐标表达式

$$a \times b = (a_y b_z - a_z b_y)i + (a_z b_x - a_x b_z)j + (a_x b_y - a_y b_x)k .$$

利用三阶行列式可将上式表示成方便记忆的形式：

$$a \times b = \begin{vmatrix} a_y & a_z \\ b_y & b_z \end{vmatrix} i + \begin{vmatrix} a_z & a_x \\ b_z & b_x \end{vmatrix} j + \begin{vmatrix} a_x & a_y \\ b_x & b_y \end{vmatrix} k = \begin{vmatrix} i & j & k \\ a_x & a_y & a_z \\ b_x & b_y & b_z \end{vmatrix} .$$

例 7.3.5 已知 $a = (1, 2, 3)$，$b = (3, -2, 4)$，求 $a \times b$.

解 $a \times b = \begin{vmatrix} i & j & k \\ 1 & 2 & 3 \\ 3 & -2 & 4 \end{vmatrix} = 14i + 5j - 8k$.

例 7.3.6 求与 $a = 3i - 2j + 4k$，$b = i + j - 2k$ 都垂直的单位向量.

解 令 $c = a \times b$，则 c 与 a, b 均垂直. 因为

$$c = a \times b = \begin{vmatrix} i & j & k \\ 3 & -2 & 4 \\ 1 & 1 & -2 \end{vmatrix} = 10j + 5k , \quad |c| = \sqrt{10^2 + 5^2} = 5\sqrt{5} ,$$

故所求的单位向量为
$$e = \pm \frac{c}{|c|} = \pm \left(\frac{2}{\sqrt{5}} j + \frac{1}{\sqrt{5}} k \right).$$

例 7.3.7 设三角形 ABC 的顶点分别为 $A(1,2,3)$，$B(3,4,5)$，$C(2,4,7)$，求三角形 ABC 的面积.

解 根据向量积的定义，可知三角形 ABC 的面积

$$S_{\triangle ABC} = \frac{1}{2} \left| \overrightarrow{AB} \right| \left| \overrightarrow{AC} \right| \sin \angle A = \frac{1}{2} \left| \overrightarrow{AB} \times \overrightarrow{AC} \right|.$$

由于 $\overrightarrow{AB} = (2,2,2)$，$\overrightarrow{AC} = (1,2,4)$，故

$$\overrightarrow{AB} \times \overrightarrow{AC} = \begin{vmatrix} i & j & k \\ 2 & 2 & 2 \\ 1 & 2 & 4 \end{vmatrix} = 4i - 6j + 2k,$$

因此
$$S_{\triangle ABC} = \frac{1}{2} |4i - 6j + 2k| = \frac{1}{2} \sqrt{4^2 + (-6)^2 + 2^2} = \sqrt{14}.$$

习题 7.3

1. 已知 $a = 2i - 3j + k$，$b = i - j + 3k$，求：

（1）$a \cdot b$； （2）$(a + 2b) \cdot a$； （3）$a \times b$； （4）$\cos(\overset{\wedge}{a,b})$.

2. 设力 $F = 2i - 3j + 5k$ 作用在一质点上，质点由 $M_1(1,1,2)$ 沿直线移动到 $M_2(3,4,5)$，求此力所做的功（设力的单位为 N，位移的单位为 m）.

3. 已知 $M_1(1,-1,2)$，$M_2(3,3,1)$ 和 $M_3(3,1,3)$，求同时与 $\overrightarrow{M_1M_2}$，$\overrightarrow{M_2M_3}$ 垂直的单位向量.

4. 求向量 $a = (4,-3,4)$ 在向量 $b = (2,2,1)$ 上的投影.

5. 求与向量 $a = (1,2,2)$ 平行，且满足 $a \cdot b = 12$ 的向量 b.

6. 试用向量证明直径所对的圆周角是直角.

7. 求以 $A(3,0,2)$，$B(5,2,1)$，$C(0,-1,3)$ 为顶点的三角形的面积.

8. 求以 $a = (1,0,-1)$，$b = (0,1,2)$ 为邻边的平行四边形的面积.

7.4 曲面及其方程

7.4.1 曲面方程的概念

在生产实践和科学实验中，常常会遇到各种曲面，例如球面、反光镜的镜面等. 本节将讨论空间中常见的曲面及其方程.

在平面解析几何中，把平面曲线看作是动点的轨迹. 在空间解析几何中，曲面也可看作是具有某种性质的动点的轨迹. 下面给出曲面及其方程的定义.

定义 7.4.1 在空间直角坐标系中，若曲面 S 上任一点的坐标都满足方程 $F(x,y,z)=0$，而不在曲面 S 上的点的坐标都不满足该方程，则方程 $F(x,y,z)=0$ 称为**曲面 S 的方程**，而曲面 S 就称为**方程 $F(x,y,z)=0$ 的图形**（如图 7.16 所示）.

建立了空间曲面与其方程的联系后，我们就可以通过研究方程的解析性质来研究曲面的几何性质. 空间曲面研究的两个基本问题是：

（1）已知曲面上的点所满足的几何轨迹，建立曲面的方程；

（2）已知曲面方程，研究曲面的几何形状.

例 7.4.1 建立球心在 $M_0(x_0,y_0,z_0)$，半径为 R 的球面的方程.

解 设 $M(x,y,z)$ 是球面上任一点（如图 7.17 所示），根据题意有

$$|MM_0|=R,$$

因为

$$|MM_0|=\sqrt{(x-x_0)^2+(y-y_0)^2+(z-z_0)^2},$$

所以

$$(x-x_0)^2+(y-y_0)^2+(z-z_0)^2=R^2. \tag{7.4.1}$$

这就是球面上点的坐标所满足的方程. 而不在球面上的点的坐标都不满足这个方程，所以方程（7.4.1）就是球心在 $M_0(x_0,y_0,z_0)$，半径为 R 的球面的方程.

特别地，当球心在坐标原点时，球面方程为 $x^2+y^2+z^2=R^2$.

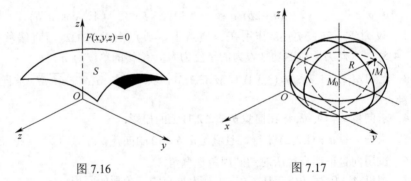

图 7.16   图 7.17

例 7.4.2 求与坐标原点 O 及点 $(2,3,4)$ 的距离之比为 $1:2$ 的点的全体所成的曲面的方程，它表示怎样的曲面？

解 设 $M(x,y,z)$ 是所求曲面上一点，根据题意，有

$$\frac{\sqrt{x^2+y^2+z^2}}{\sqrt{(x-2)^2+(y-3)^2+(z-4)^2}}=\frac{1}{2},$$

化简整理得

$$\left(x+\frac{2}{3}\right)^2+(y+1)^2+\left(z+\frac{4}{3}\right)^2=\frac{116}{9}.$$

显然，所求曲面上点的坐标都满足这个方程. 而不在曲面上的点的坐标都不满足这个方程，从而此方程为所求曲面的方程. 它表示以 $\left(-\frac{2}{3},-1,-\frac{4}{3}\right)$ 为球心，以

$\frac{2}{3}\sqrt{29}$ 为半径的球面.

一般地，设三元二次方程 $Ax^2 + Ay^2 + Az^2 + Dx + Ey + Fz + G = 0$（$A \neq 0$），这个方程的特点是缺 xy,yz,zx 各项，而且二次项系数相同. 可以通过配方研究它的图形，它的图形可能是一个球面、一个点，也可能是虚轨迹.

7.4.2 旋转曲面

定义 7.4.2 一条平面曲线绕其平面上的一条定直线旋转一周所生成的曲面称为**旋转曲面**. 这条平面曲线和定直线分别称为旋转曲面的**母线**和**轴**.

设在 yOz 坐标面上有一曲线 C，其方程为

$$f(y,z) = 0 , \qquad (7.4.2)$$

把这条曲线绕 z 轴旋转一周，就得到一个以 z 轴为轴的旋转曲面（如图 7.18 所示），下面我们来推导这个旋转曲面的方程.

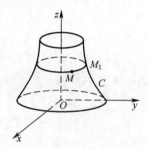

图 7.18

设 $M(x,y,z)$ 为旋转曲面上任一点，由旋转曲面的定义，设它是曲线 C 上点 $M_1(0,y_1,z_1)$ 绕 z 轴旋转过程中的某个位置，于是 $z = z_1$，点 M 到 z 轴的距离与 M_1 到 z 轴的距离相等，即 $\sqrt{x^2 + y^2} = |y_1|$. 由于

$$f(y_1,z_1) = 0 ,$$

则有

$$f(\pm\sqrt{x^2 + y^2},z) = 0 . \qquad (7.4.3)$$

这就是所求旋转曲面的方程.

由此可见，在曲线 C 的方程 $f(y,z) = 0$ 中将 y 改成 $\pm\sqrt{x^2 + y^2}$，便得到曲线 C 绕 z 轴旋转所生成的旋转曲面的方程.

同理，曲线 C 绕 y 轴旋转所生成的旋转曲面的方程为

$$f(y,\pm\sqrt{x^2 + z^2}) = 0 . \qquad (7.4.4)$$

xOy 坐标面上的曲线绕 x 轴或 y 轴旋转，zOx 坐标面上的曲线绕 x 轴或 z 轴旋转，都可以用类似的方法进行讨论.

例 7.4.3　直线 L 绕另一条与 L 相交的直线旋转一周，所得旋转曲面叫**圆锥面**. 两直线的交点叫做圆锥面的**顶点**，两直线的夹角 $\alpha\left(0<\alpha<\dfrac{\pi}{2}\right)$ 叫做圆锥面的**半顶角**. 试建立顶点在坐标原点 O，旋转轴为 z 轴，半顶角为 α 的圆锥面（如图 7.19 所示）的方程.

解　在 yOz 坐标面上，直线 L 的方程为

$$z = y\cot\alpha . \tag{7.4.5}$$

因为旋转轴是 z 轴，所以只要把方程（7.4.5）中的 y 改成 $\pm\sqrt{x^2+y^2}$，便得到圆锥面的方程

$$z = \pm\sqrt{x^2+y^2}\cot\alpha ,$$

或

$$z^2 = a^2(x^2+y^2) ,\ \ \text{其中}\ \ a=\cot\alpha . \tag{7.4.6}$$

例 7.4.4　将 xOz 坐标面上的抛物线 $z=ax^2$（$a>0$）绕 z 轴旋转一周，求所生成的旋转曲面的方程.

解　绕 z 轴旋转一周所生成的旋转曲面的方程为

$$z = a(x^2+y^2) , \tag{7.4.7}$$

这个旋转曲面称为**旋转抛物面**（如图 7.20 所示）.

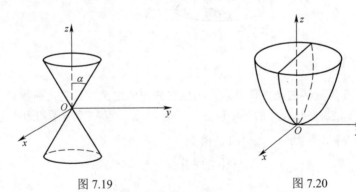

图 7.19　　　　　　　　　　　　　　图 7.20

例 7.4.5　将 xOz 坐标面上的双曲线 $\dfrac{x^2}{a^2}-\dfrac{z^2}{c^2}=1$ 分别绕 z 轴或 x 轴旋转一周，求所生成的旋转曲面的方程.

解　绕 z 轴旋转一周所生成的旋转曲面的方程为

$$\frac{x^2+y^2}{a^2}-\frac{z^2}{c^2}=1 ,$$

这个旋转曲面称为**旋转单叶双曲面**（如图 7.21 所示）.

绕 x 轴旋转一周所生成的旋转曲面的方程为

$$\frac{x^2}{a^2} - \frac{y^2 + z^2}{c^2} = 1,$$

这个旋转曲面称为**旋转双叶双曲面**（如图 7.22 所示）.

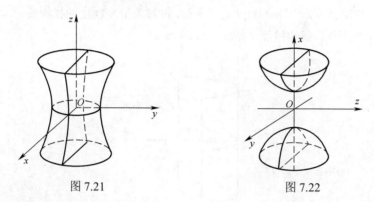

图 7.21   图 7.22

7.4.3 柱面

考察方程 $x^2 + y^2 = R^2$ 在空间中表示怎样的曲面.

在 xOy 面上，它表示圆心在原点 O，半径为 R 的圆. 在空间直角坐标系中，由于方程不含竖坐标 z. 因此，对空间一点 (x, y, z)，不论其竖坐标 z 是什么，只要它的横坐标 x 和纵坐标 y 能满足方程，这一点就在此曲面上. 即凡是通过 xOy 面内圆 $x^2 + y^2 = R^2$ 上一点 $M(x, y, 0)$，且平行于 z 轴的直线 L 都在该曲面上. 因此，该曲面可以看作是平行于 z 轴的直线 L 沿着 xOy 面上的圆 $x^2 + y^2 = R^2$ 移动而形成的，称该曲面为**圆柱面**（如图 7.23 所示）.

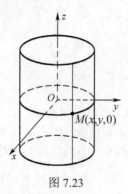

图 7.23

定义 7.4.3 平行于定直线的直线 L 沿曲线 C 平行移动所形成的轨迹称为**柱面**. 曲线 C 称为柱面的**准线**，直线 L 称为柱面的**母线**.

这里只讨论母线平行于坐标轴的柱面.

一般地，在空间解析几何中，不含 z 而仅含 x, y 的方程 $F(x, y) = 0$ 表示母线平

行于 z 轴的柱面，xOy 面上的曲线 $F(x,y)=0$ 是这个柱面的一条准线.

同理，不含 y 而仅含 x,z 的方程 $G(x,z)=0$ 表示母线平行于 y 轴的柱面；不含 x 而仅含 y,z 的方程 $H(y,z)=0$ 表示母线平行于 x 轴的柱面.

例如，方程 $y^2=2x$ 表示母线平行于 z 轴，准线为 xOy 面上的抛物线 $y^2=2x$ 的柱面，这个柱面称为**抛物柱面**（如图 7.24 所示）.

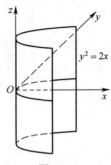

图 7.24

又如，方程 $y-z=0$ 表示母线平行于 x 轴，准线为 yOz 面上的直线 $y-z=0$，这个柱面是一个平面（如图 7.25 所示）.

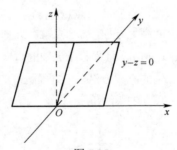

图 7.25

7.4.4 二次曲面

与平面解析几何中规定的二次曲线相类似，我们把三元二次方程所表示的曲面称为**二次曲面**. 把三元一次方程所表示的曲面称为**一次曲面**，也就是平面.

二次曲面有九种，适当选取空间直角坐标系，可得它们的标准方程如下：

（1）**椭圆锥面** $\dfrac{x^2}{a^2}+\dfrac{y^2}{b^2}=z^2$（如图 7.26 所示）.

（2）**椭球面** $\dfrac{x^2}{a^2}+\dfrac{y^2}{b^2}+\dfrac{z^2}{c^2}=1$（如图 7.27 所示）.

特别地，当 $a=b=c=R$ 时，方程为 $x^2+y^2+z^2=R^2$，它是球心在坐标原点的球面方程.

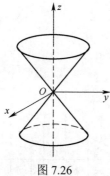

图 7.26

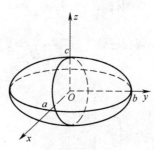

图 7.27

（3）单叶双曲面　$\dfrac{x^2}{a^2}+\dfrac{y^2}{b^2}-\dfrac{z^2}{c^2}=1$（如图 7.28 所示）.

（4）双叶双曲面　$\dfrac{x^2}{a^2}-\dfrac{y^2}{b^2}-\dfrac{z^2}{c^2}=1$（如图 7.29 所示）.

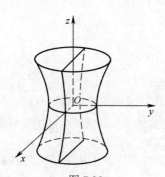

图 7.28

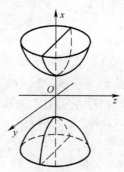

图 7.29

（5）椭圆抛物面　$\dfrac{x^2}{a^2}+\dfrac{y^2}{b^2}=z$（如图 7.30 所示）.

（6）双曲抛物面（马鞍面）$\dfrac{x^2}{a^2}-\dfrac{y^2}{b^2}=z$（如图 7.31 所示）.

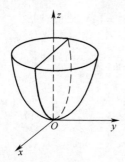

图 7.30

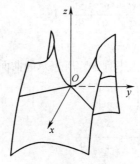

图 7.31

（7）椭圆柱面　　$\dfrac{x^2}{a^2}+\dfrac{y^2}{b^2}=1$　（如图 7.32 所示）.

（8）双曲柱面　　$\dfrac{x^2}{a^2}-\dfrac{y^2}{b^2}=1$　（如图 7.33 所示）.

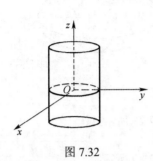

图 7.32　　　　　　　　　　　　　　图 7.33

（9）抛物柱面　　$y^2=ax$　（如图 7.24 所示）.

习题 7.4

1. 求以点 $(3,-2,5)$ 为球心，半径为 3 的球面方程.

2. 方程 $x^2+y^2+z^2-2x+4y=0$ 表示什么曲面？

3. 一动点与两定点 $(1,2,3)$ 和 $(2,-1,4)$ 等距离，求该动点的轨迹方程.

4. 将 xOz 坐标面上的抛物线 $z=4x^2$ 绕 z 轴旋转一周，求所生成的旋转曲面的方程.

5. 将 xOy 坐标面上的直线 $y=2x$ 绕 x 轴旋转一周，求所生成的旋转曲面的方程.

6. 指出下列方程在平面解析几何中和空间解析几何中分别表示什么图形：

（1）$y=0$；　　　　　　　（2）$y=2x+1$；

（3）$x^2+y^2=9$；　　　　　（4）$x^2-y^2=4$.

7. 说明下列旋转曲面是怎样形成的：

（1）$\dfrac{x^2}{4}+\dfrac{y^2}{9}+\dfrac{z^2}{9}=1$；　　　　（2）$x^2-\dfrac{y^2}{4}+z^2=1$；

（3）$x^2-y^2-z^2=1$.

8. 画出下列方程所表示的曲面：

（1）$\left(x-\dfrac{a}{2}\right)^2+y^2=\left(\dfrac{a}{2}\right)^2$；　　（2）$y^2-z=0$；

（3）$\dfrac{z}{3}=\dfrac{x^2}{4}+\dfrac{y^2}{9}$.

7.5 空间曲线及其方程

7.5.1 空间曲线的一般方程

任何空间曲线都可以看作空间两曲面的交线. 设
$$F(x,y,z) = 0 \text{ 和 } G(x,y,z) = 0$$
是两个曲面的方程,它们的交线为 C (如图 7.34 所示). 因为曲线 C 上任何点的坐标应同时满足这两个曲面的方程,所以应满足方程组

$$\begin{cases} F(x,y,z) = 0, \\ G(x,y,z) = 0. \end{cases} \tag{7.5.1}$$

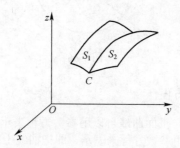

图 7.34

反之,如果点 M 不在曲线 C 上,那么它不可能同时在两个曲面上,所以它的坐标不满足方程组(7.5.1). 因此,曲线 C 可以用方程组(7.5.1)来表示. 方程组(7.5.1)叫做**空间曲线 C 的一般方程**.

例 7.5.1 方程组

$$\begin{cases} x^2 + y^2 + z^2 = 2, \\ z = 1 \end{cases}$$

表示怎样的曲线?

解 方程组中第一个方程表示球心在原点 O,半径为 $\sqrt{2}$ 的球面;第二个方程表示平面 $z = 1$. 方程组就表示上述球面与平面的交线,如图 7.35 所示.

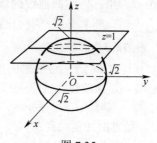

图 7.35

例 7.5.2 方程组

$$\begin{cases} z = \sqrt{a^2 - x^2 - y^2}, \\ \left(x - \dfrac{a}{2} \right)^2 + y^2 = \dfrac{a^2}{4} \end{cases}$$

表示怎样的曲线？

解 方程组中的第一个方程表示球心在原点 O，半径为 a 的上半球面；第二个方程表示母线平行于 z 轴的圆柱面，其准线是 xOy 面上的圆，圆心在点 $\left(\dfrac{a}{2}, 0\right)$，半径为 $\dfrac{a}{2}$. 方程组就表示上半球面与圆柱面的交线，如图 7.36 所示.

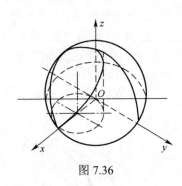

图 7.36

7.5.2 空间曲线的参数方程

在平面解析几何中，平面曲线可以用参数方程表示. 同样，在空间直角坐标系中，空间曲线也可以用参数方程来表示，即把曲线上的点的直角坐标 x, y, z 分别表示为参数 t 的函数，其一般形式是

$$\begin{cases} x = x(t), \\ y = y(t), \\ z = z(t). \end{cases} \tag{7.5.2}$$

这个方程组称为**空间曲线的参数方程**. 当给定 $t = t_1$ 时，就得到曲线上的一个点 (x_1, y_1, z_1)，随着参数 t 的变化就可得到曲线上全部的点.

例 7.5.3 若空间一点 M 在圆柱面 $x^2 + y^2 = a^2$ 上以角速度 ω 绕 z 轴旋转，同时又以线速度 v 沿平行于 z 轴的正方向上升（其中 ω，v 都是常数），那么点 M 的运动轨迹叫做**螺旋线**. 试建立其参数方程.

解 取时间 t 为参数. 设当 $t = 0$ 时，动点位于 x 轴上的一点 $A(a, 0, 0)$. 经过时间 t，动点由 A 运动到 $M(x, y, z)$，如图 7.37 所示. 记点 M 在 xOy 面上的投影为点 M'，则点 M' 的坐标为 $(x, y, 0)$. 由于动点在圆柱面上以角速度 ω 绕 z 轴旋转，所以经过时间 t，$\angle AOM' = \omega t$. 从而

$$x = |OM'| \cos \angle AOM' = a \cos \omega t,$$

$$y = |OM'| \sin \angle AOM' = a \sin \omega t,$$

由于动点同时以线速度 v 沿平行于 z 轴的正方向上升，所以

$$z = M'M = vt.$$

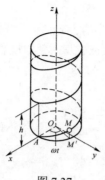

图 7.37

因此，螺旋线的参数方程为

$$\begin{cases} x = a\cos\omega t, \\ y = a\sin\omega t, \\ z = vt. \end{cases}$$

螺旋线是生产实践中常用的曲线．例如，螺丝钉的外缘曲线就是螺旋线．如果取 $\theta = \omega t$ 作为参数，便有 $\begin{cases} x = a\cos\theta, \\ y = a\sin\theta, \\ z = k\theta. \end{cases}$ 其中 $k = \dfrac{v}{\omega}$．

螺旋线有个重要性质：当 $\theta = 2\pi$ 时，$z = 2\pi k$，这表示点 M 从点 A 开始绕 z 轴运动一周后在 z 轴方向上所移动的距离，这个距离 $h = 2\pi k$ 称为**螺距**．

7.5.3 空间曲线在坐标面上的投影

设空间曲线 C 的一般方程为

$$\begin{cases} F(x, y, z) = 0, \\ G(x, y, z) = 0. \end{cases} \tag{7.5.3}$$

定义 7.5.1   以曲线 C 为准线、母线平行于 z 轴的柱面称为曲线 C 关于 xOy 面的投影柱面．投影柱面与 xOy 面的交线称为空间曲线 C 在 xOy 面上的**投影曲线**，简称**投影**．

现在来研究投影柱面和投影的求法．

由方程组（7.5.3）消去变量 z 后所得的方程为

$$H(x, y) = 0. \tag{7.5.4}$$

当 x, y 和 z 满足方程组（7.5.3）时，前两个数 x, y 必定满足方程（7.5.4），这说明曲线 C 上所有点都在由方程（7.5.4）所表示的曲面上．从而方程（7.5.4）表示包含曲线 C，且母线平行于 z 轴的柱面，故方程（7.5.4）一定包含曲线 C 关于 xOy 面的投影柱面．而方程组 $\begin{cases} H(x, y) = 0, \\ z = 0 \end{cases}$ 所表示的曲线必定包含着曲线 C 在 xOy 面上的投影.

类似地，从方程组（7.5.3）中消去 x 或 y，再分别和 $x = 0$ 或 $y = 0$ 联立，就可以分别得到包含曲线 C 在 yOz 面或 zOx 面上的投影曲线的方程：

$$\begin{cases} R(y,z) = 0, \\ x = 0, \end{cases} \quad \text{或} \quad \begin{cases} T(x,z) = 0, \\ y = 0. \end{cases}$$

例 7.5.4 求曲线 C $\begin{cases} x^2 + y^2 + z^2 = 1, \\ z = \dfrac{1}{2} \end{cases}$ 在三个坐标面上的投影方程.

解 从已知方程组中消去变量 z 后，得 $x^2 + y^2 = \dfrac{3}{4}$，

于是 $\begin{cases} x^2 + y^2 = \dfrac{3}{4}, \\ z = 0 \end{cases}$ 为曲线 C 在 xOy 面上的投影.

由于曲线 C 在平面 $z = \dfrac{1}{2}$ 上，故在 yOz 面上的投影为线段：

$$\begin{cases} z = \dfrac{1}{2}, \\ x = 0, \end{cases} \quad |y| \leqslant \dfrac{\sqrt{3}}{2}.$$

同理，在 zOx 面上的投影也为线段：

$$\begin{cases} z = \dfrac{1}{2}, \\ y = 0, \end{cases} \quad |x| \leqslant \dfrac{\sqrt{3}}{2}.$$

在重积分和曲面积分的计算中，往往需要确定一个立体或曲面在坐标面上的投影，这时需要利用投影柱面和投影曲线.

例 7.5.5 设一个立体由上半球面 $z = \sqrt{4 - x^2 - y^2}$ 和圆锥面 $z = \sqrt{3(x^2 + y^2)}$ 所围成（含 z 轴部分）（如图 7.38 所示）. 求它在 xOy 面上的投影.

解 上半球面和圆锥面的交线为

$$C: \begin{cases} z = \sqrt{4 - x^2 - y^2}, \\ z = \sqrt{3(x^2 + y^2)}. \end{cases}$$

从这个方程组中消去 z 得投影柱面的方程 $x^2 + y^2 = 1$. 从而交线 C 在 xOy 面上的投影曲线为 $\begin{cases} x^2 + y^2 = 1, \\ z = 0, \end{cases}$ 这是一个 xOy 面上的单位圆. 于是所求立体在 xOy 面上的投影，就是该圆在 xOy 面上所围的部分：$x^2 + y^2 \leqslant 1$.

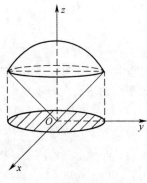

图 7.38

习题 7.5

1. 下列方程组在平面解析几何和空间解析几何中各表示什么图形：

（1）$\begin{cases} y = 5x + 3, \\ y = 2x - 1; \end{cases}$ 　　　　（2）$\begin{cases} \dfrac{x^2}{9} + \dfrac{y^2}{4} = 1, \\ x = 3. \end{cases}$

2. 画出下列曲线在第一卦限内的图形：

（1）$\begin{cases} x = 1, \\ y = 4; \end{cases}$ 　　（2）$\begin{cases} z = \sqrt{1 - x^2 - y^2}, \\ x - y = 0; \end{cases}$ 　　（3）$\begin{cases} x^2 + y^2 = 1, \\ x^2 + z^2 = 1. \end{cases}$

3. 求通过曲线 $\begin{cases} 2x^2 + y^2 + z^2 = 16, \\ x^2 - y^2 + z^2 = 0 \end{cases}$ 且母线分别平行于 x 轴及 y 轴的柱面方程.

4. 求曲线 $\begin{cases} x^2 + y^2 + z^2 = 9, \\ x + z = 1 \end{cases}$ 在 xOy 面上的投影方程.

5. 将曲线的一般方程 $\begin{cases} x^2 + y^2 + z^2 = 4, \\ y = x \end{cases}$ 化为参数方程.

6. 求旋转抛物面 $z = x^2 + y^2$（$0 \leqslant z \leqslant 4$）在三个坐标面上的投影.

7. 求两个椭圆抛物面 $z = x^2 + 2y^2$ 与 $z = 6 - 2x^2 - y^2$ 所围成的立体在 xOy 坐标面的投影区域.

7.6　平面及其方程

平面是空间中最简单的曲面. 本节将以向量为工具, 在空间直角坐标系中建立平面的方程, 并进一步讨论有关平面的一些基本性质.

7.6.1　平面的点法式方程

如果一个平面通过某定点且与一非零向量垂直，则这个平面的位置就可以完全确定. 通常把垂直于平面的非零向量就叫做该**平面的法线向量**，简称**法向量**. 显然，平面上的任一向量都与该平面的法线向量垂直.

设平面 $\prod$ 过点 $M_0(x_0, y_0, z_0)$，法线向量 $\boldsymbol{n} = (A, B, C)$，下面建立平面 $\prod$ 的方程.

设 $M(x, y, z)$ 是平面 $\prod$ 上的任一点（如图 7.39 所示），则有 $\overrightarrow{M_0M} \perp \boldsymbol{n}$，即 $\overrightarrow{M_0M} \cdot \boldsymbol{n} = 0$. 因为 $\overrightarrow{M_0M} = (x - x_0, y - y_0, z - z_0)$，所以有

$$A(x - x_0) + B(y - y_0) + C(z - z_0) = 0 . \tag{7.6.1}$$

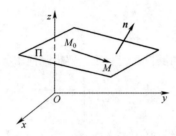

图 7.39

由点 M 的任意性可知，平面 $\prod$ 上任一点都满足方程（7.6.1）. 反之，如果点 M 不在平面 $\prod$ 上，那么向量 $\overrightarrow{M_0M}$ 与法线向量 $\boldsymbol{n}$ 不垂直，从而 $\overrightarrow{M_0M} \cdot \boldsymbol{n} \neq 0$，即不在平面 $\prod$ 上的点坐标都不满足方程（7.6.1）. 因此，方程（7.6.1）称为**平面的点法式方程**，而平面 $\prod$ 就是方程（7.6.1）的图形.

例 7.6.1　求过点 $(2, 4, -3)$ 且以 $\boldsymbol{n} = (2, 3, -5)$ 为法线向量的平面的方程.

解　由平面的点法式方程（7.6.1），所求平面的方程为

$$2(x - 2) + 3(y - 4) - 5(z + 3) = 0 ,$$

即

$$2x + 3y - 5z - 31 = 0 .$$

例 7.6.2　求过三点 $M_1(1, 1, 2)$，$M_2(3, 2, 3)$，$M_3(2, 0, 3)$ 的平面方程.

解　先求平面的法线向量 $\boldsymbol{n}$. 向量 $\boldsymbol{n}$ 与向量 $\overrightarrow{M_1M_2} = (2, 1, 1)$，$\overrightarrow{M_1M_3} = (1, -1, 1)$ 都垂直，所以取

$$\boldsymbol{n} = \overrightarrow{M_1M_2} \times \overrightarrow{M_1M_3} = \begin{vmatrix} \boldsymbol{i} & \boldsymbol{j} & \boldsymbol{k} \\ 2 & 1 & 1 \\ 1 & -1 & 1 \end{vmatrix} = 2\boldsymbol{i} - \boldsymbol{j} - 3\boldsymbol{k} ,$$

根据平面的点法式方程（7.6.1），所求平面的方程为

$$2(x - 1) - (y - 1) - 3(z - 2) = 0 ,$$

即

$$2x - y - 3z + 5 = 0 .$$

7.6.2 平面的一般式方程

由于平面的点法式方程（7.6.1）是关于 x，y，z 的一次方程，而任一平面都可以用它上面的一点及它的法线向量来确定，所以任一平面都可以用三元一次方程来表示．

反过来，设有三元一次方程

$$Ax + By + Cz + D = 0 . \tag{7.6.2}$$

任取满足该方程的一组数 x_0, y_0, z_0，即

$$Ax_0 + By_0 + Cz_0 + D = 0 , \tag{7.6.3}$$

将上述两式相减，得

$$A(x - x_0) + B(y - y_0) + C(z - z_0) = 0 . \tag{7.6.4}$$

由此可见，方程（7.6.4）是通过点 $M_0(x_0, y_0, z_0)$，以 $\boldsymbol{n} = (A, B, C)$ 为法线向量的平面方程．由于方程（7.6.4）和方程（7.6.2）是同解方程，所以，任一三元一次方程（7.6.2）的图形总是一个平面，方程（7.6.2）称为**平面的一般方程**．其中，x, y, z 的系数就是该平面法线向量的坐标，即 $\boldsymbol{n} = (A, B, C)$．

平面的一般方程的几种特殊情形：

（1）若 $D = 0$，则方程为 $Ax + By + Cz = 0$，该平面通过坐标原点．

（2）若 $A = 0$，则方程为 $By + Cz + D = 0$，法线向量为 $\boldsymbol{n} = (0, B, C)$ 垂直于 x 轴，方程表示一个平行于 x 轴的平面．

同理，方程 $Ax + Cz + D = 0$ 和 $Ax + By + D = 0$ 分别表示一个平行于 y 轴和 z 轴的平面．

（3）若 $A = B = 0$，则方程为 $Cz + D = 0$，法线向量为 $\boldsymbol{n} = (0, 0, C)$ 同时垂直于 x 轴和 y 轴，方程表示一个平行于 xOy 面的平面．

同理，方程 $Ax + D = 0$ 和 $By + D = 0$ 分别表示一个平行于 yOz 面和 xOz 面的平面．

例 7.6.3 求通过 z 轴和点 $(2, -1, 2)$ 的平面的方程．

解 设所求平面的一般方程为 $Ax + By + Cz + D = 0$．
由于平面通过 z 轴，则 $C = 0$，$D = 0$．从而所求平面的方程为 $Ax + By = 0$．
又平面通过点 $(2, -1, 2)$，代入有 $2A - B = 0$，即 $B = 2A$．
代入方程便得到所求平面的方程

$$x + 2y = 0 .$$

例 7.6.4 设一平面与 x，y，z 轴的交点依次为 $P_1(a, 0, 0)$，$P_2(0, b, 0)$，$P_3(0, 0, c)$ 三点（如图 7.40 所示），求这平面的方程．

解 设所求平面的一般方程为

$$Ax + By + Cz + D = 0 .$$

代入点 $P_1(a, 0, 0)$，$P_2(0, b, 0)$，$P_3(0, 0, c)$ 三点坐标，有

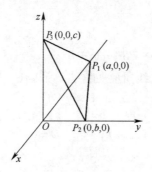

图 7.40

$$\begin{cases} aA + D = 0, \\ bB + D = 0, \\ cC + D = 0, \end{cases}$$

得 $A = -\dfrac{D}{a}$，$B = -\dfrac{D}{b}$，$C = -\dfrac{D}{c}$．

代入所设平面的方程中，得

$$\frac{x}{a} + \frac{y}{b} + \frac{z}{c} = 1 . \tag{7.6.5}$$

方程（7.6.5）叫做**平面的截距式方程**，a，b，c 分别叫做平面在 x，y，z 轴上的**截距**．

7.6.3　两平面的夹角

两平面法线向量的夹角（通常指锐角）称为**两平面的夹角**．

设有两平面 $\prod_1$ 和 $\prod_2$：

$\prod_1$：$A_1 x + B_1 y + C_1 z + D_1 = 0$，$\boldsymbol{n}_1 = (A_1, B_1, C_1)$；

$\prod_2$：$A_2 x + B_2 y + C_2 z + D_2 = 0$，$\boldsymbol{n}_2 = (A_2, B_2, C_2)$，

则平面 $\prod_1$ 和 $\prod_2$ 的夹角 θ 应是 $\left(\widehat{\boldsymbol{n}_1, \boldsymbol{n}_2}\right)$ 和 $\pi - \left(\widehat{\boldsymbol{n}_1, \boldsymbol{n}_2}\right)$ 两者中的锐角（如图 7.41 所示），因此

$$\cos\theta = \left| \cos\left(\widehat{\boldsymbol{n}_1, \boldsymbol{n}_2}\right) \right| .$$

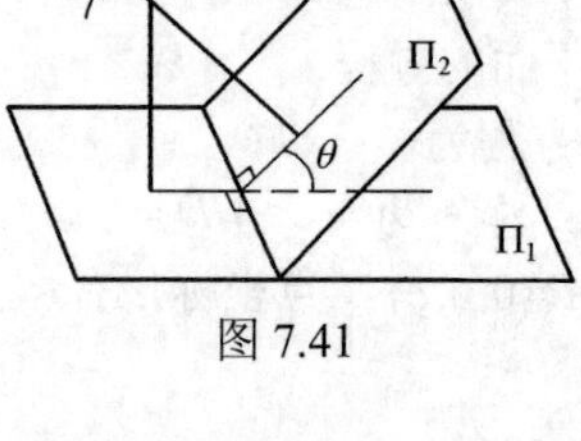

图 7.41

按照两向量夹角的余弦公式，有

$$\cos\theta = \frac{\left|A_1A_2 + B_1B_2 + C_1C_2\right|}{\sqrt{A_1^2 + B_1^2 + C_1^2} \cdot \sqrt{A_2^2 + B_2^2 + C_2^2}} .$$

根据两向量垂直和平行的充要条件，可以得到：

（1）$\prod_1 \perp \prod_2$ 的充要条件是 $A_1A_2 + B_1B_2 + C_1C_2 = 0$.

（2）$\prod_1 /\!/ \prod_2$ 的充要条件是 $\dfrac{A_1}{A_2} = \dfrac{B_1}{B_2} = \dfrac{C_1}{C_2}$.

（3）$\prod_1$ 和 $\prod_2$ 重合的充要条件 $\dfrac{A_1}{A_2} = \dfrac{B_1}{B_2} = \dfrac{C_1}{C_2} = \dfrac{D_1}{D_2}$.

例 7.6.5 判断下列各组中两平面的位置关系：

（1）$\prod_1$：$x - 2y + z + 2 = 0$，$\prod_2$：$y + 3z - 1 = 0$；

（2）$\prod_1$：$3x - y + 2z - 1 = 0$，$\prod_2$：$6x - 2y + 4z - 1 = 0$.

解 （1）两平面的法线向量分别为 $\boldsymbol{n}_1 = (1, -2, 1)$，$\boldsymbol{n}_2 = (0, 1, 3)$，

因为

$$\cos\theta = \frac{\left|1\times 0 + (-2)\times 1 + 1\times 3\right|}{\sqrt{1^2 + (-2)^2 + 1^2} \cdot \sqrt{1^2 + 3^2}} = \frac{1}{\sqrt{60}} ,$$

从而，两平面相交，夹角 $\theta = \arccos\dfrac{1}{\sqrt{60}}$.

（2）两平面的法线向量分别为 $\boldsymbol{n}_1 = (3, -1, 2)$，$\boldsymbol{n}_2 = (6, -2, 4)$.

因为 $\dfrac{3}{6} = \dfrac{-1}{-2} = \dfrac{2}{4}$，所以 $\prod_1 /\!/ \prod_2$. 又存在点 $M(0, -1, 0) \in \prod_1$，但 $M(0, -1, 0) \notin \prod_2$，故这两平面平行但不重合.

例 7.6.6 求过点 $M(3, 1, 2)$，且与平面 $2x - y + 3z - 1 = 0$ 平行的平面方程.

解 设所求平面的法线向量为 $\boldsymbol{n}$，平面 $2x - y + 3z - 1 = 0$ 的法线向量为 $\boldsymbol{n}_1$，则 $\boldsymbol{n} /\!/ \boldsymbol{n}_1$，取 $\boldsymbol{n} = \boldsymbol{n}_1 = (2, -1, 3)$，由平面的点法式方程，可得所求平面的方程为

$$2(x - 3) - (y - 1) + 3(z - 2) = 0 ,$$

即

$$2x - y + 3z - 11 = 0 .$$

例 7.6.7 设平面过原点 O 及点 $P(6, -3, 2)$，且与平面 $4x - y + 2z - 8 = 0$ 垂直，求此平面的方程.

解 设所求平面的法线向量为 $\boldsymbol{n}$，平面 $4x - y + 2z - 8 = 0$ 的法线向量为 $\boldsymbol{n}_1$，则 $\boldsymbol{n} \perp \overrightarrow{OP} = (6, -3, 2)$，且 $\boldsymbol{n} \perp \boldsymbol{n}_1 = (4, -1, 2)$，从而

可取

$$\boldsymbol{n} = \begin{vmatrix} \boldsymbol{i} & \boldsymbol{j} & \boldsymbol{k} \\ 6 & -3 & 2 \\ 4 & -1 & 2 \end{vmatrix} = -4\boldsymbol{i} - 4\boldsymbol{j} + 6\boldsymbol{k} = -2(2, 2, -3) .$$

故所求平面的方程为 $2(x - 0) + 2(y - 0) - 3(z - 0) = 0$，

即

$$2x + 2y - 3z = 0 .$$

例 7.6.8 设 $P_0(x_0, y_0, z_0)$ 是平面 $Ax + By + Cz + D = 0$ 外一点，求 P_0 到这平面的距离（如图 7.42）.

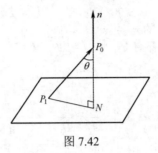

图 7.42

解 在平面上任取一点 $P_1(x_1, y_1, z_1)$，作向量 $\overrightarrow{P_1P_0}$ 及法线向量 $\boldsymbol{n} = (A, B, C)$.

易见，点 P_0 到这平面的距离 d 等于 $\overrightarrow{P_1P_0}$ 在法线向量 $\boldsymbol{n}$ 上投影的绝对值，即

$$d = \left| \text{Prj}_n \overrightarrow{P_1P_0} \right|,$$

其中 $\overrightarrow{P_1P_0} = (x_0 - x_1, y_0 - y_1, z_0 - z_1)$.

由投影的计算公式，得

$$d = \left| \text{Prj}_n \overrightarrow{P_1P_0} \right| = \frac{\left| \overrightarrow{P_1P_0} \cdot \boldsymbol{n} \right|}{|\boldsymbol{n}|}$$

$$= \frac{\left| A(x_0 - x_1) + B(y_0 - y_1) + C(z_0 - z_1) \right|}{\sqrt{A^2 + B^2 + C^2}}$$

$$= \frac{\left| Ax_0 + By_0 + Cz_0 - (Ax_1 + By_1 + Cz_1) \right|}{\sqrt{A^2 + B^2 + C^2}},$$

由于 $Ax_1 + By_1 + Cz_1 + D = 0$，所以得到

$$d = \frac{\left| Ax_0 + By_0 + Cz_0 + D \right|}{\sqrt{A^2 + B^2 + C^2}}. \tag{7.6.6}$$

公式（7.6.6）称为**点到平面的距离公式**.

习题 7.6

1．指出下列平面的位置特点：

（1）$x = 2$；　（2）$5y - 2 = 0$；　（3）$4x - 3y - 6 = 0$；　（4）$3x + 5y - z = 0$.

2．求过三点 $M_1(2, -1, 4)$，$M_2(-1, 3, -2)$，$M_3(0, 2, 3)$ 的平面的方程.

3．求过点 $(2, 1, 0)$ 且与平面 $2x + 3y - 5z - 5 = 0$ 平行的平面方程.

4．求过点 $(-2, 3, 0)$，且与两平面 $x + 2y + 3z - 2 = 0$ 和 $6x - y + 5z + 2 = 0$ 垂直的平面方程.

5．分别按下列条件求平面方程：

（1）平行于 yOz 面且经过点 $(1,2,3)$ ；

（2）通过 y 轴和点 $(3,2,-1)$ ；

（3）平行于 x 轴且经过两点 $(4,0,-2)$ 和 $(5,1,7)$.

6．一平面过点 $(1,0,-1)$ 且平行于向量 $\boldsymbol{a}=(2,1,1)$ 和 $\boldsymbol{b}=(1,-1,0)$ ，求该平面的方程.

7．确定 k 的值，使平面 $x+ky-2z-9=0$ 符合下列条件：

（1）与平面 $2x+4y+3z-3=0$ 垂直；

（2）与平面 $3x-7y-6z-1=0$ 平行；

（3）在 y 轴上的截距为 -3 .

8．求点 $(2,1,1)$ 到平面 $x+y-z+1=0$ 的距离.

7.7 空间直线及其方程

7.7.1 空间直线的一般方程

空间直线 L 可看作两个相交平面的交线（如图 7.43 所示）.

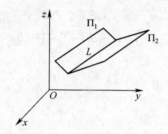

图 7.43

设两个相交平面的方程分别为

$$\Pi_1 : A_1x+B_1y+C_1z+D_1=0 ，$$

$$\Pi_2 : A_2x+B_2y+C_2z+D_2=0 .$$

那么，直线 L 上任一点的坐标应同时满足这两个平面的方程，即应满足方程组

$$\begin{cases} A_1x+B_1y+C_1z+D_1=0, \\ A_2x+B_2y+C_2z+D_2=0. \end{cases} \qquad (7.7.1)$$

反过来，如果一个点不在直线 L 上，那么它不可能同时在平面 Π_1 和 Π_2 上，所以它的坐标不满足方程组（7.7.1）. 因此，直线 L 可以用方程组（7.7.1）来表示. 方程组（7.7.1）称为**空间直线的一般方程**.

通过空间一条直线的平面有无限多个，只要在这无限多个平面中任取两个，把它们的方程联立起来，都可作为空间直线 L 的方程.

7.7.2 平面束

过同一直线的所有平面构成一个**平面束**. 设空间直线 L 的一般方程为

$$\begin{cases} A_1 x + B_1 y + C_1 z + D_1 = 0, \\ A_2 x + B_2 y + C_2 z + D_2 = 0, \end{cases}$$

则方程

$$\left(A_1 x + B_1 y + C_1 z + D_1 \right) + \lambda \left(A_2 x + B_2 y + C_2 z + D_2 \right) = 0 \qquad （7.7.2）$$

称为过直线 L 的平面束方程，其中 λ 为参数，系数 A_1, B_1, C_1 与 A_2, B_2, C_2 不成比例.

需要注意的是，上述平面束（7.7.2）包含了除平面 $A_2 x + B_2 y + C_2 z + D_2 = 0$ 之外的过直线 L 的所有平面.

例 7.7.1 过直线 L：$\begin{cases} x + 2y - z - 6 = 0, \\ x - 2y + z = 0 \end{cases}$，作平面 $\prod$，使它垂直于平面 $x + 2y + z = 0$，求平面 $\prod$ 的方程.

解 设过直线 L 的平面束方程为

$$\left(x + 2y - z - 6 \right) + \lambda \left(x - 2y + z \right) = 0,$$

即

$$\left(1 + \lambda \right) x + 2 \left(1 - \lambda \right) y + \left(\lambda - 1 \right) z - 6 = 0.$$

所求平面与已知平面 $x + 2y + z = 0$ 垂直，即两平面的法线向量垂直，

从而

$$1 \cdot \left(1 + \lambda \right) + 4 \left(1 - \lambda \right) + \left(\lambda - 1 \right) = 0,$$

解得 $\lambda = 2$，故所求平面的方程为

$$3x - 2y + z - 6 = 0.$$

容易验证，平面 $x - 2y + z = 0$ 不是所求平面.

7.7.3 空间直线的对称式方程与参数方程

如果一个非零向量平行于一条已知直线，这个向量就叫做这条直线的**方向向量**.

由于过空间一点有且仅有一条直线平行于已知直线，所以当直线 L 上一点 $M_0 (x_0, y_0, z_0)$ 和它的一个方向向量 $\boldsymbol{s} = (m, n, p)$ 为已知时，直线 L 的位置就完全确定了. 下面来建立这条直线的方程.

设点 $M(x, y, z)$ 是直线 L 上任一点，那么向量 $\overrightarrow{M_0 M} \parallel \boldsymbol{s}$（如图 7.44 所示），所以两向量的坐标对应成比例. 由于 $\overrightarrow{M_0 M} = (x - x_0, y - y_0, z - z_0)$，$\boldsymbol{s} = (m, n, p)$，从而有

$$\frac{x - x_0}{m} = \frac{y - y_0}{n} = \frac{z - z_0}{p}. \qquad （7.7.3）$$

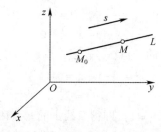

图 7.44

如果点 M 不在直线 L 上，那么 $\overrightarrow{M_0M}$ 就不可能与 s 平行，从而点 M 的坐标不满足方程（7.7.3），所以方程（7.7.3）就是直线 L 的方程，称它为直线 L 的**对称式方程**或**点向式方程**，m，n，p 称为直线 L 的一组**方向数**。

注意，因为 s 是非零向量，它的方向数 m，n，p 不会同时为零，但有可能其中一个或两个为零的情形。例如，当 s 垂直于 x 轴时，它在 x 轴上的投影 $m=0$，此时为了保持方程的对称形式，我们仍写成 $\dfrac{x-x_0}{0}=\dfrac{y-y_0}{n}=\dfrac{z-z_0}{p}$。

但这时上式应理解为 $\begin{cases} x-x_0=0, \\ \dfrac{y-y_0}{n}=\dfrac{z-z_0}{p}. \end{cases}$

当 m，n，p 中有两个为零时，例如 $m=n=0$，方程（7.7.3）应理解为 $\begin{cases} x-x_0=0, \\ y-y_0=0. \end{cases}$

由直线的对称式方程容易导出直线的参数方程。如设

$$\frac{x-x_0}{m}=\frac{y-y_0}{n}=\frac{z-z_0}{p}=t，$$

则

$$\begin{cases} x=x_0+mt, \\ y=y_0+nt, \\ z=z_0+pt. \end{cases} \qquad (7.7.4)$$

方程组（7.7.4）称为直线的**参数方程**。

例 7.7.2　求过两点 $M_1(2,-1,4)$ 和 $M_2(2,3,-2)$ 的直线方程。

解　所求直线的方向向量可取为

$$s=\overrightarrow{M_1M_2}=(0,4,-6)=2(0,2,-3)\ /\!/\ (0,2,-3).$$

故所求的直线方程为

$$\frac{x-2}{0}=\frac{y+1}{2}=\frac{z-4}{-3}.$$

例 7.7.3　用对称式方程及参数方程表示直线

$$\begin{cases} x-y+z-1=0, \\ 2x+y+z-4=0. \end{cases} \tag{7.7.5}$$

解 先找出这条直线上的一点 (x_0,y_0,z_0). 取 $x_0=1$，代入方程组（7.7.5），得

$$\begin{cases} -y+z=0, \\ y+z=2. \end{cases}$$

解这个方程组，得 $y_0=1$，$z_0=1$，即得直线上的一点 $(1,1,1)$.

再求出这条直线的方向向量 s. 因为两平面的交线与这两平面的法线向量 $n_1=(1,-1,1)$，$n_2=(2,1,1)$ 都垂直，所以可取

$$s=n_1 \times n_2 = \begin{vmatrix} i & j & k \\ 1 & -1 & 1 \\ 2 & 1 & 1 \end{vmatrix} = -2i+j+3k = (-2,1,3).$$

因此，所给直线的对称式方程为

$$\frac{x-1}{-2}=\frac{y-1}{1}=\frac{z-1}{3}.$$

令

$$\frac{x-1}{-2}=\frac{y-1}{1}=\frac{z-1}{3}=t,$$

得所给直线的参数方程

$$\begin{cases} x=1-2t, \\ y=1+t, \\ z=1+3t. \end{cases}$$

例 7.7.4 求直线 $\dfrac{x-2}{1}=\dfrac{y-3}{1}=\dfrac{z-4}{2}$ 与平面 $2x+y+z-6=0$ 的交点.

解 所给直线的参数方程为 $\begin{cases} x=2+t, \\ y=3+t, \\ z=4+2t, \end{cases}$ 代入平面的方程中，得

$$2(2+t)+(3+t)+(4+2t)-6=0.$$

解上述方程，得 $t=-1$. 把 t 代入直线的参数方程，得交点坐标 $(1,2,2)$.

7.7.4 两直线的夹角

两直线的方向向量夹角（通常指锐角）称为**两直线的夹角**.

设 $s_1=(m_1,n_1,p_1)$，$s_2=(m_2,n_2,p_2)$ 分别是直线 L_1，L_2 的方向向量，则直线 L_1，L_2 的夹角 θ 应是 $\left(\overset{\wedge}{s_1,s_2}\right)$ 和 $\pi-\left(\overset{\wedge}{s_1,s_2}\right)$ 两者中的锐角，因此

$$\cos\theta=\left|\cos\left(\overset{\wedge}{s_1,s_2}\right)\right|.$$

按照两向量夹角的余弦公式，有

$$\cos\theta = \frac{|m_1 m_2 + n_1 n_2 + p_1 p_2|}{\sqrt{m_1^2 + n_1^2 + p_1^2} \cdot \sqrt{m_2^2 + n_2^2 + p_2^2}}. \qquad (7.7.6)$$

从两向量垂直和平行的充要条件，即可推出：

（1）$L_1 \perp L_2$ 的充要条件是 $m_1 m_2 + n_1 n_2 + p_1 p_2 = 0$.

（2）$L_1 /\!/ L_2$ 的充要条件是 $\dfrac{m_1}{m_2} = \dfrac{n_1}{n_2} = \dfrac{p_1}{p_2}$.

例 7.7.5 求直线 L_1：$\dfrac{x}{2} = \dfrac{y+2}{-2} = \dfrac{z}{-1}$ 和直线 L_2：$\dfrac{x-1}{1} = \dfrac{y}{-4} = \dfrac{z+3}{1}$ 的夹角.

解 直线 L_1，L_2 的方向向量分别为 $s_1 = (2,-2,-1)$，$s_2 = (1,-4,1)$. 设直线 L_1 和 L_2 的夹角为 θ，则由公式（7.7.6）可得

$$\cos\theta = \frac{|2\times1 + (-2)\times(-4) + (-1)\times1|}{\sqrt{2^2 + (-2)^2 + (-1)^2} \cdot \sqrt{1^2 + (-4)^2 + 1^2}} = \frac{\sqrt{2}}{2},$$

所以

$$\theta = \frac{\pi}{4}.$$

7.7.5 直线与平面的夹角

当直线与平面不垂直时，直线和它在平面上的投影直线的夹角 $\varphi\left(0 \leqslant \varphi < \dfrac{\pi}{2}\right)$ 称为**直线与平面的夹角**（如图 7.45 所示）. 当直线与平面垂直时，规定直线与平面的夹角为 $\dfrac{\pi}{2}$.

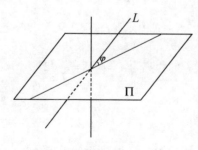

图 7.45

设直线 L 的方向向量为 $s = (m, n, p)$，平面 $\prod$ 的法线向量为 $\boldsymbol{n} = (A, B, C)$，直线 L 与平面 $\prod$ 的夹角为 φ，则 $\varphi = \left|\dfrac{\pi}{2} - (\overset{\wedge}{s,n})\right|$，因此 $\sin\varphi = \left|\cos(\overset{\wedge}{s,n})\right|$. 按照两向量夹角的余弦公式，有

$$\sin\varphi = \frac{|Am+Bn+Cp|}{\sqrt{A^2+B^2+C^2}\cdot\sqrt{m^2+n^2+p^2}}. \qquad (7.7.7)$$

从而得到：

（1）$L\perp\prod$ 的充要条件是 $\dfrac{A}{m}=\dfrac{B}{n}=\dfrac{C}{p}$.

（2）$L\mathbin{/\!/}\prod$ 的充要条件是 $Am+Bn+Cp=0$.

例 7.7.6 设直线 L：$\dfrac{x}{1}=\dfrac{y}{2}=\dfrac{z}{-1}$，平面 $\prod$：$x-y-z+1=0$，求直线 L 与平面 $\prod$ 的夹角.

解 直线 L 的方向向量为 $s=(1,2,-1)$，平面 $\prod$ 的法线向量为 $\boldsymbol{n}=(1,-1,-1)$，由公式（7.7.7）可得

$$\sin\varphi = \frac{|1\times1+2\times(-1)+(-1)\times(-1)|}{\sqrt{6}\cdot\sqrt{3}}=0,$$

故所求的夹角为
$$\varphi=0.$$

例 7.7.7 求点 $P(2,1,3)$ 到直线 L：$\dfrac{x+1}{3}=\dfrac{y-1}{2}=\dfrac{z}{-1}$ 的距离.

解 先过点 $P(2,1,3)$ 作一平面与直线 L 垂直，这平面的方程为
$$3(x-2)+2(y-1)-(z-3)=0. \qquad (7.7.8)$$
再求直线 L 和这平面的交点 Q，即垂足.

直线 L 的参数方程为

$$\begin{cases} x=-1+3t, \\ y=1+2t, \\ z=-t. \end{cases} \qquad (7.7.9)$$

把（7.7.9）代入（7.7.8）式中，得 $t=\dfrac{3}{7}$，从而求得交点为 $Q\left(\dfrac{2}{7},\dfrac{13}{7},-\dfrac{3}{7}\right)$.

从而，点 $P(2,1,3)$ 到直线 L 的距离为 $d=|PQ|=\dfrac{6}{7}\sqrt{21}$.

习题 7.7

1. 求过两点 $M(2,3,0)$ 和 $N(-1,1,2)$ 的直线方程.

2. 求过点 $(2,-1,4)$ 且平行于直线 $\dfrac{x-1}{3}=\dfrac{y}{1}=\dfrac{z-1}{2}$ 的直线方程.

3. 用对称式方程及参数方程表示直线 $\begin{cases} x+y+z+1=0, \\ 2x-y+3z+4=0. \end{cases}$

4. 求过点 $(2,0,-3)$ 且与直线 $\begin{cases} x-2y+4z-7=0, \\ 3x+5y-2z+1=0 \end{cases}$ 垂直的平面方程.

5. 求直线 $\begin{cases} 2x+2y-z+23=0, \\ 3x+8y+z-18=0 \end{cases}$ 与直线 $\begin{cases} 5x-3y+3z-9=0, \\ 3x-2y+z-1=0 \end{cases}$ 的夹角的余弦.

6. 求过点 $(-3,2,5)$ 且与两平面 $x-4z-3=0$ 和 $2x-y-5z-1=0$ 平行的直线方程.

7. 判断下列各组中的直线和平面间的位置关系:

（1） $\dfrac{x}{2}=\dfrac{y+4}{7}=\dfrac{z}{-3}$ 和 $4x-2y-2z-3=0$；

（2） $\dfrac{x-1}{3}=\dfrac{y-1}{-2}=\dfrac{z-1}{1}$ 和 $3x-2y+z-8=0$；

（3） $\dfrac{x-1}{3}=\dfrac{y}{1}=\dfrac{z-2}{-4}$ 和 $x+y+z-3=0$.

8. 求直线 $\begin{cases} x+y-z-1=0, \\ x-y+z+1=0 \end{cases}$ 在平面 $x+y+z=0$ 上的投影直线的方程.

复习题 7

1. 已知 $\boldsymbol{a},\boldsymbol{b},\boldsymbol{c}$ 为单位向量，且满足 $\boldsymbol{a}+\boldsymbol{b}+\boldsymbol{c}=\boldsymbol{0}$，计算 $\boldsymbol{a}\cdot\boldsymbol{b}+\boldsymbol{b}\cdot\boldsymbol{c}+\boldsymbol{c}\cdot\boldsymbol{a}$.

2. 设 $\triangle ABC$ 的三边 $\overrightarrow{BC}=\boldsymbol{a}$，$\overrightarrow{CA}=\boldsymbol{b}$，$\overrightarrow{AB}=\boldsymbol{c}$，三边中点依次为 D，E，F，证明 $\overrightarrow{AD}+\overrightarrow{BE}+\overrightarrow{CF}=\boldsymbol{0}$.

3. 已知 $\boldsymbol{a}\times\boldsymbol{b}=(1,-2,3)$，求 $(2\boldsymbol{a}-3\boldsymbol{b})\times(4\boldsymbol{a}-5\boldsymbol{b})$.

4. 已知 $|\boldsymbol{a}|=2$，$|\boldsymbol{b}|=5$，$(\overset{\wedge}{\boldsymbol{a},\boldsymbol{b}})=\dfrac{2\pi}{3}$，问：系数 λ 为何值时，向量 $\boldsymbol{m}=\lambda\boldsymbol{a}+17\boldsymbol{b}$ 与 $\boldsymbol{n}=3\boldsymbol{a}-\boldsymbol{b}$ 垂直?

5. 将 xOy 坐标面上的双曲线 $4x^2-9y^2=36$ 分别绕 x 轴及 y 轴旋转一周，求所生成的旋转曲面的方程.

6. 求过直线 $\dfrac{x-1}{2}=\dfrac{y-2}{1}=\dfrac{z-3}{-1}$ 且垂直于平面 $3x-y+2z+17=0$ 的平面方程.

7. 求过点 $(-1,0,4)$ 且平行于平面 $3x-4y+z-10=0$，又与直线 $\dfrac{x+1}{1}=\dfrac{y-3}{1}=\dfrac{z}{2}$ 相交的直线方程.

8. 求锥面 $z=\sqrt{x^2+y^2}$ 与柱面 $z^2=2x$ 所围立体在 xOy 面上的投影.

数学家简介——笛卡尔

勒奈·笛卡尔（Rene Descartes），1596年3月31日生于法国都兰城．笛卡尔是伟大的哲学家、物理学家、数学家、生理学家，解析几何的创始人．笛卡尔是欧洲近代资产阶级哲学的奠基人之一，黑格尔称他为"现代哲学之父"．他自成体系，熔唯物主义与唯心主义于一炉，在哲学史上产生了深远的影响．同时，他又是一位勇于探索的科学家，他所建立的解析几何在数学史上具有划时代的意义．

笛卡尔最杰出的成就是在数学发展上创立了解析几何学．在笛卡尔时代，代数还是一个比较新的学科，几何学的思维还在数学家的头脑中占有统治地位．笛卡尔致力于代数和几何联系起来的研究，于1637年，在创立了坐标系后，成功地创立了解析几何学．他的这一成就为微积分的创立奠定了基础．解析几何直到现在仍是重要的数学方法之一．笛卡尔不仅提出了解析几何学的主要思想方法，还指明了其发展方向．他在《几何学》中，将逻辑、几何、代数方法结合起来，通过讨论作图问题，勾勒出解析几何的新方法．从此，数和形就走到了一起，数轴是数和形的第一次接触．解析几何的创立是数学史上一次划时代的转折．而平面直角坐标系的建立正是解析几何得以创立的基础．直角坐标系的创建，在代数和几何上架起了一座桥梁，它使几何概念可以用代数形式来表示，几何图形也可以用代数形式来表示，于是代数和几何就这样合为一家人了．

笛卡尔在科学上的贡献是多方面的．但他的哲学思想和方法论，在其一生活动中则占有更重要的地位．他的哲学思想对后来的哲学和科学的发展，产生了极大的影响．

1649年，笛卡尔被瑞典年轻女王克里斯蒂娜聘为私人教师，每天清晨5点就赶赴宫廷，为女王讲授哲学，素有晚起习惯的笛卡尔，又遇到瑞典几十年少有的严寒，不久便得了肺炎．1650年2月11日，这位年仅54岁、终生未婚的科学家病逝于瑞典斯德哥尔摩．由于教会的阻止，仅有几个友人为其送葬．他的著作在他死后也被列入梵蒂冈教皇颁布的禁书目录之中．但是，他的思想的传播并未因此而受阻，笛卡尔成为17世纪及其以后的欧洲哲学界和科学家最有影响的巨匠之一，被誉为"近代科学的始祖"．法国大革命之后，笛卡尔的骨灰和遗物被送进法国历史博物馆．1819年，其骨灰被移入圣日耳曼圣心堂中．他的墓碑上镌刻着：笛卡尔，欧洲文艺复兴以来，第一个为争取和捍卫理性权利而奋斗的人．

第8章　多元函数微分法及其应用

我们已经学习了一元函数（一个自变量的函数）及其微积分. 但在自然科学与工程技术的实际问题中，往往要考虑多个因素之间的关系，反映到数学上，就是一个变量依赖于多个变量的问题. 这就提出了多元函数的概念. 本章将在一元函数微分学的基础上，讨论多元函数微分法及其应用. 我们将重点研究二元函数，但所得到的概念、性质与结论都可以很自然地推广到三元和三元以上的多元函数.

8.1 多元函数的基本概念

8.1.1 平面点集

坐标平面上具有某种性质的点的集合，称为**平面点集**，记作
$$E = \left\{ (x,y) \,\middle|\, x, y \text{具有某种性质} \right\}.$$

设 $P_0(x_0, y_0)$ 是 xOy 面上的一点，δ 为一正数，与点 $P_0(x_0, y_0)$ 的距离小于 δ 的点 $P(x, y)$ 的集合，称为**点 $P_0(x_0, y_0)$ 的 δ 邻域**，记为 $U(P_0, \delta)$，即

$$U(P_0, \delta) = \left\{ P \,\middle|\, |PP_0| < \delta \right\} = \left\{ (x, y) \,\middle|\, \sqrt{(x-x_0)^2 + (y-y_0)^2} < \delta \right\}.$$

在几何上，$U(P_0, \delta)$ 就是平面上以点 P_0 为中心，以 δ 为半径的圆内部的点 $P(x, y)$ 的全体（如图 8.1）.

$\mathring{U}(P_0, \delta)$ 表示点 P_0 的去心 δ 邻域，即

$$\mathring{U}(P_0, \delta) = \left\{ P \,\middle|\, 0 < |PP_0| < \delta \right\}$$
$$= \left\{ (x, y) \,\middle|\, 0 < \sqrt{(x-x_0)^2 + (y-y_0)^2} < \delta \right\}.$$

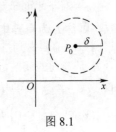

图 8.1

注意：若不需要强调邻域半径 δ，点 $P_0(x_0, y_0)$ 的某个邻域记为 $U(P_0)$，去心邻域记为 $\mathring{U}(P_0)$.

下面利用邻域来描述平面上点与点集之间的关系.

设 E 是一个平面点集，P 是平面上的一个点，则点 P 与点集 E 之间必存在以下三种关系之一：

（1）若存在点 P 的某邻域 $U(P) \subset E$，则称 P 为 E 的**内点**（如图 8.2 中的点 P_1）.

（2）若存在点 P 的某邻域 $U(P) \bigcap E = \varnothing$，则称 P 为 E 的**外点**（如图 8.2 中的点 P_2）.

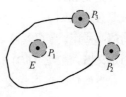

图 8.2

（3）若点 P 的任一邻域 $U(P)$ 既含有属于 E 的点，又含有不属于 E 的点，则称 P 为 E 的**边界点**（如图 8.2 中的点 P_3）.

点集 E 的全体边界点称为 E 的**边界**，记作 ∂E .

显然，E 的内点必属于 E ，E 的外点必不属于 E ，E 的边界点可能属于 E ，也可能不属于 E .

如果按照点 P 的邻近是否聚集着 E 的无穷多个点，则点与点集有下述关系：

（1）若点 P 的任意去心邻域 $\mathring{U}(P)$ 内总有 E 中的点，则称 P 为 E 的**聚点**.
聚点本身可以属于 E ，也可以不属于 E .

（2）若点 $P \in E$ ，但不是 E 的聚点，即存在 $\mathring{U}(P)$ ，使得 $\mathring{U}(P) \bigcap E = \varnothing$ ，则称 P 为 E 的**孤立点**.

根据点集所属点的特征，可以定义一些重要的平面点集.
（1）若点集 E 中的任意一点都是内点，则称 E 为**开集**.
（2）若点集 E 的余集为开集，则称 E 为**闭集**.

例如，集合 $E_1 = \left\{(x,y) \middle| 1 < x^2 + y^2 < 4\right\}$ 是开集，$E_2 = \left\{(x,y) \middle| 1 \leqslant x^2 + y^2 \leqslant 4\right\}$ 是闭集，而集合 $E_3 = \left\{(x,y) \middle| 1 < x^2 + y^2 \leqslant 4\right\}$ 既非开集，也非闭集.

（3）若集合 E 中任意两点都可用一条完全属于 E 的折线相连，则称 E 是**连通集**.

（4）连通的开集称为**开区域**，简称**区域**.
（5）开区域与其边界点的并集称为**闭区域**.
（6）对于平面点集 E ，若存在某一正数 r ，使得 $E \subset U(O,r)$ ，其中 O 是坐标原点，则称 E 为**有界集**. 否则，就称它是**无界集**.

例如，前面提到过的集合 E_1 是连通的开区域，集合 E_2 是连通的闭区域，而集合 E_3 只是连通集、而非区域，集合 $E_4 = \left\{(x,y) \middle| xy \neq 0\right\}$ 不是连通集，$E_5 = \left\{(x,y) \middle| x+y \geqslant 0\right\}$ 是无界集（如图 8.3）.

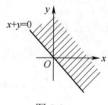

图 8.3

8.1.2 多元函数的概念

下面我们以二元函数为例，介绍多元函数的概念.

定义 8.1.1 设 D 是坐标平面上的一个非空点集，若对于 D 内的任一点 (x,y) ，按照对应法则 f ，都有唯一确定的实数 z 与之对应，则称 f 为定义在 D 上的**二元函数**，记作 $z = f(x,y)$. 其中 x,y 称为**自变量**，z 称为**因变量**. 集合 D 称为该函数的**定义域**，数集 $f(D) = \left\{z \middle| z = f(x,y), (x,y) \in D\right\}$ 称为该函数的**值域**.

类似地，可以定义三元函数 $u = f(x,y,z)$ ，$(x,y,z) \in D$ 及三元以上的函数. 二元及二元以上的函数统称为**多元函数**.

例 8.1.1 求二元函数 $z = \sqrt{1-x^2-y^2}$ 的定义域.

解 定义域即为使得算式有意义的点的集合，因此要使上式有意义，需满足 $1-x^2-y^2 \geq 0$，即 $x^2+y^2 \leq 1$，故所求定义域为 $D = \left\{(x,y) \big| x^2+y^2 \leq 1\right\}$，这是一个有界闭区域.

例 8.1.2 求三元函数 $u = \arcsin\left(x^2+y^2+z^2\right)$ 的定义域.

解 要使上式有意义，需满足 $-1 \leq x^2+y^2+z^2 \leq 1$，而 $x^2+y^2+z^2 \geq 0$，所以只要 $x^2+y^2+z^2 \leq 1$ 即可，故所求定义域为 $D = \left\{(x,y,z) \big| x^2+y^2+z^2 \leq 1\right\}$.

例 8.1.3 已知函数 $f\left(x+y, \mathrm{e}^y\right) = x^2 y$，求 $f(x,y)$.

解 令 $u = x+y$，$v = \mathrm{e}^y$，则 $y = \ln v$，$x = u - \ln v$，从而

$$f(u,v) = (u-\ln v)^2 \ln v,$$

所以

$$f(x,y) = (x-\ln y)^2 \ln y.$$

设函数 $z = f(x,y)$ 的定义域为 D，对于任意取定的点 $P(x,y) \in D$，对应的函数值为 $z = f(x,y)$. 这样得到一个空间点集

$$S = \left\{(x,y,z) \big| z = f(x,y), (x,y) \in D\right\}$$

称为**二元函数** $z = f(x,y)$ **的图形**（如图 8.4 所示）.

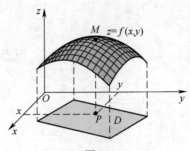

图 8.4

二元函数的图形通常表示空间的一张曲面. 例如，二元函数 $z = \sqrt{4-x^2-y^2}$ 的图形是球心在原点、半径为 2 的上半球面，定义域是 xOy 面上的圆域 $D = \left\{(x,y) \big| x^2+y^2 \leq 4\right\}$，而函数 $z = ax+by+c$ 的图形是一张平面.

8.1.3 多元函数的极限

先讨论二元函数的极限.

与一元函数的极限概念相仿，二元函数的极限也是反映函数值随自变量变化

而变化的趋势．如果在 $P(x,y) \to P_0(x_0,y_0)$ 的过程中，对应的函数值 $f(x,y)$ 无限接近于一个确定的常数 A，我们就说 A 是**函数** $z=f(x,y)$ **当** $x \to x_0$，$y \to y_0$ **时的极限**．

定义 8.1.2 设二元函数 $f(x,y)$ 在 $P_0(x_0,y_0)$ 的某去心邻域内有定义，A 为常数，若对于任意给定的正数 ε，总存在正数 δ，使得对于适合不等式

$$0 < |PP_0| = \sqrt{(x-x_0)^2 + (y-y_0)^2} < \delta$$

的所有点 $P(x,y)$，都有

$$|f(x,y) - A| < \varepsilon$$

成立，则称常数 A 为**函数** $f(x,y)$ **当** $(x,y) \to (x_0,y_0)$ **时的极限**，记作

$$\lim_{(x,y)\to(x_0,y_0)} f(x,y) = A \quad \text{或} \quad f(x,y) \to A \ ((x,y) \to (x_0,y_0)),$$

也可以记作

$$\lim_{P \to P_0} f(P) = A \quad \text{或} \quad f(P) \to A \ (P \to P_0).$$

我们把二元函数的极限也叫做**二重极限**．

注意：在上述定义 8.1.2 中，动点 P 趋于点 P_0 的方式是任意的，即 $\lim\limits_{P \to P_0} f(P) = A$ 是指无论动点 P 以何种方式趋于点 P_0，都有 $f(P)$ 无限接近于确定的常数 A．

类似可定义三元及三元以上函数的极限．

多元函数极限的运算法则与一元函数类似．

例 8.1.4 求极限 $\lim\limits_{(x,y)\to(0,2)} \dfrac{\sin xy}{x}$．

解 $\lim\limits_{(x,y)\to(0,2)} xy = 0$，从而

$$\lim_{(x,y)\to(0,2)} \frac{\sin xy}{x} = \lim_{(x,y)\to(0,2)} \frac{\sin xy}{xy} \cdot y = \lim_{(x,y)\to(0,2)} \frac{\sin xy}{xy} \cdot \lim_{(x,y)\to(0,2)} y.$$

对 $\lim\limits_{(x,y)\to(0,2)} \dfrac{\sin xy}{xy}$，令 $t = xy$，则有

$$\lim_{(x,y)\to(0,2)} \frac{\sin xy}{xy} = \lim_{t\to 0} \frac{\sin t}{t} = 1.$$

所以 $\lim\limits_{(x,y)\to(0,2)} \dfrac{\sin xy}{x} = 2$．

例 8.1.5 求极限 $\lim\limits_{(x,y)\to(0,0)} (x^2 + y^2)\sin\dfrac{1}{x^2 + y^2}$．

解 因为 $\lim\limits_{(x,y)\to(0,0)} (x^2 + y^2) = 0$，$\sin\dfrac{1}{x^2 + y^2}$ 有界，于是

$$\lim_{(x,y)\to(0,0)} (x^2 + y^2)\sin\frac{1}{x^2 + y^2} = 0.$$

例 8.1.6 证明 $\lim\limits_{(x,y)\to(0,0)}\dfrac{xy}{x^2+y^2}$ 不存在.

证明 当动点 (x,y) 沿着直线 $y=kx$ （k 为常数）趋向 $(0,0)$ 时，有

$$\lim_{\substack{(x,y)\to(0,0)\\y=kx}}\frac{xy}{x^2+y^2}=\lim_{x\to0}\frac{x\cdot kx}{x^2+k^2x^2}=\frac{k}{1+k^2},$$

显然它随着 k 值的不同而不同. 所以 $\lim\limits_{(x,y)\to(0,0)}\dfrac{xy}{x^2+y^2}$ 不存在.

8.1.4 多元函数的连续性

在多元函数极限概念的基础上，可以容易地给出多元函数连续的定义.

定义 8.1.3 设二元函数 $z=f(x,y)$ 在 $P_0(x_0,y_0)$ 的某一邻域内有定义，如果

$$\lim_{(x,y)\to(x_0,y_0)}f(x,y)=f(x_0,y_0),$$

则称**函数** $z=f(x,y)$ **在点** (x_0,y_0) **处连续**.

如果二元函数 $f(x,y)$ 在区域 D 内每一点都连续，则称函数 $f(x,y)$ 在区域 D 内连续，或称 $f(x,y)$ 为区域 D 内的**连续函数**.

如果函数 $z=f(x,y)$ 在点 (x_0,y_0) 处不连续，则称点 (x_0,y_0) 为函数 $z=f(x,y)$ 的**间断点**.

例如函数 $f(x,y)=\begin{cases}\dfrac{xy}{x^2+y^2},& x^2+y^2\neq0,\\ 0,& x^2+y^2=0,\end{cases}$ 由例 8.1.6 可知，极限 $\lim\limits_{(x,y)\to(0,0)}\dfrac{xy}{x^2+y^2}$

不存在，所以 $f(x,y)$ 在点 $(0,0)$ 处不连续，即点 $(0,0)$ 是该函数的间断点；而 $f(x,y)=\dfrac{1}{x^2+y^2-1}$ 在圆周 $x^2+y^2=1$ 上各点都是间断点.

以上关于二元函数连续性的概念，可以推广到三元及三元以上的函数.

与一元初等函数相类似，**多元初等函数**是指由常数及具有不同自变量的一元基本初等函数经过有限次的四则运算和复合运算所得到的可用一个式子表示的函数.

一切多元初等函数在其定义区域内是连续的. 所谓**定义区域**是指包含在定义域内的区域或闭区域，即二元初等函数在其定义域的**内点处连续**.

如果点 $P_0(x_0,y_0)$ 是初等函数 $f(P)$ 定义域的内点，利用多元初等函数的连续性，则有

$$\lim_{P\to P_0}f(P)=f(P_0).$$

例如 $f(x,y)=\sqrt{3y^2-x}$ 是初等函数，点 $(1,2)$ 为其定义域的内点，所以

$$\lim_{(x,y)\to(1,2)}\sqrt{3y^2-x}=\sqrt{3\cdot2^2-1}=\sqrt{11}.$$

例 8.1.7 求极限 $\lim\limits_{(x,y)\to(0,0)} \dfrac{xy}{\sqrt{xy+1}-1}$.

解 $\qquad \lim\limits_{(x,y)\to(0,0)} \dfrac{xy}{\sqrt{xy+1}-1} = \lim\limits_{(x,y)\to(0,0)} \dfrac{xy(\sqrt{xy+1}+1)}{xy+1-1}$

$\qquad\qquad\qquad\qquad\quad = \lim\limits_{(x,y)\to(0,0)} (\sqrt{xy+1}+1) = 2$.

与闭区间上一元连续函数的性质相类似，在有界闭区域上连续的多元函数具有如下性质.

定理 8.1.1（最大值和最小值定理） 在有界闭区域 D 上连续的多元函数，在区域 D 上一定有最大值和最小值.

定理 8.1.2（有界性定理） 在有界闭区域 D 上连续的多元函数，在区域 D 上必定有界.

定理 8.1.3（介值定理） 在有界闭区域 D 上连续的多元函数必定能够取得介于最大值和最小值之间的任何值.

习题 8.1

1. 判定下列平面点集中哪些是开集、闭集、区域、有界集、无界集？

（1）$\left\{(x,y)\,\middle|\, x\neq 0, y\neq 0\right\}$；（2）$\left\{(x,y)\,\middle|\, 1 < x^2+y^2 \leqslant 9\right\}$；（3）$\left\{(x,y)\,\middle|\, y > x^2\right\}$.

2. 求下列各函数的表达式：

（1）$f(x,y) = x^2 - y^2$，求 $f\left(x+y, \dfrac{y}{x}\right)$；

（2）$f\left(x+y, \dfrac{y}{x}\right) = x^2 - y^2$，求 $f(x,y)$.

3. 求下列函数的定义域：

（1）$z = \sqrt{4x^2 + y^2 - 1}$；$\qquad\qquad$（2）$z = \ln(xy)$；

（3）$u = \arccos \dfrac{z}{\sqrt{x^2+y^2}}$；$\qquad$（4）$u = \ln(-1 - x^2 - y^2 + z^2)$.

4. 求下列极限：

（1）$\lim\limits_{(x,y)\to(0,0)} \dfrac{\sin(x^2+y^2)}{x^2+y^2}$；$\qquad$（2）$\lim\limits_{(x,y)\to(0,0)} \dfrac{2-\sqrt{xy+4}}{xy}$；

（3）$\lim\limits_{(x,y)\to(0,0)} (1+\sin(xy))^{\frac{1}{xy}}$；$\qquad$（4）$\lim\limits_{(x,y)\to(0,0)} \dfrac{1-\cos(x^2+y^2)}{(x^2+y^2)\mathrm{e}^{x^2y^2}}$；

（5）$\lim\limits_{(x,y)\to(0,0)} \dfrac{\sqrt{x^2+y^2} - \sin\sqrt{x^2+y^2}}{\sqrt{(x^2+y^2)^3}}$.

5．证明下列极限不存在：

（1）$\lim\limits_{(x,y)\to(0,0)} \dfrac{x+y}{x-y}$；   （2）$\lim\limits_{(x,y)\to(0,0)} \dfrac{x^2 y^2}{x^2 y^2 + (x-y)^2}$．

6．讨论下列函数在点 $(0,0)$ 处的连续性：

（1）$f(x,y) = \begin{cases} x\sin\dfrac{1}{x^2+y^2}, & (x,y) \neq (0,0), \\ 0, & (x,y) = (0,0); \end{cases}$

（2）$f(x,y) = \begin{cases} \dfrac{x^2 y}{x^4 + y^2}, & x^4 + y^2 \neq 0, \\ 0, & x^4 + y^2 = 0. \end{cases}$

8.2 偏 导 数

8.2.1 偏导数的定义及其计算方法

一元函数的导数是函数增量与自变量增量比值的极限，即

$$f'(x_0) = \frac{\mathrm{d}f}{\mathrm{d}x}\bigg|_{x=x_0} = \lim_{\Delta x \to 0} \frac{f(x_0 + \Delta x) - f(x_0)}{\Delta x},$$

它刻画了函数相对于自变量的变化率．对于多元函数同样需要讨论它的变化率．但多元函数的自变量不止一个，因变量与自变量的关系要比一元函数复杂得多．在这里，我们首先研究在其他自变量都固定不变时，多元函数随一个自变量变化的变化率问题，这就是偏导数．以二元函数 $z = f(x,y)$ 为例，如果只有自变量 x 变化，而固定自变量 $y = y_0$，则函数 $z = f(x,y_0)$ 就是 x 的一元函数，该函数对 x 的导数，就称为二元函数 $z = f(x,y)$ 对**自变量 x 的偏导数**．

定义 8.2.1　设函数 $z = f(x,y)$ 在点 (x_0,y_0) 的某邻域内有定义，当 y 固定在 y_0 而 x 在 x_0 处有增量 Δx 时，函数的增量

$$f(x_0 + \Delta x, y_0) - f(x_0, y_0)$$

叫做函数 $f(x,y)$ 在点 (x_0,y_0) 处关于 x 的**偏增量**，记作 $\Delta_x z$，即

$$\Delta_x z = f(x_0 + \Delta x, y_0) - f(x_0, y_0);$$

当 x 固定在 x_0 而 y 在 y_0 处有增量 Δy 时，函数的增量

$$f(x_0, y_0 + \Delta y) - f(x_0, y_0)$$

叫做函数 $f(x,y)$ 在点 (x_0,y_0) 处关于 y 的**偏增量**，记作 $\Delta_y z$，即

$$\Delta_y z = f(x_0, y_0 + \Delta y) - f(x_0, y_0).$$

当 x,y 分别在 x_0,y_0 处都有增量 $\Delta x, \Delta y$ 时，相应地函数的增量

$$f(x_0 + \Delta x, y_0 + \Delta y) - f(x_0, y_0)$$

叫做函数 $f(x, y)$ 在点 (x_0, y_0) 处的**全增量**，记作 Δz，即

$$\Delta z = f(x_0 + \Delta x, y_0 + \Delta y) - f(x_0, y_0).$$

本节讨论与偏增量有关的偏导数问题，下节讨论与全增量有关的全微分.

定义 8.2.2 设函数 $z = f(x, y)$ 在点 (x_0, y_0) 的某邻域内有定义，如果

$$\lim_{\Delta x \to 0} \frac{f(x_0 + \Delta x, y_0) - f(x_0, y_0)}{\Delta x} \qquad (8.2.1)$$

存在，则称此极限为函数 $z = f(x, y)$ 在点 (x_0, y_0) 对 x **的偏导数**，记作

$$\frac{\partial z}{\partial x}\bigg|_{(x_0, y_0)}, \quad z_x(x_0, y_0), \quad \frac{\partial f}{\partial x}\bigg|_{(x_0, y_0)}, \quad f_x(x_0, y_0).$$

即

$$f_x(x_0, y_0) = \lim_{\Delta x \to 0} \frac{f(x_0 + \Delta x, y_0) - f(x_0, y_0)}{\Delta x}.$$

类似地，如果

$$\lim_{\Delta y \to 0} \frac{f(x_0, y_0 + \Delta y) - f(x_0, y_0)}{\Delta y}$$

存在，则称此极限为函数 $z = f(x, y)$ 在点 (x_0, y_0) **对 y 的偏导数**，记作

$$\frac{\partial z}{\partial y}\bigg|_{(x_0, y_0)}, \quad z_y(x_0, y_0), \quad \frac{\partial f}{\partial y}\bigg|_{(x_0, y_0)}, \quad f_y(x_0, y_0).$$

如果函数 $z = f(x, y)$ 在区域 D 内任一点 (x, y) 处对 x 或对 y 的偏导数都存在，那么这些偏导数仍然是 x, y 的函数，我们称它们为函数 $z = f(x, y)$ 对 x 或对 y 的**偏导函数**（简称偏导数），分别记为

$$\frac{\partial z}{\partial x}, \quad z_x, \quad \frac{\partial f}{\partial x}, \quad f_x(x, y);$$

$$\frac{\partial z}{\partial y}, \quad z_y, \quad \frac{\partial f}{\partial y}, \quad f_y(x, y).$$

偏导数的概念容易推广到三元及三元以上的函数. 例如三元函数 $u = f(x, y, z)$ 在点 (x, y, z) 处对各个自变量的偏导数为：

$$f_x(x, y, z) = \lim_{\Delta x \to 0} \frac{f(x + \Delta x, y, z) - f(x, y, z)}{\Delta x},$$

$$f_y(x, y, z) = \lim_{\Delta y \to 0} \frac{f(x, y + \Delta y, z) - f(x, y, z)}{\Delta y},$$

$$f_z(x, y, z) = \lim_{\Delta z \to 0} \frac{f(x, y, z + \Delta z) - f(x, y, z)}{\Delta z}.$$

上述定义表明，计算多元函数对某个变量的偏导数时，只需把其余自变量看作常数，然后直接利用一元函数的求导公式和求导法则进行计算.

例 8.2.1 求函数 $z = x^3 y - xy^3$ 在点 $(1, 2)$ 处的偏导数.

解 把 y 看作常数，对 x 求导，得

$$\frac{\partial z}{\partial x} = 3x^2 y - y^3 ;$$

把 x 看作常数，对 y 求导，得

$$\frac{\partial z}{\partial y} = x^3 - 3xy^2 .$$

在点 $(1, 2)$ 处

$$\frac{\partial z}{\partial x}\bigg|_{(1,2)} = -2 , \quad \frac{\partial z}{\partial y}\bigg|_{(1,2)} = -11 .$$

例 8.2.2 设函数 $z = y^x$（$y > 0$，$y \neq 1$），求证

$$\frac{y}{x}\frac{\partial z}{\partial y} + \frac{1}{\ln y}\frac{\partial z}{\partial x} = 2z .$$

证明 因为

$$\frac{\partial z}{\partial x} = y^x \ln y , \quad \frac{\partial z}{\partial y} = xy^{x-1} ,$$

所以

$$\frac{y}{x}\frac{\partial z}{\partial y} + \frac{1}{\ln y}\frac{\partial z}{\partial x} = y^x + y^x = 2z .$$

例 8.2.3 求函数 $r = \sqrt{x^2 + y^2 + z^2}$ 的偏导数.

解 把 y 和 z 都看作常数，得

$$\frac{\partial r}{\partial x} = \frac{2x}{2\sqrt{x^2 + y^2 + z^2}} = \frac{x}{r} ,$$

同理

$$\frac{\partial r}{\partial y} = \frac{y}{r} , \quad \frac{\partial r}{\partial z} = \frac{z}{r} .$$

关于多元函数的偏导数，补充以下几点说明：

（1）对一元函数而言，导数 $\dfrac{dy}{dx}$ 可看做函数的微分 dy 与自变量的微分 dx 的商，但偏导数的记号 $\dfrac{\partial z}{\partial x}$ 是一个整体；

（2）与一元函数类似，对于分段函数在分段点处的偏导数要利用偏导数的定义去求；

（3）在一元函数微分学中，我们已经知道，如果函数在某点处存在导数，则它在该点必定连续. 但对于多元函数，即使函数的各个偏导数都存在，也不能保证函数在该点连续.

例如二元函数

$$f(x, y) = \begin{cases} \dfrac{xy}{x^2 + y^2}, & x^2 + y^2 \neq 0, \\ 0, & x^2 + y^2 = 0, \end{cases}$$

在点 $(0,0)$ 处的偏导数为

$$f_x(0,0) = \lim_{\Delta x \to 0} \frac{f(0 + \Delta x, 0) - f(0,0)}{\Delta x} = \lim_{\Delta x \to 0} \frac{0}{\Delta x} = 0,$$

$$f_y(0,0) = \lim_{\Delta y \to 0} \frac{f(0, 0 + \Delta y) - f(0,0)}{\Delta y} = \lim_{\Delta y \to 0} \frac{0}{\Delta y} = 0.$$

但是在 8.1.4 部分中已经知道该函数在点 $(0,0)$ 处不连续.

二元函数 $z = f(x,y)$ 在点 (x_0, y_0) 的偏导数有下述几何意义：

设曲面方程为 $z = f(x,y)$，点 $M_0\left(x_0, y_0, f(x_0, y_0)\right)$ 是该曲面上一点，过点 M_0 作平面 $y = y_0$，截此曲面得一曲线，其方程为 $\begin{cases} z = f(x,y), \\ y = y_0, \end{cases}$ 其在平面 $y = y_0$ 上的方程为 $z = f(x, y_0)$，则偏导数

$$f_x(x_0, y_0) = \left. \frac{\mathrm{d} f(x, y_0)}{\mathrm{d} x} \right|_{x = x_0}$$

表示上述曲线在点 M_0 处的切线 $M_0 T_x$ 对 x 轴正向的斜率（见图 8.5）. 同理，偏导数 $f_y(x_0, y_0)$ 就是曲面被平面 $x = x_0$ 所截得的曲线在点 M_0 处的切线 $M_0 T_y$ 对 y 轴正向的斜率.

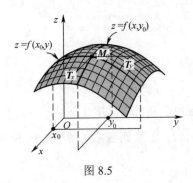

图 8.5

8.2.2 高阶偏导数

设函数 $z = f(x,y)$ 在区域 D 内具有偏导数，即

$$\frac{\partial z}{\partial x} = f_x(x, y), \quad \frac{\partial z}{\partial y} = f_y(x, y),$$

则在 D 内 $f_x(x,y)$，$f_y(x,y)$ 都是 x, y 的二元函数. 如果这两个函数的偏导数也存在，则称它们是函数 $z = f(x,y)$ 的**二阶偏导数**. 按照对变量求导次序的不同，有下列四

个二阶偏导数：

$$\frac{\partial}{\partial x}\left(\frac{\partial z}{\partial x}\right)=\frac{\partial^2 z}{\partial x^2}=f_{xx}(x,y)\,,\quad \frac{\partial}{\partial y}\left(\frac{\partial z}{\partial x}\right)=\frac{\partial^2 z}{\partial x\partial y}=f_{xy}(x,y)\,,$$

$$\frac{\partial}{\partial x}\left(\frac{\partial z}{\partial y}\right)=\frac{\partial^2 z}{\partial y\partial x}=f_{yx}(x,y)\,,\quad \frac{\partial}{\partial y}\left(\frac{\partial z}{\partial y}\right)=\frac{\partial^2 z}{\partial y^2}=f_{yy}(x,y)\,.$$

其中 $f_{xy}(x,y)$，$f_{yx}(x,y)$ 称为**混合偏导数**. 类似地，可以定义三阶、四阶直至 n 阶偏导数，我们把二阶及二阶以上的偏导数统称为**高阶偏导数**.

例 8.2.4 求 $z=2x^4y-xy^3+xy+1$ 的二阶偏导数.

解 $\dfrac{\partial z}{\partial x}=8x^3y-y^3+y$，$\dfrac{\partial z}{\partial y}=2x^4-3xy^2+x$，

$$\frac{\partial^2 z}{\partial x^2}=24x^2y\,,\quad \frac{\partial^2 z}{\partial x\partial y}=8x^3-3y^2+1\,,$$

$$\frac{\partial^2 z}{\partial y\partial x}=8x^3-3y^2+1\,,\quad \frac{\partial^2 z}{\partial y^2}=-6xy\,.$$

本题中两个二阶混合偏导数相等，即 $\dfrac{\partial^2 z}{\partial x\partial y}=\dfrac{\partial^2 z}{\partial y\partial x}$. 这说明该函数的混合偏导数与求导的次序无关，但此结论并不适合于所有函数. 事实上，我们有下述定理：

定理 8.2.1 设函数 $z=f(x,y)$ 的两个二阶混合偏导数 $f_{xy}(x,y)$ 及 $f_{yx}(x,y)$ 在区域 D 内连续，则在该区域内有 $f_{xy}(x,y)=f_{yx}(x,y)$.

定理 8.2.1 表明，二阶混合偏导数在连续的条件下与求导次序无关，此定理的证明从略.

对于二元以上的函数，也可以类似地定义高阶偏导数，而且高阶混合偏导数在连续的条件下也与求导次序无关.

习题 8.2

1. 求下列函数的偏导数：

（1）$z=x^3y+3x^2y^2-xy^3$；　　　　（2）$z=\mathrm{e}^{xy}+yx^2$；

（3）$z=\mathrm{e}^{\sin x}\cos y$；　　　　　　（4）$z=\ln(x+\ln y)$.

2. 设函数 $f(x,y)=x+(y-1)\arcsin\sqrt{\dfrac{x}{y}}$，求 $f_x(x,1)$.

3. 设 $f(x,y)=\begin{cases}(x^2+y)\sin\dfrac{1}{\sqrt{x^2+y^2}}, & x^2+y^2\neq 0,\\ 0, & x^2+y^2=0,\end{cases}$ 求 $f_x(0,0)$，$f_y(0,0)$.

4. 求下列函数的二阶偏导数：

（1）$z = x^4 + y^4 - 4x^2y^2$；　　　　（2）$z = \arctan\dfrac{y}{x}$；　　　　（3）$z = x^{2y}$.

5．设 $f(x,y,z) = xy^2 + yz^2 + zx^2$，求 $f_{xx}(0,0,1)$，$f_{xz}(1,0,2)$，$f_{yz}(0,-1,0)$，$f_{zzx}(2,0,1)$.

6．设 $z = \dfrac{y^2}{3x} + \varphi(xy)$，其中 $\varphi(u)$ 可导，证明：$x^2\dfrac{\partial z}{\partial x} + y^2 = xy\dfrac{\partial z}{\partial y}$

8.3　全微分

8.3.1　全微分的定义

上一节中我们利用偏增量定义了偏导数，讨论了多元函数对于某一个变量的变化率．但在实际问题中，有时需要研究函数全增量的问题．

一般来说，计算全增量 Δz 比较复杂，与一元函数类似，我们希望用关于自变量增量 Δx，Δy 的线性函数来近似地代替函数的全增量 Δz，由此引入二元函数全微分的定义．

定义 8.3.1　如果函数 $z = f(x,y)$ 在点 (x,y) 处的全增量

$$\Delta z = f(x + \Delta x, y + \Delta y) - f(x,y)$$

可以表示为

$$\Delta z = A\Delta x + B\Delta y + o(\rho)，$$

其中 A,B 是不依赖于 Δx，Δy 的两个常数（仅与 x,y 有关），$\rho = \sqrt{(\Delta x)^2 + (\Delta y)^2}$，则称函数 $z = f(x,y)$ 在点 (x,y) 处**可微分**，$A\Delta x + B\Delta y$ 称为函数 $z = f(x,y)$ 在点 (x,y) 处的**全微分**，记为 $\mathrm{d}z$，即

$$\mathrm{d}z = A\Delta x + B\Delta y．$$

习惯上，自变量的增量 Δx，Δy 常写成 $\mathrm{d}x$，$\mathrm{d}y$，并分别称为自变量 x,y 的微分，所以 $\mathrm{d}z$ 也常写成

$$\mathrm{d}z = A\mathrm{d}x + B\mathrm{d}y．$$

若函数 $z = f(x,y)$ 在区域 D 内各点处都可微，则称该**函数在区域 D 内可微分**．

当函数 $z = f(x,y)$ 在点 (x,y) 处可微分时，

$$\lim_{(\Delta x,\Delta y)\to(0,0)} \Delta z = \lim_{\rho\to 0}[(A\Delta x + B\Delta y) + o(\rho)] = 0，$$

从而　　$\displaystyle\lim_{(\Delta x,\Delta y)\to(0,0)} f(x + \Delta x, y + \Delta y) = \lim_{\rho\to 0}[f(x,y) + \Delta z] = f(x,y)，$

所以函数 $z = f(x,y)$ 在点 (x,y) 处连续．

由上节知道，函数在一点处存在偏导数，函数在该点未必连续，这也说明了多元函数的偏导数存在与可微分的关系和一元函数是不同的．

下面讨论函数 $z = f(x,y)$ 在点 (x,y) 处可微分的条件．

定理 8.3.1（必要条件） 如果函数 $z = f(x, y)$ 在点 (x, y) 处可微分，则该函数在 (x, y) 处的偏导数 $\dfrac{\partial z}{\partial x}, \dfrac{\partial z}{\partial y}$ 必存在，且 $z = f(x, y)$ 在点 (x, y) 处的全微分为

$$\mathrm{d}z = \frac{\partial z}{\partial x}\mathrm{d}x + \frac{\partial z}{\partial y}\mathrm{d}y .$$

证明略.

定理 8.3.1 的逆命题不成立.

例如，函数

$$f(x, y) = \begin{cases} \dfrac{xy}{x^2 + y^2}, & x^2 + y^2 \neq 0, \\[3mm] 0, & x^2 + y^2 = 0, \end{cases}$$

在第一节中已知函数在点 $(0,0)$ 不连续，所以在点 $(0,0)$ 处不可微分. 而在第二节中已求得函数在点 $(0,0)$ 处的偏导数为 $f_x(0,0) = 0$ 及 $f_y(0,0) = 0$，即 $f(x, y)$ 在点 $(0,0)$ 处的两个偏导数存在. 所以偏导数存在是函数可微分的必要而非充分条件.

由此可见，对于多元函数而言，偏导数存在并不一定可微分. 但若对偏导数再加些条件，就可以保证函数的可微性. 我们有下面的结论：

定理 8.3.2（充分条件） 如果函数 $z = f(x, y)$ 的偏导数 $\dfrac{\partial z}{\partial x}, \dfrac{\partial z}{\partial y}$ 在点 (x, y) 处连续，则函数在该点可微分.

上述关于二元函数全微分的必要条件和充分条件，可以推广到三元及三元以上的多元函数. 例如，三元函数 $u = f(x, y, z)$ 的全微分可以表示为

$$\mathrm{d}u = \frac{\partial u}{\partial x}\mathrm{d}x + \frac{\partial u}{\partial y}\mathrm{d}y + \frac{\partial u}{\partial z}\mathrm{d}z .$$

这里 $\dfrac{\partial u}{\partial x}\mathrm{d}x, \dfrac{\partial u}{\partial y}\mathrm{d}y, \dfrac{\partial u}{\partial z}\mathrm{d}z$ 分别叫做函数对自变量 x, y, z 的**偏微分**.

例 8.3.1 求函数 $z = x^3 y^2 + x^2 + y$ 在 $(2,1)$ 处的全微分.

解
$$\frac{\partial z}{\partial x} = 3x^2 y^2 + 2x , \quad \frac{\partial z}{\partial x}\bigg|_{\substack{x=2 \\ y=1}} = 16 ,$$

$$\frac{\partial z}{\partial y} = 2x^3 y + 1 , \quad \frac{\partial z}{\partial y}\bigg|_{\substack{x=2 \\ y=1}} = 17 .$$

所以
$$\mathrm{d}z\big|_{\substack{x=2 \\ y=1}} = 16\mathrm{d}x + 17\mathrm{d}y .$$

例 8.3.2 求函数 $z = x^2 y + \dfrac{x}{y}$ 的全微分.

解 $\dfrac{\partial z}{\partial x} = 2xy + \dfrac{1}{y} , \quad \dfrac{\partial z}{\partial y} = x^2 - \dfrac{x}{y^2} ,$

所以
$$dz = \left(2xy + \frac{1}{y}\right)dx + \left(x^2 - \frac{x}{y^2}\right)dy .$$

例 8.3.3　求函数 $u = x + \sin\dfrac{y}{2} + e^{yz}$ 的全微分.

解　$\dfrac{\partial u}{\partial x} = 1$，$\dfrac{\partial u}{\partial y} = \dfrac{1}{2}\cos\dfrac{y}{2} + ze^{yz}$，$\dfrac{\partial u}{\partial z} = ye^{yz}$，

所以
$$du = dx + \left(\frac{1}{2}\cos\frac{y}{2} + ze^{yz}\right)dy + ye^{yz}dz .$$

*8.3.2　全微分在近似计算中的应用

由二元函数全微分的定义及关于全微分存在的充分条件可知，当二元函数 $z = f(x,y)$ 在点 $P(x,y)$ 的两个偏导数连续，并且 $|\Delta x|, |\Delta y|$ 都较小时，有近似等式
$$\Delta z \approx dz = f_x(x,y)\Delta x + f_y(x,y)\Delta y ,$$
$$f(x + \Delta x, y + \Delta y) - f(x,y) \approx f_x(x,y)\Delta x + f_y(x,y)\Delta y ,$$
也可表示为
$$f(x + \Delta x, y + \Delta y) \approx f(x,y) + f_x(x,y)\Delta x + f_y(x,y)\Delta y .$$

与一元函数的情形类似，利用以上两式可对二元函数做近似计算和误差估计，举例如下.

例 8.3.4　计算 $(1.04)^{2.02}$ 的近似值.

解　设函数 $f(x,y) = x^y$. 显然，要计算的值就是函数在 $x = 1.04$，$y = 2.02$ 时的函数值 $f(1.04, 2.02)$. 取 $x = 1$，$y = 2$，$\Delta x = 0.04$，$\Delta y = 0.02$. 由于
$$f(1,2) = 1, \quad f_x(x,y) = yx^{y-1}, \quad f_y(x,y) = x^y \ln x, \quad f_x(1,2) = 2, \quad f_y(1,2) = 0 ,$$
则 $(1.04)^{2.02} \approx 1 + 2 \times 0.04 + 0 \times 0.02 = 1.08$.

习题 8.3

1. 求下列函数的全微分：

（1）$z = \arctan(xy)$；　　　（2）$z = 3x^2y + \dfrac{x}{y}$；　　　（3）$z = 3xe^{-y} - 2\sqrt{x} + \ln 5$.

2. 求函数 $z = \ln(2 + x^2 + y^2)$ 在 $x = 2$，$y = 1$ 时的全微分.

3. 求函数 $z = \dfrac{y}{x}$ 在 $x = 2$，$y = 1$，$\Delta x = 0.1$，$\Delta y = -0.2$ 时的全微分.

4. 考虑二元函数 $f(x,y)$ 下面的四条性质：

① $f(x,y)$ 在点 (x_0, y_0) 连续；

② $f_x(x,y), f_y(x,y)$ 在点 (x_0, y_0) 连续；

③ $f(x,y)$ 在点 (x_0, y_0) 可微分；

④ $f_x(x_0, y_0)$，$f_y(x_0, y_0)$ 存在.

若用" $P \Rightarrow Q$ "表示可由性质 P 推出性质 Q，则下列四个选项中正确的是（   ）.

    A．②$\Rightarrow$③$\Rightarrow$①；   B．③$\Rightarrow$②$\Rightarrow$①；

    C．③$\Rightarrow$④$\Rightarrow$①；   D．③$\Rightarrow$①$\Rightarrow$④.

5．计算 $(1.007)^{2.98}$ 的近似值.

6．计算 $\sqrt{(1.01)^3 + (1.98)^3}$ 的近似值.

7．用某种材料做一个开口长方体容器，其外形长 5m，宽 4m，高 3m，厚 20cm，求所需材料的近似值与精确值.

8.4 多元复合函数的求导法则

在一元函数的复合求导中，有所谓的"链式法则"，这一法则可以推广到多元复合函数. 多元复合函数的求导法则在多元函数微分学中也起着重要作用.

下面按照多元复合函数复合情况的不同，分三种情形讨论.

8.4.1 复合函数的中间变量均为一元函数的情形

设函数 $z = f(u,v)$，$u = \varphi(t)$，$v = \psi(t)$ 复合得到复合函数 $z = f[\varphi(t), \psi(t)]$，其变量间的相互依赖关系可用图 8.6 来表达.

定理 8.4.1 若 $u = \varphi(t)$ 及 $v = \psi(t)$ 都在点 t 可导，$z = f(u,v)$ 在对应点 (u,v) 具有连续偏导数，则复合函数 $z = f[\varphi(t), \psi(t)]$ 在对应点 t 可导，且有

$$\frac{\mathrm{d}z}{\mathrm{d}t} = \frac{\partial z}{\partial u}\frac{\mathrm{d}u}{\mathrm{d}t} + \frac{\partial z}{\partial v}\frac{\mathrm{d}v}{\mathrm{d}t}. \tag{8.4.1}$$

定理 8.4.1 的结论可推广到中间变量多于两个的情形. 例如，设

$$z = f(u,v,w)，\quad u = \varphi(t)，\quad v = \psi(t)，\quad w = \omega(t)，$$

复合得到复合函数 $z = f[\varphi(t), \psi(t), \omega(t)]$，其变量间的相互依赖关系可用图 8.7 来表达. 在满足与定理 8.4.1 类似的条件下，则有

$$\frac{\mathrm{d}z}{\mathrm{d}t} = \frac{\partial z}{\partial u}\frac{\mathrm{d}u}{\mathrm{d}t} + \frac{\partial z}{\partial v}\frac{\mathrm{d}v}{\mathrm{d}t} + \frac{\partial z}{\partial \omega}\frac{\mathrm{d}\omega}{\mathrm{d}t}. \tag{8.4.2}$$

公式（8.4.1）和公式（8.4.2）中的导数 $\dfrac{\mathrm{d}z}{\mathrm{d}t}$ 称为**全导数**.

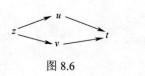

图 8.6

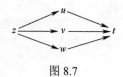

图 8.7

例 8.4.1 设 $z = u^2 + \tan v$，而 $u = \sin t$，$v = e^t$，求全导数 $\dfrac{dz}{dt}$．

解 $\dfrac{dz}{dt} = \dfrac{\partial z}{\partial u} \cdot \dfrac{du}{dt} + \dfrac{\partial z}{\partial v} \cdot \dfrac{dv}{dt} = 2u \cdot \cos t + \sec^2 v \cdot e^t$

$$= \sin 2t + e^t \sec^2 (e^t)．$$

例 8.4.2 设 $u = x^2 + e^y + \arctan z$，而 $x = \sqrt{t}$，$y = \ln(1 + t^2)$，$z = t^2$，求全导数 $\dfrac{du}{dt}$．

解 $\dfrac{du}{dt} = \dfrac{\partial u}{\partial x} \cdot \dfrac{dx}{dt} + \dfrac{\partial u}{\partial y} \cdot \dfrac{dy}{dt} + \dfrac{\partial u}{\partial z} \cdot \dfrac{dz}{dt} = 2x \cdot \dfrac{1}{2\sqrt{t}} + e^y \cdot \dfrac{2t}{1 + t^2} + \dfrac{1}{1 + z^2} \cdot 2t$

$$= 1 + 2t + \dfrac{2t}{1 + t^4}．$$

8.4.2 复合函数的中间变量均为多元函数的情形

定理 8.4.1 可推广到中间变量为二元函数的情形，设 $z = f(u, v)$，$u = \varphi(x, y)$，$v = \psi(x, y)$ 复合得到复合函数 $z = f[\varphi(x, y), \psi(x, y)]$，其变量间的相互依赖关系可用图 8.8 来表达．

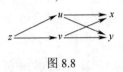

图 8.8

定理 8.4.2 若 $u = \varphi(x, y)$ 及 $v = \psi(x, y)$ 都在点 (x, y) 具有对 x 和 y 的偏导数，且 $z = f(u, v)$ 在对应点 (u, v) 具有连续偏导数，则复合函数 $z = f[\varphi(x, y), \psi(x, y)]$ 在对应点 (x, y) 的两个偏导数存在，且有

$$\dfrac{\partial z}{\partial x} = \dfrac{\partial z}{\partial u}\dfrac{\partial u}{\partial x} + \dfrac{\partial z}{\partial v}\dfrac{\partial v}{\partial x}，\tag{8.4.3}$$

$$\dfrac{\partial z}{\partial y} = \dfrac{\partial z}{\partial u}\dfrac{\partial u}{\partial y} + \dfrac{\partial z}{\partial v}\dfrac{\partial v}{\partial y}．\tag{8.4.4}$$

定理 8.4.2 可推广到中间变量多于两个的情形，如设 $z = f(u, v, w)$，$u = \varphi(x, y)$，$v = \psi(x, y)$，$w = \omega(x, y)$ 复合得到复合函数 $z = f[\varphi(x, y), \psi(x, y), \omega(x, y)]$．在满足与定理 8.4.2 类似的条件下，有

$$\dfrac{\partial z}{\partial x} = \dfrac{\partial z}{\partial u}\dfrac{\partial u}{\partial x} + \dfrac{\partial z}{\partial v}\dfrac{\partial v}{\partial x} + \dfrac{\partial z}{\partial \omega}\dfrac{\partial \omega}{\partial x}，\tag{8.4.5}$$

$$\dfrac{\partial z}{\partial y} = \dfrac{\partial z}{\partial u}\dfrac{\partial u}{\partial y} + \dfrac{\partial z}{\partial v}\dfrac{\partial v}{\partial y} + \dfrac{\partial z}{\partial \omega}\dfrac{\partial \omega}{\partial y}．\tag{8.4.6}$$

例 8.4.3 设 $z = u^2 \ln v$，而

$$u = \dfrac{x}{y}，\quad v = 3x - 2y，$$

求 $\dfrac{\partial z}{\partial x}$ 和 $\dfrac{\partial z}{\partial y}$．

解 $\dfrac{\partial z}{\partial x} = \dfrac{\partial z}{\partial u}\dfrac{\partial u}{\partial x} + \dfrac{\partial z}{\partial v}\dfrac{\partial v}{\partial x} = 2u\ln v\cdot\dfrac{1}{y} + \dfrac{u^2}{v}\cdot 3$

$$= \dfrac{2x}{y^2}\ln(3x-2y) + \dfrac{3x^2}{(3x-2y)y^2}\ ;$$

$$\dfrac{\partial z}{\partial y} = \dfrac{\partial z}{\partial u}\dfrac{\partial u}{\partial y} + \dfrac{\partial z}{\partial v}\dfrac{\partial v}{\partial y} = 2u\ln v\cdot\left(-\dfrac{x}{y^2}\right) + \dfrac{u^2}{v}\cdot(-2)$$

$$= -\dfrac{2x^2}{y^3}\ln(3x-2y) - \dfrac{2x^2}{(3x-2y)y^2}\ .$$

8.4.3 复合函数的中间变量既有一元函数也有多元函数的情形

定理 8.4.3 若函数 $u = \varphi(x,y)$ 在点 (x,y) 具有对 x 和 y 的偏导数，函数 $v = \psi(y)$ 在点 y 可导，函数 $z = f(u,v)$ 在对应点 (u,v) 具有连续偏导数，则复合函数 $z = f[\varphi(x,y),\psi(y)]$ 在点 (x,y) 的两个偏导数存在，且有

$$\dfrac{\partial z}{\partial x} = \dfrac{\partial z}{\partial u}\dfrac{\partial u}{\partial x}\ , \qquad\qquad (8.4.7)$$

$$\dfrac{\partial z}{\partial y} = \dfrac{\partial z}{\partial u}\dfrac{\partial u}{\partial y} + \dfrac{\partial z}{\partial v}\dfrac{\mathrm{d} v}{\mathrm{d} y}\ . \qquad\qquad (8.4.8)$$

上述情形实际上是第二种情形的一个特例，即变量 v 与 x 无关，从而 $\dfrac{\partial v}{\partial x} = 0$ ，

而 v 是关于 y 的一元函数，所以 $\dfrac{\partial v}{\partial y}$ 换成了 $\dfrac{\mathrm{d} v}{\mathrm{d} y}$ ，从而有上述结果.

在上述情形中，还有一种常见的情况是：复合函数的某些中间变量本身又是复合函数的自变量. 例如设函数 $z = f(u,x,y)$ ， $u = \varphi(x,y)$ 构成复合函数 $z = f[\varphi(x,y),x,y]$ ，其变量间的相互依赖关系可用图 8.9 来表达， $z = f[\varphi(x,y),x,y]$ 可看做第二种情形中 $v = x$ ， $\omega = y$ 的特殊情形. 因此，

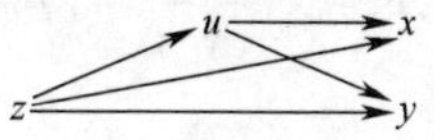

图 8.9

$$\dfrac{\partial z}{\partial x} = \dfrac{\partial z}{\partial u}\dfrac{\partial u}{\partial x} + \dfrac{\partial f}{\partial x}\ ,$$

$$\dfrac{\partial z}{\partial y} = \dfrac{\partial z}{\partial u}\dfrac{\partial u}{\partial y} + \dfrac{\partial f}{\partial y}\ .$$

注意： $\dfrac{\partial z}{\partial x}$ 与 $\dfrac{\partial f}{\partial x}$ 是不同的， $\dfrac{\partial z}{\partial x}$ 是把复合函数 $z = f[\varphi(x,y),x,y]$ 中的 y 看作常

量而对 x 的偏导数， $\dfrac{\partial f}{\partial x}$ 是把 $z = f(u,x,y)$ 中的 u 及 y 看作常量而对 x 的偏导数.

例 8.4.4 设 $z = uv + \sin t$ ，而 $u = \mathrm{e}^t$ ， $v = \cos t$ ，求全导数 $\dfrac{\mathrm{d} z}{\mathrm{d} t}$.

解 $\dfrac{\mathrm{d}z}{\mathrm{d}t} = \dfrac{\partial z}{\partial u}\cdot\dfrac{\mathrm{d}u}{\mathrm{d}t} + \dfrac{\partial z}{\partial v}\cdot\dfrac{\mathrm{d}v}{\mathrm{d}t} + \dfrac{\partial z}{\partial t} = v\mathrm{e}^t - u\sin t + \cos t$

$\qquad = \mathrm{e}^t\cos t - \mathrm{e}^t\sin t + \cos t = \mathrm{e}^t(\cos t - \sin t) + \cos t$.

例 8.4.5 设 $w = f(x+y+z,\ xyz)$ ，f 具有二阶连续偏导数，求 $\dfrac{\partial w}{\partial x}$ ，$\dfrac{\partial w}{\partial y}$ 及 $\dfrac{\partial^2 w}{\partial x\partial z}$.

解 令 $u = x+y+z$ ，$v = xyz$ ，则 $w = f(u,v)$.

为了表达方便起见，引入以下记号：

$$f_1' = \frac{\partial f(u,v)}{\partial u}, \quad f_{12}'' = \frac{\partial^2 f(u,v)}{\partial u\partial v} .$$

这里下标 1 表示对第一个变量 u 求偏导数，下标 2 表示对第二个变量 v 求偏导数．同理有 f_2', f_{11}'', f_{22}'' 等等．根据复合函数求导法则，有

$$\frac{\partial w}{\partial x} = \frac{\partial f}{\partial u}\cdot\frac{\partial u}{\partial x} + \frac{\partial f}{\partial v}\cdot\frac{\partial v}{\partial x} = f_1' + yzf_2' ,$$

$$\frac{\partial w}{\partial y} = \frac{\partial f}{\partial u}\cdot\frac{\partial u}{\partial y} + \frac{\partial f}{\partial v}\cdot\frac{\partial v}{\partial y} = f_1' + xzf_2' ,$$

$$\frac{\partial^2 w}{\partial x\partial z} = \frac{\partial}{\partial z}(f_1' + yzf_2') = \frac{\partial f_1'}{\partial z} + yf_2' + yz\frac{\partial f_2'}{\partial z} .$$

注意 f_1' 及 f_2' 仍旧是复合函数，根据复合函数求导法则，有

$$\frac{\partial f_1'}{\partial z} = \frac{\partial f_1'}{\partial u}\cdot\frac{\partial u}{\partial z} + \frac{\partial f_1'}{\partial v}\cdot\frac{\partial v}{\partial z} = f_{11}'' + xyf_{12}'' ,$$

$$\frac{\partial f_2'}{\partial z} = \frac{\partial f_2'}{\partial u}\cdot\frac{\partial u}{\partial z} + \frac{\partial f_2'}{\partial v}\cdot\frac{\partial v}{\partial z} = f_{21}'' + xyf_{22}'' .$$

于是代入 $\dfrac{\partial^2 w}{\partial x\partial z}$ ，得

$$\frac{\partial^2 w}{\partial x\partial z} = f_{11}'' + xyf_{12}'' + yf_2' + yz(f_{21}'' + xyf_{22}'')$$

$$= f_{11}'' + xyf_{12}'' + yf_2' + yzf_{21}'' + xy^2zf_{22}''$$

$$= f_{11}'' + y(x+z)f_{12}'' + yf_2' + xy^2zf_{22}'' .$$

例 8.4.6 设 $z = f(u,x,y)$ ，$u = x\mathrm{e}^y$ ，其中 f 有二阶连续偏导数，求 $\dfrac{\partial z}{\partial x}$ ，$\dfrac{\partial^2 z}{\partial x\partial y}$.

解 $\dfrac{\partial z}{\partial x} = \dfrac{\partial f}{\partial u}\cdot\dfrac{\partial u}{\partial x} + \dfrac{\partial f}{\partial x} = f_1'\cdot\mathrm{e}^y + f_2'$,

$$\frac{\partial^2 z}{\partial x\partial y} = \frac{\partial}{\partial y}(f_1'\cdot\mathrm{e}^y + f_2') = \mathrm{e}^y f_1' + \mathrm{e}^y\frac{\partial f_1'}{\partial y} + \frac{\partial f_2'}{\partial y}$$

$$= \mathrm{e}^y f_1' + \mathrm{e}^y(f_{11}''\cdot x\mathrm{e}^y + f_{13}'') + (f_{21}''\cdot x\mathrm{e}^y + f_{23}'')$$

$$= \mathrm{e}^y(f_1' + f_{13}'') + x\mathrm{e}^{2y}f_{11}'' + x\mathrm{e}^y f_{21}'' + f_{23}''.$$

8.4.4　全微分形式不变性

设函数 $z = f(u, v)$ 具有连续偏导数，则有全微分

$$\mathrm{d}z = \frac{\partial z}{\partial u}\mathrm{d}u + \frac{\partial z}{\partial v}\mathrm{d}v.$$

如果 u, v 又是 x, y 的函数，$u = \varphi(x, y)$，$v = \psi(x, y)$，且这两个函数也具有连续偏导数，则复合函数 $z = f[\varphi(x, y), \psi(x, y)]$ 的全微分为

$$\mathrm{d}z = \frac{\partial z}{\partial x}\mathrm{d}x + \frac{\partial z}{\partial y}\mathrm{d}y.$$

把公式（8.4.3）和（8.4.4）中的 $\dfrac{\partial z}{\partial x}, \dfrac{\partial z}{\partial y}$ 代入上式，得

$$\mathrm{d}z = \left(\frac{\partial z}{\partial u} \cdot \frac{\partial u}{\partial x} + \frac{\partial z}{\partial v} \cdot \frac{\partial v}{\partial x}\right)\mathrm{d}x + \left(\frac{\partial z}{\partial u} \cdot \frac{\partial u}{\partial y} + \frac{\partial z}{\partial v} \cdot \frac{\partial v}{\partial y}\right)\mathrm{d}y$$

$$= \frac{\partial z}{\partial u}\left(\frac{\partial u}{\partial x}\mathrm{d}x + \frac{\partial u}{\partial y}\mathrm{d}y\right) + \frac{\partial z}{\partial v}\left(\frac{\partial v}{\partial x}\mathrm{d}x + \frac{\partial v}{\partial y}\mathrm{d}y\right)$$

$$= \frac{\partial z}{\partial u}\mathrm{d}u + \frac{\partial z}{\partial v}\mathrm{d}v.$$

由此可见，无论 z 是自变量 x, y 的函数还是中间变量 u, v 的函数，它的全微分形式是一样的，这个性质叫做**全微分形式的不变性**.

例 8.4.7　利用全微分形式不变性求解例 8.4.3.

解　$\mathrm{d}z = \mathrm{d}(u^2 \ln v) = 2u \ln v \mathrm{d}u + \dfrac{u^2}{v}\mathrm{d}v$，

$$\mathrm{d}u = \mathrm{d}\left(\frac{x}{y}\right) = \frac{1}{y}\mathrm{d}x - \frac{x}{y^2}\mathrm{d}y, \quad \mathrm{d}v = \mathrm{d}(3x - 2y) = 3\mathrm{d}x - 2\mathrm{d}y,$$

代入合并得

$$\mathrm{d}z = \mathrm{d}(u^2 \ln v) = 2u \ln v\left(\frac{1}{y}\mathrm{d}x - \frac{x}{y^2}\mathrm{d}y\right) + \frac{u^2}{v}(3\mathrm{d}x - 2\mathrm{d}y)$$

$$= \left(\frac{2x}{y^2}\ln(3x - 2y) + \frac{3x^2}{(3x - 2y)y^2}\right)\mathrm{d}x + \left(-\frac{2x^2}{y^3}\ln(3x - 2y) - \frac{2x^2}{(3x - 2y)y^2}\right)\mathrm{d}y,$$

比较上式两边的系数，可得两个偏导数 $\dfrac{\partial z}{\partial x}, \dfrac{\partial z}{\partial y}$，与例 8.4.3 的结果一样.

习题 8.4

1. 求下列函数的全导数：

（1）设 $z = \arctan(x - y)$ ，而 $x = 3t$ ， $y = 4t^3$ ，求 $\dfrac{dz}{dt}$ ；

（2）设 $z = e^{x-2y}$ ，而 $x = \sin t$ ， $y = t^3$ ，求 $\dfrac{dz}{dt}$.

2. 求下列函数的一阶偏导数（其中 f 具有一阶连续偏导数）：

（1） $z = x^2 \ln y$ ，而 $x = \dfrac{u}{v}$ ， $y = 3u - 2v$ ；

（2） $z = f(x^2 - y^2, e^{xy})$ ；

（3） $u = f(x, xy, xyz)$.

3. 设 $z = \dfrac{y}{f(x^2 - y^2)}$ ，其中 $f(u)$ 为可导函数，验证： $\dfrac{1}{x}\dfrac{\partial z}{\partial x} + \dfrac{1}{y}\dfrac{\partial z}{\partial y} = \dfrac{z}{y^2}$.

4. 设 $z = f(x^2 + y^2)$ ，其中 f 具有二阶导数，求 $\dfrac{\partial^2 z}{\partial x^2}$ ， $\dfrac{\partial^2 z}{\partial x \partial y}$ ， $\dfrac{\partial^2 z}{\partial y^2}$.

5. 求下列函数的 $\dfrac{\partial^2 z}{\partial x^2}$ ， $\dfrac{\partial^2 z}{\partial x \partial y}$ ， $\dfrac{\partial^2 z}{\partial y^2}$ （其中 f 具有二阶连续偏导数）：

（1） $z = f(xy, y)$ ；   （2） $z = f\left(\dfrac{x}{y}, x^2 y\right)$.

8.5 隐函数的求导公式

在一元函数微分学中，我们已经提出了隐函数的概念，并介绍了利用复合函数求导法，直接由方程
$$F(x, y) = 0$$
求它所确定的隐函数的导数. 现在我们进一步阐述隐函数存在的条件，并利用多元复合函数的求导法则建立隐函数的求导公式.

定理 8.5.1（隐函数存在定理） 设 $F(x, y)$ 在点 $P(x_0, y_0)$ 的某一邻域内具有连续偏导数，且 $F(x_0, y_0) = 0$ ， $F_y(x_0, y_0) \neq 0$ ，则方程 $F(x, y) = 0$ 在点 $P(x_0, y_0)$ 的某一邻域内恒能唯一确定一个连续且具有连续导数的隐函数 $y = f(x)$ ，它满足条件 $y_0 = f(x_0)$ ，并有

$$\frac{dy}{dx} = -\frac{F_x}{F_y} . \tag{8.5.1}$$

定理证明从略，仅就（8.5.1）作如下推导.

将方程 $F(x, y) = 0$ 两端对 x 求导，注意方程中的 y 是 x 的函数，利用复合函数求导法则可得

$$F_x + F_y \cdot \frac{dy}{dx} = 0 ,$$

由于 F_y 连续，且 $F_y(x_0, y_0) \neq 0$，所以存在 (x_0, y_0) 的一个邻域，在这个邻域内 $F_y \neq 0$，于是得

$$\frac{\mathrm{d}y}{\mathrm{d}x} = -\frac{F_x}{F_y}.$$

公式（8.5.1）就是隐函数的求导公式.

例 8.5.1 验证方程 $x^2 + y^2 - 1 = 0$ 在点 $(0,1)$ 的某一邻域内能唯一确定一个有连续导数的隐函数 $y = f(x)$，且满足 $f(0) = 1$，并求隐函数的一阶与二阶导数在 $x = 0$ 处的值.

解 令 $F(x, y) = x^2 + y^2 - 1$，则 $F_x = 2x$，$F_y = 2y$，且 $F(0,1) = 0$，$F_y(0,1) = 2 \neq 0$. 由定理 8.5.1 可知，方程在点 $(0,1)$ 的某邻域内能唯一确定一个有连续导数的隐函数 $y = f(x)$，且满足 $f(0) = 1$.

由公式 8.5.1 可得，

$$\frac{\mathrm{d}y}{\mathrm{d}x} = -\frac{F_x}{F_y} = -\frac{x}{y}, \quad \frac{\mathrm{d}y}{\mathrm{d}x}\bigg|_{x=0} = 0.$$

从而

$$\frac{\mathrm{d}^2 y}{\mathrm{d}x^2} = \frac{\mathrm{d}}{\mathrm{d}x}\left(-\frac{x}{y}\right) = -\frac{y - xy'}{y^2}$$

$$= -\frac{y - x\left(-\dfrac{x}{y}\right)}{y^2} = -\frac{x^2 + y^2}{y^3} = -\frac{1}{y^3},$$

$$\frac{\mathrm{d}^2 y}{\mathrm{d}x^2}\bigg|_{x=0} = -\frac{1}{y^3}\bigg|_{y=1} = -1.$$

例 8.5.2 设方程 $\sin(xy) + \mathrm{e}^x = y^2$，求 $\dfrac{\mathrm{d}y}{\mathrm{d}x}$.

解 设 $F(x, y) = \sin(xy) + \mathrm{e}^x - y^2$，则 $F_x = y\cos(xy) + \mathrm{e}^x$，$F_y = x\cos(xy) - 2y$，

所以

$$\frac{\mathrm{d}y}{\mathrm{d}x} = -\frac{F_x}{F_y} = -\frac{y\cos(xy) + \mathrm{e}^x}{x\cos(xy) - 2y}.$$

隐函数存在定理可以推广到多元函数情形. 例如，三元方程 $F(x, y, z) = 0$ 在满足一定条件下也能唯一确定一个二元隐函数，我们有以下定理：

定理 8.5.2（隐函数存在定理） 设 $F(x, y, z)$ 在点 $P(x_0, y_0, z_0)$ 的某邻域内具有连续的偏导数，且 $F(x_0, y_0, z_0) = 0$，$F_z(x_0, y_0, z_0) \neq 0$，则方程 $F(x, y, z) = 0$ 在点 $P(x_0, y_0, z_0)$ 的某邻域内恒能唯一确定一个连续且具有连续偏导数的隐函数 $z = f(x, y)$，它满足条件 $z_0 = f(x_0, y_0)$，并有

$$\frac{\partial z}{\partial x} = -\frac{F_x}{F_z}, \quad \frac{\partial z}{\partial y} = -\frac{F_y}{F_z}. \tag{8.5.2}$$

定理的证明从略. 仅就求导公式（8.5.2）作如下推导.

将方程 $F(x, y, z) = 0$ 两端分别对 x 求偏导，注意方程中的 z 是 x, y 的函数，利用复合函数求导法则，可得

$$F_x + F_z \frac{\partial z}{\partial x} = 0 .$$

又 F_z 连续，且 $F_z(x_0, y_0, z_0) \neq 0$，所以存在点 (x_0, y_0, z_0) 的一个邻域，在这个邻域内 $F_z \neq 0$，于是有

$$\frac{\partial z}{\partial x} = -\frac{F_x}{F_z} .$$

同理可求得

$$\frac{\partial z}{\partial y} = -\frac{F_y}{F_z} .$$

例 8.5.3 设 $z^3 - 3xyz = 1$，求 $\dfrac{\partial z}{\partial x}$ 和 $\dfrac{\partial z}{\partial y}$ 及 $\dfrac{\partial^2 z}{\partial x \partial y}$.

解 设 $F(x, y, z) = z^3 - 3xyz - 1$，则

$$F_x = -3yz , \quad F_y = -3xz , \quad F_z = 3z^2 - 3xy ,$$

从而

$$\frac{\partial z}{\partial x} = -\frac{F_x}{F_z} = \frac{yz}{z^2 - xy} , \quad \frac{\partial z}{\partial y} = -\frac{F_y}{F_z} = \frac{xz}{z^2 - xy} ,$$

$$\frac{\partial^2 z}{\partial x \partial y} = \frac{\partial}{\partial y}\left(\frac{yz}{z^2 - xy}\right) = \frac{\left(z + y\dfrac{\partial z}{\partial y}\right)(z^2 - xy) - yz\left(2z\dfrac{\partial z}{\partial y} - x\right)}{(z^2 - xy)^2}$$

$$= \frac{\left(z + y \cdot \dfrac{xz}{z^2 - xy}\right)(z^2 - xy) - yz\left(2z \cdot \dfrac{xz}{z^2 - xy} - x\right)}{(z^2 - xy)^2} = \frac{z^5 - 2xyz^3 - x^2 y^2 z}{(z^2 - xy)^3} .$$

例 8.5.4 设 $\varphi(x - 2z, y - 3z) = 0$，求 $2\dfrac{\partial z}{\partial x} + 3\dfrac{\partial z}{\partial y}$.

解 令 $F(x, y, z) = \varphi(x - 2z, y - 3z)$，则

$$F_x = \varphi_1' , \quad F_y = \varphi_2' , \quad F_z = -2\varphi_1' - 3\varphi_2'$$

$$\frac{\partial z}{\partial x} = -\frac{F_x}{F_z} = \frac{\varphi_1'}{2\varphi_1' + 3\varphi_2'} , \quad \frac{\partial z}{\partial y} = -\frac{F_y}{F_z} = \frac{\varphi_2'}{2\varphi_1' + 3\varphi_2'} ,$$

从而

$$2\frac{\partial z}{\partial x} + 3\frac{\partial z}{\partial y} = \frac{2\varphi_1'}{2\varphi_1' + 3\varphi_2'} + \frac{3\varphi_2'}{2\varphi_1' + 3\varphi_2'} = 1 .$$

将隐函数存在定理还可以作另一方面的推广．我们不仅增加方程中变量的个数，而且增加方程的个数．例如设方程组

$$\begin{cases} F(x, y, u, v) = 0, \\ G(x, y, u, v) = 0, \end{cases} \tag{8.5.3}$$

在上述四个变量中，一般只能有两个变量独立变化，因此方程组（8.5.3）满足一

定的条件能够确定一组二元隐函数，不妨设为 $u=u(x,y)$， $v=v(x,y)$. 我们来推导求函数 u,v 的偏导数公式.

将方程组（8.5.3）两端对 x 求偏导，注意方程组中的 u,v 都是 x,y 的函数，可得

$$\begin{cases} F_x + F_u \dfrac{\partial u}{\partial x} + F_v \dfrac{\partial v}{\partial x} = 0, \\ G_x + G_u \dfrac{\partial u}{\partial x} + G_v \dfrac{\partial v}{\partial x} = 0. \end{cases}$$

解方程组，得

$$\frac{\partial u}{\partial x} = -\frac{\begin{vmatrix} F_x & F_v \\ G_x & G_v \end{vmatrix}}{\begin{vmatrix} F_u & F_v \\ G_u & G_v \end{vmatrix}}, \quad \frac{\partial v}{\partial x} = -\frac{\begin{vmatrix} F_u & F_x \\ G_u & G_x \end{vmatrix}}{\begin{vmatrix} F_u & F_v \\ G_u & G_v \end{vmatrix}}, \tag{8.5.4}$$

同理在方程组两端分别对 y 求偏导，可得

$$\frac{\partial u}{\partial y} = -\frac{\begin{vmatrix} F_y & F_v \\ G_y & G_v \end{vmatrix}}{\begin{vmatrix} F_u & F_v \\ G_u & G_v \end{vmatrix}}, \quad \frac{\partial v}{\partial y} = -\frac{\begin{vmatrix} F_u & F_y \\ G_u & G_y \end{vmatrix}}{\begin{vmatrix} F_u & F_v \\ G_u & G_v \end{vmatrix}}. \tag{8.5.5}$$

在实际计算中，可以不必直接套用上述公式，关键是要掌握求隐函数组偏导数的方法.

例 8.5.5 设 $\begin{cases} xu - yv = 0, \\ yu + xv = 1. \end{cases}$ 求 $\dfrac{\partial u}{\partial x}$， $\dfrac{\partial u}{\partial y}$， $\dfrac{\partial v}{\partial x}$， $\dfrac{\partial v}{\partial y}$.

解 此题可以直接利用公式（8.5.4）（8.5.5），但也可以按照推导公式的方法来求解. 下面用后一种方法来做.

由题意知，方程组确定隐函数组 $u=u(x,y)$， $v=v(x,y)$ ，在方程的两端分别对 x 求偏导并移项，得

$$\begin{cases} x \dfrac{\partial u}{\partial x} - y \dfrac{\partial v}{\partial x} = -u, \\ y \dfrac{\partial u}{\partial x} + x \dfrac{\partial v}{\partial x} = -v. \end{cases}$$

解得

$$\frac{\partial u}{\partial x} = \frac{\begin{vmatrix} -u & -y \\ -v & x \end{vmatrix}}{\begin{vmatrix} x & -y \\ y & x \end{vmatrix}} = -\frac{xu + yv}{x^2 + y^2}, \quad \frac{\partial v}{\partial x} = \frac{\begin{vmatrix} x & -u \\ y & -v \end{vmatrix}}{\begin{vmatrix} x & -y \\ y & x \end{vmatrix}} = \frac{yu - xv}{x^2 + y^2}.$$

同理，在方程两边对 y 求偏导，可得

$$\frac{\partial u}{\partial y} = \frac{xv - yu}{x^2 + y^2}, \quad \frac{\partial v}{\partial y} = -\frac{xu + yv}{x^2 + y^2}.$$

另外，如果给出三元方程组

$$\begin{cases} F(x, y, z) = 0, \\ G(x, y, z) = 0. \end{cases} \tag{8.5.6}$$

这时，在三个变量中，一般只能有一个变量独立变化，因此方程组（8.5.6）满足一定的条件能够确定一组一元隐函数.

例 8.5.6 设 $\begin{cases} x + y + z + z^2 = 0, \\ x + y^2 + z + z^3 = 0. \end{cases}$ 求 $\dfrac{\mathrm{d}y}{\mathrm{d}x}$，$\dfrac{\mathrm{d}z}{\mathrm{d}x}$.

解 由题意知，方程组确定隐函数组 $y = y(x)$，$z = z(x)$，在方程组两端分别对 x 求导并移项得

$$\begin{cases} \dfrac{\mathrm{d}y}{\mathrm{d}x} + (1 + 2z)\dfrac{\mathrm{d}z}{\mathrm{d}x} = -1, \\ 2y\dfrac{\mathrm{d}y}{\mathrm{d}x} + (1 + 3z^2)\dfrac{\mathrm{d}z}{\mathrm{d}x} = -1. \end{cases}$$

解得

$$\frac{\mathrm{d}y}{\mathrm{d}x} = \frac{2z - 3z^2}{1 + 3z^2 - 2y - 4yz}, \quad \frac{\mathrm{d}z}{\mathrm{d}x} = \frac{2y - 1}{1 + 3z^2 - 2y - 4yz}.$$

习题 8.5

1. 求下列方程所确定的隐函数的导数 $\dfrac{\mathrm{d}y}{\mathrm{d}x}$：

（1）$\ln\sqrt{x^2 + y^2} = \arctan\dfrac{y}{x}$；　　　　（2）$y - xe^y + x = 0$.

2. 求下列方程所确定的隐函数的偏导数 $\dfrac{\partial z}{\partial x}$ 和 $\dfrac{\partial z}{\partial y}$：

（1）$z^3 - 2xz + y = 0$；　　　　（2）$\dfrac{x}{z} = \ln\dfrac{z}{y}$；

（3）$e^z = xyz$；　　　　（4）$x + 2y + z = 2\sqrt{xyz}$.

3. 设 $F(u, v)$ 具有连续偏导数，证明由方程 $F(cx - az, cy - bz) = 0$ 所确定的函数 $z = f(x, y)$ 满足 $a\dfrac{\partial z}{\partial x} + b\dfrac{\partial z}{\partial y} = c$.

4. 设 $e^z - xyz = 0$，求 $\dfrac{\partial^2 z}{\partial x^2}$.

5. 设 $z^3 - 2xz + y = 0$，求 $\dfrac{\partial^2 z}{\partial x^2}$，$\dfrac{\partial^2 z}{\partial y^2}$.

6．求由下列方程组所确定的隐函数的导数或偏导数：

（1）设 $\begin{cases} z = x^2 + y^2, \\ x^2 + 2y^2 + 3z^2 = 20. \end{cases}$ 求 $\dfrac{\mathrm{d}y}{\mathrm{d}x}$，$\dfrac{\mathrm{d}z}{\mathrm{d}x}$；

（2）设 $\begin{cases} x + y + z = 0, \\ x^2 + y^2 + z^2 = 1. \end{cases}$ 求 $\dfrac{\mathrm{d}x}{\mathrm{d}z}$，$\dfrac{\mathrm{d}y}{\mathrm{d}z}$；

（3）设 $\begin{cases} x = \mathrm{e}^u + u\sin v, \\ y = \mathrm{e}^u - u\cos v. \end{cases}$ 求 $\dfrac{\partial u}{\partial x}$，$\dfrac{\partial u}{\partial y}$，$\dfrac{\partial v}{\partial x}$，$\dfrac{\partial v}{\partial y}$．

8.6　多元函数微分学的几何应用

8.6.1　空间曲线的切线与法平面

1．设空间曲线 Γ 的参数方程为
$$x = \varphi(t),\ y = \psi(t),\ z = \omega(t),\ t \in [\alpha, \beta],$$
其中 $\varphi(t), \psi(t), \omega(t)$ 都在 $[\alpha, \beta]$ 上可导，且导数不全为零．

在曲线 Γ 上取一点 $M(x_0, y_0, z_0)$ 对应于 $t = t_0$，及对应于 $t = t_0 + \Delta t$ 的邻近一点 $N(x_0 + \Delta x, y_0 + \Delta y, z_0 + \Delta z)$，根据解析几何的知识得，曲线的割线 MN 的方程为
$$\frac{x - x_0}{\Delta x} = \frac{y - y_0}{\Delta y} = \frac{z - z_0}{\Delta z}.$$

当点 N 沿着曲线趋于 M 时，割线 MN 的极限位置 MT 就是曲线 Γ 在点 M 处的**切线**（如图 8.10）．用 Δt 除上式的各分母，得

$$\frac{x - x_0}{\dfrac{\Delta x}{\Delta t}} = \frac{y - y_0}{\dfrac{\Delta y}{\Delta t}} = \frac{z - z_0}{\dfrac{\Delta z}{\Delta t}},$$

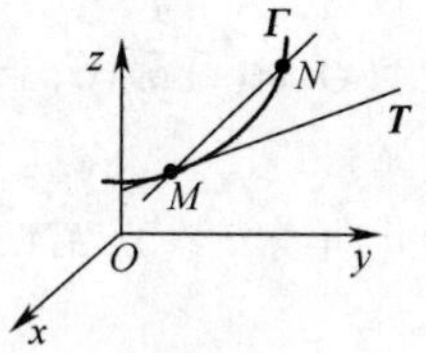

图 8.10

令 $N \to M$（此时 $\Delta t \to 0$），对上式取极限，即得到曲线 Γ 在点 M 处的**切线方程**
$$\frac{x - x_0}{\varphi'(t_0)} = \frac{y - y_0}{\psi'(t_0)} = \frac{z - z_0}{\omega'(t_0)}.$$

切线的方向向量 $\boldsymbol{T} = (\varphi'(t_0), \psi'(t_0), \omega'(t_0))$ 称为曲线的**切向量**．

通过点 $M(x_0, y_0, z_0)$ 且与切线垂直的平面称为曲线 Γ 在点 M 处的**法平面**．它是过点 M 且以 $\boldsymbol{T}$ 为法向量的平面，因此该法平面的方程为
$$\varphi'(t_0)(x - x_0) + \psi'(t_0)(y - y_0) + \omega'(t_0)(z - z_0) = 0.$$

例 8.6.1　设曲线 Γ 的方程为 $x = t$，$y = t^2$，$z = t^3$，

（1）求曲线在点 $(1,1,1)$ 处的切线及法平面方程；

（2）在曲线上求一点，使该点处的切线平行于平面 $x+2y+z=4$.

解 因为 $x_t'=1$ ，$y_t'=2t$ ，$z_t'=3t^2$ ，所以曲线的切向量为 $\boldsymbol{T}=(1,2t,3t^2)$.

（1）点 $(1,1,1)$ 对应的参数 $t=1$ ，因而曲线在点 $(1,1,1)$ 处的切向量 $\boldsymbol{T}=(1,2,3)$.
从而，切线方程为

$$\frac{x-1}{1}=\frac{y-1}{2}=\frac{z-1}{3} ,$$

法平面方程为

$$(x-1)+2(y-1)+3(z-1)=0 ,$$

即

$$x+2y+3z=6 .$$

（2）由题意知，

$$\boldsymbol{T}=(1,2t,3t^2)\perp \boldsymbol{n}=(1,2,1) ,$$

则

$$\boldsymbol{T}\cdot \boldsymbol{n}=0 ,$$

从而

$$1+2\cdot 2t+3t^2=0 ,$$

解得

$$t_1=-1 , \quad t_2=-\frac{1}{3} ,$$

因此所求曲线上的点为 $(-1,1,-1)$ 或 $\left(-\frac{1}{3},\frac{1}{9},-\frac{1}{27}\right)$.

2．如果空间曲线 Γ 的方程为

$$y=\varphi(x) , \quad z=\psi(x) , \quad x\in[a,b] ,$$

则可取 x 为参数，Γ 就有参数方程

$$x=x , \quad y=\varphi(x) , \quad z=\psi(x) , \quad x\in[a,b] .$$

若 $\varphi(x),\psi(x)$ 都在 $x=x_0$ 处可导，则曲线 Γ 在点 $x=x_0$ 处的切向量为

$$\boldsymbol{T}=\left(1,\varphi'(x_0),\psi'(x_0)\right) ,$$

因此曲线 Γ 在点 $M(x_0,y_0,z_0)$ 处的切线方程为

$$\frac{x-x_0}{1}=\frac{y-y_0}{\varphi'(x_0)}=\frac{z-z_0}{\psi'(x_0)} ,$$

法平面方程为

$$(x-x_0)+\varphi'(x_0)(y-y_0)+\psi'(x_0)(z-z_0)=0 .$$

例 8.6.2 求曲线 $\Gamma:y=x^2,z=\sqrt{1+x^2}$ 在点 $\left(1,1,\sqrt{2}\right)$ 处的切线及法平面方程.

解 因为 $y_x'=2x$ ，$z_x'=\dfrac{x}{\sqrt{1+x^2}}$ ，所以曲线的切向量为 $\boldsymbol{T}=\left(1,2x,\dfrac{x}{\sqrt{1+x^2}}\right)$.

从而 Γ 在点 $\left(1,1,\sqrt{2}\right)$ 处的切向量为 $\boldsymbol{T}=\left(1,2,\dfrac{\sqrt{2}}{2}\right)$ ，则切线方程为

$$x-1=\frac{y-1}{2}=\sqrt{2}\left(z-\sqrt{2}\right) ,$$

法平面方程为

$$x - 1 + 2(y-1) + \frac{\sqrt{2}}{2}(z - \sqrt{2}) = 0,$$

即

$$x + 2y + \frac{\sqrt{2}}{2}z = 4.$$

3. 如果空间曲线 Γ 由方程组

$$\begin{cases} F(x,y,z) = 0, \\ G(x,y,z) = 0 \end{cases} \tag{8.6.1}$$

的形式给出. 设 $M(x_0, y_0, z_0)$ 是曲线 Γ 上的一个点，且方程组（8.6.1）存在隐函数组 $y = \varphi(x), z = \psi(x)$. 利用隐函数求导方法可得

$$\left. \frac{\mathrm{d}y}{\mathrm{d}x} \right|_{x=x_0} = \varphi'(x_0), \quad \left. \frac{\mathrm{d}z}{\mathrm{d}x} \right|_{x=x_0} = \psi'(x_0).$$

于是 $\boldsymbol{T} = (1, \varphi'(x_0), \psi'(x_0))$ 是曲线 Γ 在点 M 处的一个切向量，所以曲线 Γ 在点 $M(x_0, y_0, z_0)$ 处的切线方程为

$$\frac{x - x_0}{1} = \frac{y - y_0}{\varphi'(x_0)} = \frac{z - z_0}{\psi'(x_0)},$$

曲线 Γ 在点 $M(x_0, y_0, z_0)$ 处的法平面方程为

$$(x - x_0) + \varphi'(x_0)(y - y_0) + \psi'(x_0)(z - z_0) = 0.$$

例 8.6.3 求曲线 $\begin{cases} x^2 + y^2 + z^2 = 6, \\ x^2 + y^2 - z = 0 \end{cases}$ 在点 $(1,1,2)$ 处的切线及法平面方程.

解 方程组两边同时对 x 求导，得

$$\begin{cases} 2x + 2y\dfrac{\mathrm{d}y}{\mathrm{d}x} + 2z\dfrac{\mathrm{d}z}{\mathrm{d}x} = 0, \\ 2x + 2y\dfrac{\mathrm{d}y}{\mathrm{d}x} - \dfrac{\mathrm{d}z}{\mathrm{d}x} = 0. \end{cases}$$

由此得

$$\frac{\mathrm{d}y}{\mathrm{d}x} = -\frac{x}{y}, \quad \frac{\mathrm{d}z}{\mathrm{d}x} = 0,$$

$$\left. \frac{\mathrm{d}y}{\mathrm{d}x} \right|_{(1,1,2)} = -1, \quad \left. \frac{\mathrm{d}z}{\mathrm{d}x} \right|_{(1,1,2)} = 0,$$

从而

$$\boldsymbol{T} = (1, -1, 0).$$

故所求切线方程为

$$\frac{x-1}{1} = \frac{y-1}{-1} = \frac{z-2}{0},$$

法平面方程为

$$(x-1)-(y-1)+0(z-2)=0，$$

即

$$x-y=0.$$

8.6.2　曲面的切平面与法线

1. 设曲面 Σ 的方程为

$$F(x,y,z)=0，$$

并设 $M(x_0,y_0,z_0)$ 是曲面 Σ 上的一点，函数 $F(x,y,z)$ 的偏导数在该点连续且不同时为零（这时称 Σ 是**光滑曲面**）. 过点 M 在曲面上可以作无数条曲线，设这些曲线在点 M 处都有切线，下面证明这无数条曲线的切线都在同一平面上.

在曲面 Σ 上（图 8.11），过点 M 任意作一条曲线 $\varGamma$，假定曲线 $\varGamma$ 的参数方程为

$$x=\varphi(t)，\quad y=\psi(t)，\quad z=\omega(t)，\quad t\in[\alpha,\beta]$$

且当 $t=t_0$ 时，$x_0=\varphi(t_0)$，$y_0=\psi(t_0)$，$z_0=\omega(t_0)$，对应于点 $M(x_0,y_0,z_0)$. 由于曲线 $\varGamma$ 在曲面 Σ 上，因此有

$$F[\varphi(t),\psi(t),\omega(t)]\equiv 0，$$

在上式两边对 t 求导，并代入 $t=t_0$ 得

$$\left.\frac{\mathrm{d}}{\mathrm{d}t}F\big[\varphi(t),\psi(t),\omega(t)\big]\right|_{t=t_0}=0，$$

即有

$$F_x(x_0,y_0,z_0)\varphi'(t_0)+F_y(x_0,y_0,z_0)\psi'(t_0)+F_z(x_0,y_0,z_0)\omega'(t_0)=0.\qquad(8.6.2)$$

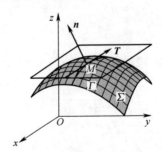

图 8.11

此时曲线 $\varGamma$ 在点 M 处的切向量 $\boldsymbol{T}=\big(\varphi'(t_0),\psi'(t_0),\omega'(t_0)\big)$，若引入向量

$$\boldsymbol{n}=\big(F_x(x_0,y_0,z_0),F_y(x_0,y_0,z_0),F_z(x_0,y_0,z_0)\big)，$$

则式（8.6.2）表示

$$\boldsymbol{n}\cdot\boldsymbol{T}=0.$$

这说明曲面 Σ 上通过点 M 的任意一条曲线在点 M 的切线都与同一个向量 $\boldsymbol{n}$ 垂直，所以曲面上通过点 M 的一切曲线的切线都在同一个平面上. 这个平面称为曲面 Σ 在点 M 处的**切平面**，并把 $\boldsymbol{n}$ 称为曲面 Σ 在点 M 处的**法向量**. 则切平面的

方程为
$$F_x(x_0,y_0,z_0)(x-x_0)+F_y(x_0,y_0,z_0)(y-y_0)+F_z(x_0,y_0,z_0)(z-z_0)=0 .$$

通过点 $M(x_0,y_0,z_0)$ 而垂直于切平面的直线称为曲面在该点的**法线**，它以法向量 $\boldsymbol{n}$ 作为方向向量，从而法线方程为
$$\frac{x-x_0}{F_x(x_0,y_0,z_0)}=\frac{y-y_0}{F_y(x_0,y_0,z_0)}=\frac{z-z_0}{F_z(x_0,y_0,z_0)} .$$

2. 设曲面 Σ 的方程为
$$z=f(x,y) ,$$
令 $F(x,y,z)=f(x,y)-z$ ，则有
$$F_x=f_x(x,y), \quad F_y=f_y(x,y), \quad F_z=-1 .$$
于是，当函数 $f(x,y)$ 的偏导数 $f_x(x,y)$ ，$f_y(x,y)$ 在点 (x_0,y_0) 处连续时，曲面 Σ 在点 M 处的法向量为
$$\boldsymbol{n}=(f_x(x_0,y_0),f_y(x_0,y_0),-1) ,$$
从而切平面方程为
$$f_x(x_0,y_0)(x-x_0)+f_y(x_0,y_0)(y-y_0)-(z-z_0)=0 ,$$
或
$$z-z_0=f_x(x_0,y_0)(x-x_0)+f_y(x_0,y_0)(y-y_0) ,$$
而法线方程为
$$\frac{x-x_0}{f_x(x_0,y_0)}=\frac{y-y_0}{f_y(x_0,y_0)}=\frac{z-z_0}{-1} .$$

注意：函数 $z=f(x,y)$ 在点 (x_0,y_0) 处的全微分，在几何上表示曲面 $z=f(x,y)$ 在点 (x_0,y_0) 处的切平面上点的竖坐标的增量.

如果用 α,β,γ 表示曲面的法向量的方向角，并假定法向量与 z 轴正向的夹角 γ 是锐角，则取法向量为 $\boldsymbol{n}=(-f_x(x_0,y_0),-f_y(x_0,y_0),1)$ ，其对应的**方向余弦**为
$$\cos\alpha=\frac{-f_x}{\sqrt{1+f_x^2+f_y^2}}, \quad \cos\beta=\frac{-f_y}{\sqrt{1+f_x^2+f_y^2}}, \quad \cos\gamma=\frac{1}{\sqrt{1+f_x^2+f_y^2}} ,$$
其中
$$f_x=f_x(x_0,y_0) , \quad f_y=f_y(x_0,y_0) .$$

例 8.6.4 求曲面 $x^2+y^2+z^2=21$ 上在点 $(2,1,4)$ 处的切平面及法线方程.

解 设 $F(x,y,z)=x^2+y^2+z^2-21$ ，则
$$\boldsymbol{n}=(F_x,F_y,F_z)=(2x,2y,2z) ,$$
$$\boldsymbol{n}\big|_{(2,1,4)}=(4,2,8) .$$
所以在点 $(2,1,4)$ 处的切平面方程为
$$4(x-2)+2(y-1)+8(z-4)=0 ,$$
即
$$2x+y+4z-21=0 .$$

法线方程为

$$\frac{x-2}{2} = \frac{y-1}{1} = \frac{z-4}{4} ,$$

即

$$\frac{x}{2} = \frac{y}{1} = \frac{z}{4} .$$

例 8.6.5　求曲面 $z = 4 - x^2 - y^2$ 上平行于平面 $2x + 2y + z - 1 = 0$ 的切平面方程.

解　设切点坐标为 $M(x_0, y_0, z_0)$ ，且 $f(x, y) = 4 - x^2 - y^2$ ，则曲面在点 M 处的法向量为

$$\boldsymbol{n}\Big|_{(x_0, y_0, z_0)} = (-2x_0, -2y_0, -1) ,$$

又因为切平面平行于平面 $2x + 2y + z - 1 = 0$ ，

即

$$(-2x_0, -2y_0, -1) \;/\!/\; (2, 2, 1) ,$$

从而

$$\frac{-2x_0}{2} = \frac{-2y_0}{2} = \frac{-1}{1} ,$$

解得

$$x_0 = y_0 = 1 .$$

代入曲面 $z = 4 - x^2 - y^2$ 得，点 $M(1, 1, 2)$.

所以曲面在点 $M(1, 1, 2)$ 处的切平面方程为

$$2(x-1) + 2(y-1) + (z-2) = 0 ,$$

即

$$2x + 2y + z - 6 = 0 .$$

习题 8.6

1. 求曲线 $x = \mathrm{e}^t \cos t$ ， $y = \mathrm{e}^t \sin t$ ， $z = \mathrm{e}^t$ 在对应于 $t = 0$ 的点处的法平面与切线方程.

2. 求曲线 $y^2 = 2mx$ ， $z^2 = m - x$ 在点 $M(x_0, y_0, z_0)$ 处的切线与法平面方程.

3. 求曲线 $\begin{cases} x^2 + y^2 + z^2 - 3x = 0, \\ 2x - 3y + 5z - 4 = 0 \end{cases}$ 在点 $(1, 1, 1)$ 处的切线与法平面方程.

4. 求曲面 $\mathrm{e}^z - z + xy = 3$ 在点 $(2, 1, 0)$ 处的切平面及法线方程.

5. 求曲面 $x^2 + y^2 + z^2 = 1$ 上平行于平面 $x - y + 2z = 0$ 的切平面方程.

6. 求曲面 $z = x^2 + y^2$ 在点 $(1, 1, 2)$ 处的切平面及法线方程.

7. 试证曲面 $\sqrt{x} + \sqrt{y} + \sqrt{z} = \sqrt{a}$ （ $a > 0$ ）上任何点处的切平面在各坐标轴上的截距之和等于 a .

8.7　方向导数与梯度

我们所研究过的偏导数仅仅反映沿平行于 x 轴方向与平行于 y 轴方向的变化率. 但在许多实际问题中，往往需要研究函数沿其他方向的变化率. 例如（如图

8.12），一块金属板在某 O 点处有一个火焰使它受热．假定板上任意一点处的温度与该点到 O 点的距离成反比．在 P 点处有一个蚂蚁，问这只蚂蚁应沿什么方向逃生才能在最短时间内爬行到安全的地方？

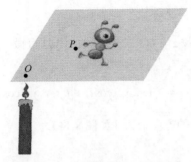

图 8.12

这个问题的答案是明显的，即这只蚂蚁应沿温度下降最快的方向爬行．这个方向就是后面将要介绍的梯度方向．

8.7.1 方向导数

首先，我们来讨论函数沿任一指定方向的变化率，即引入函数的方向导数的概念．

定义 8.7.1　设函数 $z = f(x, y)$ 在点 $P(x_0, y_0)$ 的某一邻域 $U(P)$ 内有定义，l 为自点 P 出发的射线，$Q(x_0 + \Delta x, y_0 + \Delta y)$ 为射线 l 上任一点且 $Q \in U(P)$，以 $\rho = \sqrt{(\Delta x)^2 + (\Delta y)^2}$ 表示点 P 与 Q 之间的距离（如图 8.13），若极限

$$\lim_{\rho \to 0^+} \frac{\Delta z}{\rho} = \lim_{\rho \to 0^+} \frac{f(x_0 + \Delta x, y_0 + \Delta y) - f(x_0, y_0)}{\rho}$$

存在，则称此极限为函数 $f(x, y)$ 在点 P 处沿方向 l 的**方向导数**，记为 $\left. \dfrac{\partial f}{\partial l} \right|_{(x_0, y_0)}$，即

$$\left. \frac{\partial f}{\partial l} \right|_{(x_0, y_0)} = \lim_{\rho \to 0^+} \frac{f(x_0 + \Delta x, y_0 + \Delta y) - f(x_0, y_0)}{\rho}.$$

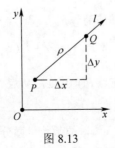

图 8.13

根据上述定义，函数 $f(x,y)$ 在点 P 处沿 x 轴正向与 y 轴正向的方向导数分别是 $\dfrac{\partial f}{\partial x}$ 与 $\dfrac{\partial f}{\partial y}$，沿 x 轴与 y 轴负向的方向导数分别是 $-\dfrac{\partial f}{\partial x}$ 与 $-\dfrac{\partial f}{\partial y}$．一般情形下，方向导数与 $\dfrac{\partial f}{\partial x}$ 及 $\dfrac{\partial f}{\partial y}$ 间有什么关系呢？

定理 8.7.1 如果函数 $z = f(x,y)$ 在点 $P(x_0,y_0)$ 可微分，则函数在该点沿任一方向 l 的方向导数存在，且有

$$\left.\frac{\partial f}{\partial l}\right|_{(x_0,y_0)} = f_x(x_0,y_0)\cos\alpha + f_y(x_0,y_0)\cos\beta,$$

其中 $\cos\alpha$，$\cos\beta$ 是方向 l 的方向余弦（如图 8.14）．

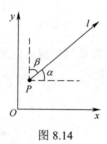

图 8.14

证明 由假设可知，函数 $f(x,y)$ 在点 $P(x_0,y_0)$ 可微分，故有

$$\Delta z = f(x_0 + \Delta x, y_0 + \Delta y) - f(x_0,y_0)$$
$$= f_x(x_0,y_0)\Delta x + f_y(x_0,y_0)\Delta y + o(\rho),$$

两边同除以 ρ，得

$$\frac{f(x_0 + \Delta x, y_0 + \Delta y) - f(x_0,y_0)}{\rho} = f_x(x_0,y_0)\frac{\Delta x}{\rho} + f_y(x_0,y_0)\frac{\Delta y}{\rho} + \frac{o(\rho)}{\rho}$$
$$= f_x(x_0,y_0)\cos\alpha + f_y(x_0,y_0)\cos\beta + \frac{o(\rho)}{\rho},$$

故

$$\lim_{\rho \to 0^+} \frac{f(x_0 + \Delta x, y_0 + \Delta y) - f(x_0,y_0)}{\rho} = f_x(x_0,y_0)\cos\alpha + f_y(x_0,y_0)\cos\beta.$$

这就证明了方向导数存在，且其值为

$$\left.\frac{\partial f}{\partial l}\right|_{(x_0,y_0)} = f_x(x_0,y_0)\cos\alpha + f_y(x_0,y_0)\cos\beta.$$

例 8.7.1 求函数 $z = x e^{2y}$ 在点 $P(1,0)$ 处沿从点 $P(1,0)$ 到点 $Q(3,-2)$ 方向的方向导数．

解 因为 $\dfrac{\partial z}{\partial x} = e^{2y}$，$\dfrac{\partial z}{\partial y} = 2x e^{2y}$，故函数可微分．

这里方向 l 为向量 $\overrightarrow{PQ} = (2, -2)$ 的方向，

$$\cos\alpha = \frac{1}{\sqrt{2}}, \quad \cos\beta = -\frac{1}{\sqrt{2}}.$$

且

$$\left.\frac{\partial z}{\partial x}\right|_{(1,0)} = 1, \quad \left.\frac{\partial z}{\partial y}\right|_{(1,0)} = 2.$$

故所求方向导数为

$$\left.\frac{\partial z}{\partial l}\right|_{(1,0)} = 1 \cdot \frac{1}{\sqrt{2}} + 2 \cdot \left(-\frac{1}{\sqrt{2}}\right) = -\frac{\sqrt{2}}{2}.$$

类似地，可以定义三元函数 $u = f(x, y, z)$ 在空间一点 $P(x_0, y_0, z_0)$ 沿着方向 l 的方向导数为

$$\left.\frac{\partial f}{\partial l}\right|_{(x_0, y_0, z_0)} = \lim_{\rho \to 0^+} \frac{f(x_0 + \Delta x, y_0 + \Delta y, z_0 + \Delta z) - f(x_0, y_0, z_0)}{\rho},$$

其中 ρ 为点 $P(x_0, y_0, z_0)$ 与点 $Q(x_0 + \Delta x, y_0 + \Delta y, z_0 + \Delta z)$ 之间的距离，即

$$\rho = \sqrt{(\Delta x)^2 + (\Delta y)^2 + (\Delta z)^2}.$$

同样可证明：如果函数 $f(x, y, z)$ 在点 $P(x_0, y_0, z_0)$ 可微分，则函数在该点沿着方向 $\boldsymbol{e}_l = (\cos\alpha, \cos\beta, \cos\gamma)$ 的方向导数存在，且有

$$\left.\frac{\partial f}{\partial l}\right|_{(x_0, y_0, z_0)} = f_x(x_0, y_0, z_0)\cos\alpha + f_y(x_0, y_0, z_0)\cos\beta + f_z(x_0, y_0, z_0)\cos\gamma,$$

其中 $\cos\alpha, \cos\beta, \cos\gamma$ 是方向 l 的方向余弦。

例 8.7.2 求 $f(x, y, z) = xy - y^2 z + zx$ 在点 $(1, 0, 2)$ 沿方向 l 的方向导数，其中 l 的方向角分别为 $60°, 45°, 60°$.

解 因为 $f_x(x, y, z) = y + z$，$f_y(x, y, z) = x - 2yz$，$f_z(x, y, z) = -y^2 + x$，故函数可微分，且

$$f_x(1, 0, 2) = 2, \quad f_y(1, 0, 2) = 1, \quad f_z(1, 0, 2) = 1,$$

所以

$$\left.\frac{\partial f}{\partial l}\right|_{(1,0,2)} = 2 \cdot \cos 60° + 1 \cdot \cos 45° + 1 \cdot \cos 60° = \frac{1}{2}\left(3 + \sqrt{2}\right).$$

例 8.7.3 求函数 $u = e^{xyz} + x^2 + y^2$ 在点 $(1, 1, 1)$ 处沿曲线 $x = t$，$y = 2t^2 - 1$，$z = t^3$ 的切线正方向（对应于 t 增大的方向）的方向导数。

解 曲线在点 $(1, 1, 1)$ 处对应的参数 $t = 1$，切向量为

$$\boldsymbol{T} = (1, 4t, 3t^2)\big|_{t=1} = (1, 4, 3).$$

曲线在点 $(1, 1, 1)$ 处沿切线正方向的单位向量为

$$\boldsymbol{e}_l = \frac{1}{\sqrt{26}}(1, 4, 3),$$

因为
$$u_x = yze^{xyz} + 2x, \quad u_y = xze^{xyz} + 2y, \quad u_z = xye^{xyz},$$
故函数可微分．且
$$u_x\big|_{(1,1,1)} = e + 2, \quad u_y\big|_{(1,1,1)} = e + 2, \quad u_z\big|_{(1,1,1)} = e.$$
所以
$$\frac{\partial u}{\partial l}\bigg|_{(1,1,1)} = (e+2)\cdot\frac{1}{\sqrt{26}} + (e+2)\cdot\frac{4}{\sqrt{26}} + e\cdot\frac{3}{\sqrt{26}} = \frac{1}{\sqrt{26}}(8e+10).$$

8.7.2 梯度

一个函数 $z = f(x, y)$ 在点 $P(x_0, y_0)$ 沿着不同方向 l 的方向导数是不同的，那么沿哪一个方向其方向导数最大？其最大值是多少？为了解决这个问题，我们引入梯度的概念．

对于二元函数的情形，设函数 $f(x, y)$ 在平面区域 D 内具有一阶连续偏导数，则对于每一点 $P(x_0, y_0) \in D$，都可以定义一个向量
$$f_x(x_0, y_0)\ \boldsymbol{i} + f_y(x_0, y_0)\ \boldsymbol{j},$$
该向量就称为函数 $f(x, y)$ 在点 $P(x_0, y_0)$ 的**梯度**，记作 $\mathbf{grad}\, f(x_0, y_0)$，即
$$\mathbf{grad}\, f(x_0, y_0) = f_x(x_0, y_0)\ \boldsymbol{i} + f_y(x_0, y_0)\ \boldsymbol{j}.$$

如果函数 $f(x, y)$ 在点 $P(x_0, y_0)$ 可微分，$\boldsymbol{e}_l = (\cos\alpha, \cos\beta)$ 是与方向 l 同向的单位向量，则
$$\frac{\partial f}{\partial l}\bigg|_{(x_0, y_0)} = f_x(x_0, y_0)\cos\alpha + f_y(x_0, y_0)\cos\beta$$
$$= \mathbf{grad}\, f(x_0, y_0)\cdot\boldsymbol{e}_l = \big|\mathbf{grad}\, f(x_0, y_0)\big|\cos\theta,$$
其中 θ 是 $\mathbf{grad}\, f(x_0, y_0)$ 与 $\boldsymbol{e}_l$ 的夹角．

这一关系式表明了函数在一点的梯度与函数在该点的方向导数间的关系．

由此可知，我们可以得到以下结果：

（1）当 $\theta = 0$，即方向 $\boldsymbol{e}_l$ 与梯度 $\mathbf{grad}\, f(x_0, y_0)$ 的方向相同时，$\dfrac{\partial f}{\partial l}$ 达到最大．换句话说，沿着梯度方向，函数 $f(x, y)$ 的变化率最大，即函数值增加最快．此时，函数在这个方向的方向导数达到最大值，最大值就是梯度 $\mathbf{grad}\, f(x_0, y_0)$ 的模，即
$$\frac{\partial f}{\partial l}\bigg|_{(x_0, y_0)} = \big|\mathbf{grad}\, f(x_0, y_0)\big|.$$

（2）当 $\theta = \pi$，即方向 $\boldsymbol{e}_l$ 与梯度 $\mathbf{grad}\, f(x_0, y_0)$ 的方向相反时，$\dfrac{\partial f}{\partial l}$ 达到最小．换句话说，沿着梯度的反方向，函数值减少最快．此时，函数在这个方向的方向导数达到最小值，即

$$\left.\frac{\partial f}{\partial l}\right|_{(x_0,y_0)} = -\left|\mathbf{grad}\,f(x_0,y_0)\right|.$$

（3）当 $\theta = \dfrac{\pi}{2}$，即方向 $\boldsymbol{e}_l$ 与梯度 $\mathbf{grad}\,f(x_0,y_0)$ 的方向正交时，函数的变化率为零，即

$$\left.\frac{\partial f}{\partial l}\right|_{(x_0,y_0)} = \left|\mathbf{grad}\,f(x_0,y_0)\right|\cos\theta = 0.$$

上面讨论的梯度概念可以类似地推广到三元函数的情形. 设函数 $f(x,y,z)$ 在空间区域 G 内具有一阶连续偏导数，则对于每一点 $P(x_0,y_0,z_0)\in G$，都可以定义一个向量

$$f_x(x_0,y_0,z_0)\,\boldsymbol{i} + f_y(x_0,y_0,z_0)\,\boldsymbol{j} + f_z(x_0,y_0,z_0)\,\boldsymbol{k},$$

该向量就称为函数 $f(x,y,z)$ 在点 $P(x_0,y_0,z_0)$ 的**梯度**，记作 $\mathbf{grad}\,f(x_0,y_0,z_0)$，即

$$\mathbf{grad}\,f(x_0,y_0,z_0) = f_x(x_0,y_0,z_0)\,\boldsymbol{i} + f_y(x_0,y_0,z_0)\,\boldsymbol{j} + f_z(x_0,y_0,z_0)\,\boldsymbol{k}.$$

类似于二元函数的讨论可知，梯度方向是函数在这点的方向导数取得最大值的方向，它的模就等于方向导数的最大值.

例 8.7.4　求 $\mathbf{grad}\sqrt{x^2+y^2}$.

解　设 $f(x,y) = \sqrt{x^2+y^2}$，则

$$f_x = \frac{x}{\sqrt{x^2+y^2}},\quad f_y = \frac{y}{\sqrt{x^2+y^2}},$$

所以

$$\mathbf{grad}\sqrt{x^2+y^2} = \frac{x}{\sqrt{x^2+y^2}}\boldsymbol{i} + \frac{y}{\sqrt{x^2+y^2}}\boldsymbol{j}.$$

例 8.7.5　函数 $u = xy + z^2 - xyz$ 在点 $P(1,1,2)$ 处沿哪个方向的方向导数最大？最大值是多少？

解　$u_x = y - yz$，$u_y = x - xz$，$u_z = 2z - xy$，则

$$u_x\big|_{(1,1,2)} = -1,\quad u_y\big|_{(1,1,2)} = -1,\quad u_z\big|_{(1,1,2)} = 3,$$

从而

$$\mathbf{grad}\,u(P) = (-1,-1,3),\quad |\mathbf{grad}\,u(P)| = \sqrt{11}.$$

于是，函数 u 在点 $P(1,1,2)$ 处沿梯度方向 $(-1,-1,3)$ 的方向导数最大，最大值为 $\sqrt{11}$.

例 8.7.6　设函数 $f(x,y,z) = x^3 + xy^2 - z$，问 $f(x,y,z)$ 在 $P(1,1,0)$ 处沿什么方向变化最快，在这个方向的变化率是多少？

解　$f_x = 3x^2 + y^2$，$f_y = 2xy$，$f_z = -1$，则

$$f_x\big|_{(1,1,0)} = 4,\quad f_y\big|_{(1,1,0)} = 2,\quad f_z\big|_{(1,1,0)} = -1,$$

所以　　　　　　　　$\mathbf{grad}\,f(1,1,0) = (4,2,-1).$

从而 $f(x,y,z)$ 在 P 处沿梯度方向 $(4,2,-1)$ 增加最快，沿梯度反方向 $(-4,-2,1)$ 减少

最快，在这两个方向的变化率分别是

$$|\mathbf{grad}\, f(1,1,0)| = \sqrt{21}, \quad -|\mathbf{grad}\, f(1,1,0)| = -\sqrt{21}.$$

习题 8.7

1. 求函数 $z = x^2 + y^2$ 在点 $(1,2)$ 处沿从点 $P(1,2)$ 到点 $Q(2, 2+\sqrt{3})$ 的方向的方向导数.

2. 求函数 $z = 1 - \left(\dfrac{x^2}{a^2} + \dfrac{y^2}{b^2} \right)$ 在点 $\left(\dfrac{a}{\sqrt{2}}, \dfrac{b}{\sqrt{2}} \right)$ 处沿曲线 $\dfrac{x^2}{a^2} + \dfrac{y^2}{b^2} = 1$ 在这点的内法线方向的方向导数.

3. 求函数 $u = xy + yz + zx$ 在点 $P(1,2,3)$ 处沿 P 点的向径方向的方向导数.

4. 求函数 $u = x^2 + y^2 + z^2$ 在曲线 $x = t$，$y = t^2$，$z = t^3$ 上点 $(1,1,1)$ 处，沿曲线在该点的切线正方向（对应于 t 增大的方向）的方向导数.

5. 求函数 $u = x + y + z$ 在球面 $x^2 + y^2 + z^2 = 1$ 上点 (x_0, y_0, z_0) 处，沿球面在该点的外法线方向的方向导数.

6. 设 $f(x,y,z) = x^2 + 3y^2 + 5z^2 + 2xy - 4y - 8z$，求 $f(x,y,z)$ 在 $(0,0,0)$ 及 $(1,1,1)$ 处的梯度.

7. 问函数 $u = xy^2 z$ 在点 $P(1,-1,2)$ 处沿什么方向的方向导数最大？并求此方向导数的最大值.

8.8 多元函数的极值及其求法

8.8.1 多元函数的极值

在实际问题中，往往会遇到多元函数最大值与最小值的问题．与一元函数的情形类似，多元函数的最大值、最小值与极大值、极小值有密切联系．下面我们以二元函数为例，来讨论多元函数的极值问题.

定义 8.8.1 设函数 $z = f(x,y)$ 在点 $P(x_0, y_0)$ 的某邻域内有定义，对于该邻域内异于 $P(x_0, y_0)$ 的任意一点 $Q(x,y)$，若都有

$$f(x,y) < f(x_0, y_0),$$

则称函数 $f(x,y)$ 在 $P(x_0, y_0)$ 处有**极大值** $f(x_0, y_0)$，点 $P(x_0, y_0)$ 称为函数 $f(x,y)$ 的**极大值点**；如果都有

$$f(x,y) > f(x_0, y_0),$$

则称函数 $f(x,y)$ 在 $P(x_0, y_0)$ 处有**极小值** $f(x_0, y_0)$，点 $P(x_0, y_0)$ 称为函数 $f(x,y)$ 的**极小值点**．极大值、极小值统称为**极值**．使函数取得极值的点称为**极值点**.

例如函数 $z = x^2 + 2y^2$ 在点 $(0,0)$ 处有极小值．因为在点 $(0,0)$ 处函数值为零，

而对于点 $(0,0)$ 的任一邻域内异于 $(0,0)$ 的点，函数值都为正.

函数 $z = -\sqrt{x^2 + y^2}$ 在点 $(0,0)$ 处有极大值. 因为对于点 $(0,0)$ 的任一邻域内异于 $(0,0)$ 的点，函数值都为负，而在点 $(0,0)$ 处的函数值为零.

函数 $z = xy$ 在点 $(0,0)$ 处既不取得极大值也不取得极小值. 因为在点 $(0,0)$ 处的函数值为零，而在点 $(0,0)$ 的任一邻域内，既有使函数值为正的点，也有使函数值为负的点.

二元函数极值的概念可推广到三元及三元以上的函数.

与导数在一元函数极值研究中的作用一样，偏导数也是研究多元函数极值的主要手段. 下面两个定理就是关于这个问题的结论.

定理 8.8.1（极值存在的必要条件） 设函数 $z = f(x, y)$ 在点 (x_0, y_0) 具有偏导数，且在点 (x_0, y_0) 处取得极值，则有

$$f_x(x_0, y_0) = 0 , \quad f_y(x_0, y_0) = 0 .$$

证明 不妨设 $z = f(x, y)$ 在点 (x_0, y_0) 处有极大值. 根据极大值的定义，在点 (x_0, y_0) 的某邻域内异于 (x_0, y_0) 的点 (x, y) 都适合不等式

$$f(x, y) < f(x_0, y_0) .$$

令 $y = y_0$，而 $x \neq x_0$，则一元函数 $f(x, y_0)$ 在 $x = x_0$ 处取得极大值，因而必有

$$f_x(x_0, y_0) = 0 .$$

同理可证

$$f_y(x_0, y_0) = 0 .$$

注意：（1）使 $f_x(x, y) = 0 , f_y(x, y) = 0$ 同时成立的点称为函数 $z = f(x, y)$ 的**驻点**.

（2）函数取得极值的点不一定是驻点，例如函数 $z = -\sqrt{x^2 + y^2}$ 在 $(0,0)$ 取得极大值，但在 $(0,0)$ 偏导数不存在. 又如 $z = xy$，点 $(0,0)$ 是函数的驻点，但函数在该点无极值.

类似地，如果三元函数 $u = f(x, y, z)$ 在点 (x_0, y_0, z_0) 处具有偏导数，则它在点 (x_0, y_0, z_0) 具有极值的必要条件为

$$f_x(x_0, y_0, z_0) = 0 , \quad f_y(x_0, y_0, z_0) = 0 , \quad f_z(x_0, y_0, z_0) = 0 .$$

如何判定一个驻点是否为极值点？下面的定理回答了这个问题.

定理 8.8.2（充分条件） 设函数 $z = f(x, y)$ 在点 (x_0, y_0) 的某邻域内连续具有一阶及二阶的连续偏导数，又 $f_x(x_0, y_0) = 0$，$f_y(x_0, y_0) = 0$，令

$$f_{xx}(x_0, y_0) = A , \quad f_{xy}(x_0, y_0) = B , \quad f_{yy}(x_0, y_0) = C ,$$

则

（1）当 $AC - B^2 > 0$ 时，函数 $f(x, y)$ 在 (x_0, y_0) 处有极值，且当 $A > 0$ 时有极小值 $f(x_0, y_0)$；当 $A < 0$ 时有极大值 $f(x_0, y_0)$；

（2）当 $AC - B^2 < 0$ 时，函数 $f(x, y)$ 在 (x_0, y_0) 处无极值；

（3）当 $AC - B^2 = 0$ 时，函数 $f(x, y)$ 在 (x_0, y_0) 处可能有极值，也可能没有极

值，还需另作讨论.

证明略.

根据定理 8.8.1 与定理 8.8.2，如果函数 $f(x,y)$ 具有二阶连续偏导数，则求函数 $z=f(x,y)$ 极值的一般步骤为：

第一步　解方程组 $f_x(x,y)=0$，$f_y(x,y)=0$，求出 $f(x,y)$ 的所有驻点；

第二步　对于每一个驻点 (x_0,y_0)，求出二阶偏导数的值 A，B，C；

第三步　定出 $AC-B^2$ 的符号，根据定理 8.8.2 的结论判定 $f(x_0,y_0)$ 是否是极值、是极大值还是极小值，并计算出极值.

例 8.8.1　求函数 $f(x,y)=x^3-y^3+3x^2+3y^2-9x+1$ 的极值.

解　$f_x=3x^2+6x-9$，$f_y=-3y^2+6y$，则

令
$$\begin{cases} f_x=3x^2+6x-9=0, \\ f_y=-3y^2+6y=0. \end{cases}$$

求得驻点 $(1,0)$，$(1,2)$，$(-3,0)$，$(-3,2)$.

再求出二阶偏导数
$$f_{xx}=6x+6，\quad f_{xy}=0，\quad f_{yy}=-6y+6.$$

从而列表可得函数的极值情况如下：

驻点	A	B	C	$AC-B^2$	结论
$(1,0)$	12	0	6	+	极小值 $f(1,0)=-4$
$(1,2)$	12	0	-6	$-$	无极值
$(-3,0)$	-12	0	6	$-$	无极值
$(-3,2)$	-12	0	-6	+	极大值 $f(-3,2)=32$

注意：在考虑函数的极值问题时，除了考虑函数的驻点外，还要考虑偏导数不存在的点.

8.8.2　多元函数的最大值与最小值

由极值的定义可知，极值是函数 $f(x,y)$ 在某一点的局部范围内的最大、最小值. 如果要获得 $f(x,y)$ 在区域 D 上的最大值与最小值，与一元函数相类似，我们可以利用函数的极值来求函数的最值. 在 8.1 节中我们已经知道，如果函数 $f(x,y)$ 在有界闭区域 D 上连续，则 $f(x,y)$ 在 D 上必定能取得最大值和最小值，且函数最大值点或最小值点必在函数的极值点或在 D 的边界点上取得. 因此只需求出 $f(x,y)$ 在各驻点和不可导点的函数值及在边界上的最大值和最小值，然后加以比较即可.

假定函数 $f(x,y)$ 在 D 上连续、偏导数存在且驻点只有有限个，则求函数 $f(x,y)$ 的最大值和最小值的一般步骤为：

（1）求函数 $f(x, y)$ 在 D 内所有驻点处的函数值；

（2）求 $f(x, y)$ 在 D 的边界上的最大值和最小值；

（3）将前两步所得的所有函数值进行比较，其中最大者即为最大值，最小者即为最小值.

但这种做法，由于要求出 $f(x, y)$ 在 D 的边界上的最大值和最小值，所以往往相当复杂.

在通常遇到的实际问题中，如果根据问题的性质，可以判断函数 $f(x, y)$ 的最大值（或最小值）一定在 D 的内部取得，而函数在 D 内只有一个驻点，则可以肯定该驻点处的函数值就是函数 $f(x, y)$ 在 D 上的最大值（或最小值）.

例 8.8.2　求函数 $z = (x^2 + y^2 - 2x)^2$ 在圆域 $x^2 + y^2 \leqslant 2x$ 上的最大值与最小值.

解　因为函数在有界闭区域 $D: x^2 + y^2 \leqslant 2x$ 上连续，所以函数的最大、最小值一定存在.

显然，在 D 上 $z \geqslant 0$，而 D 的边界上函数 $z = 0$. 因此，函数的最小值为 $z = 0$.

在 D 的内部 $x^2 + y^2 < 2x$，令

$$\begin{cases} z_x = 2(x^2 + y^2 - 2x)(2x - 2) = 0, \\ z_y = 2(x^2 + y^2 - 2x) \cdot 2y = 0. \end{cases}$$

解方程组得，$x = 1$，$y = 0$，从而唯一驻点为 $(1, 0)$. 又 $z\big|_{(1,0)} = 1$，与 $z = 0$ 比较得知，函数在圆域 $x^2 + y^2 \leqslant 2x$ 上的最大值为 1，最小值为 0.

例 8.8.3　假设有一根长为 a 的木棒，欲把它分成三段，问如何分才能使三段长度的乘积最大.

解　设木棒分成三段长度分别为 $x, y, a - x - y$，则三段长度的乘积为

$$z = xy(a - x - y),$$

即

$$z = axy - x^2 y - xy^2 \ （0 < x, y < a）.$$

令

$$\begin{cases} z_x = ay - 2xy - y^2 = 0, \\ z_y = ax - 2xy - x^2 = 0, \end{cases}$$

解得

$$x = y = \frac{a}{3} \text{ 或 } x = y = 0.$$

因为 $0 < x, y < a$，所以只取 $x = y = \dfrac{a}{3}$. 根据题意可知，木棒三段长度的乘积最大值一定存在，并且在区域 $D = \{(x, y) \mid 0 < x, y < a\}$ 内取得. 又函数在 D 内只有唯一的驻点 $\left(\dfrac{a}{3}, \dfrac{a}{3} \right)$，因此可断定当 $x = y = \dfrac{a}{3}$ 时，z 取得最大值. 就是说，把木棒三等分时，三段长度的乘积最大.

例 8.8.4　某厂要做一个体积为 8 立方米的有盖长方体水箱，问当长、宽、高为何值时，才能使用料最省.

解 所谓用料最省，就是长方体的表面积最小.

设水箱的长为 x 米，宽为 y 米，则高为 $\dfrac{8}{xy}$ 米. 则此水箱所用材料的面积为

$$A = 2\left(xy + y \cdot \dfrac{8}{xy} + x \cdot \dfrac{8}{xy}\right),$$

即

$$A = 2\left(xy + \dfrac{8}{x} + \dfrac{8}{y}\right) \quad (x > 0, y > 0).$$

可见材料面积 A 是 x 和 y 的二元函数，下面求使这函数取得最小值的点 (x, y).

令

$$A_x = 2\left(y - \dfrac{8}{x^2}\right) = 0, \quad A_y = 2\left(x - \dfrac{8}{y^2}\right) = 0,$$

解方程组得，$x = 2$，$y = 2$. 根据题意可知，水箱所用材料面积的最小值一定存在，并且在开区域 $D = \left\{(x, y)\,\middle|\,x, y > 0\right\}$ 内取得. 又函数在 D 内只有唯一的驻点 $(2, 2)$，因此可断定当 $x = y = 2$ 时，A 取得最小值. 就是说，当水箱的长、宽、高都为 2 米时，水箱所用的材料最省.

注意：本例的结论表明：体积一定的长方体中，立方体的表面积最小.

8.8.3 条件极值　拉格朗日乘数法

前面所讨论的极值问题，对于函数的自变量，除了限制在函数的定义域内之外，并无其他条件，所以称此极值为**无条件极值**. 但在实际问题中，有时会遇到对函数的自变量还有附加条件的极值问题. 如例 8.8.4，就是求体积为 8 立方米时长方体表面积最小的问题. 设长方体的长、宽、高分别为 x, y, z，则表面积 $A = 2(xy + yz + xz)$，又体积为 8 立方米，所以自变量 x, y, z 还必须满足附加条件 $xyz = 8$. 像这样对自变量有附加条件的极值称为**条件极值**. 有些情况下，可将条件极值问题转化为无条件极值问题，如在上述问题中，从 $xyz = 8$ 中将变量 z 表示为关于 x, y 的表达式 $z = \dfrac{8}{xy}$，并代入表面积函数 $A = 2(xy + yz + xz)$ 的表达式，即可将上述条件极值问题化为无条件极值问题. 然而，一般地讲，这样做很不方便. 我们另有一种直接寻求条件极值的方法，可以不必把问题化为无条件极值的问题，这就是下面要介绍的拉格朗日乘数法.

如在条件

$$\varphi(x, y) = 0$$

下，求目标函数

$$z = f(x, y)$$

的极值的步骤：

第一步　设拉格朗日函数 $L(x, y) = f(x, y) + \lambda\varphi(x, y)$，其中 λ 为参数.

第二步 求出 $L_x = f_x(x,y) + \lambda\varphi_x(x,y)$, $L_y = f_y(x,y) + \lambda\varphi_y(x,y)$，并解方程组

$$\begin{cases} f_x(x,y) + \lambda\varphi_x(x,y) = 0, \\ f_y(x,y) + \lambda\varphi_y(x,y) = 0, \\ \varphi(x,y) = 0, \end{cases}$$

得到 x,y 及 λ 的值. 这样得到的 (x,y) 就是可能的极值点. 这种求极值的方法就是**拉格朗日乘数法**.

注意：拉格朗日乘数法只给出函数取极值的必要条件，因此，按照这种方法求出来的点是否为极值点，还需要加以讨论. 不过，在实际问题中，往往可以根据问题本身的性质来判定所求的点是不是极值点.

这个方法可推广到自变量多于两个而条件多于一个的情形. 例如，要求函数

$$u = f(x,y,z,t)$$

在附加条件

$$\varphi(x,y,z,t) = 0 , \quad \psi(x,y,z,t) = 0$$

下的极值. 可构造拉格朗日函数

$$L(x,y,z,t) = f(x,y,z,t) + \lambda\varphi(x,y,z,t) + \mu\psi(x,y,z,t) ,$$

其中 λ, μ 均为常数，求出 $L(x,y,z,t)$ 关于变量 x,y,z,t 的一阶偏导数，并令为零，然后与附加条件联立方程组求解，这样得出的 (x,y,z,t) 就是函数 $f(x,y,z,t)$ 在附加条件下可能的极值点.

例 8.8.5 求表面积为 a^2 而体积为最大的长方体的体积.

解 设长方体的长、宽、高分别为 x,y,z，则问题就是在条件

$$\varphi(x,y,z) = 2xy + 2yz + 2xz - a^2 = 0$$

下，求函数

$$V = xyz \quad (x,y,z > 0)$$

的最大值. 构造拉格朗日函数

$$L(x,y,z) = xyz + \lambda(2xy + 2yz + 2xz - a^2) ,$$

令

$$\begin{cases} L_x = yz + 2\lambda(y+z) = 0, \\ L_y = xz + 2\lambda(x+z) = 0, \\ L_z = xy + 2\lambda(y+x) = 0, \\ 2xy + 2yz + 2xz - a^2 = 0. \end{cases}$$

解方程组得，$x = y = z = \dfrac{\sqrt{6}}{6}a$，这是唯一可能的极值点. 由问题本身的意义知，最大值一定存在，所以最大值就在这个可能的极值点处取得，也就是说，表面积为 a^2 的长方体中，以棱长为 $\dfrac{\sqrt{6}}{6}a$ 的正方体的体积为最大，最大体积为 $\dfrac{\sqrt{6}}{36}a^3$.

例 8.8.6 在直线 $L : \begin{cases} x + 2y + z = 1, \\ x - y + z = 0 \end{cases}$ 上求一点 P，使其到原点的距离最短.

解 设直线上的点为 $P(x, y, z)$ ，它到原点的距离为

$$|OP| = \sqrt{x^2 + y^2 + z^2},$$

现把问题化为求 $u = |OP|^2 = x^2 + y^2 + z^2$ 在条件 $\begin{cases} x + 2y + z = 1, \\ x - y + z = 0 \end{cases}$ 下的最小值问题.

构造拉格朗日函数 $L(x, y, z) = x^2 + y^2 + z^2 + \lambda(x + 2y + z - 1) + \mu(x - y + z)$ ，

令

$$\begin{cases} L_x = 2x + \lambda + \mu = 0, \\ L_y = 2y + 2\lambda - \mu = 0, \\ L_z = 2z + \lambda + \mu = 0, \\ x + 2y + z = 1, \\ x - y + z = 0. \end{cases}$$

解方程组得， $x = z = \dfrac{1}{6}$ ， $y = \dfrac{1}{3}$ ，这是唯一可能的极值点. 由题意知，最短距离是存在的，故在直线上点 $P\left(\dfrac{1}{6}, \dfrac{1}{3}, \dfrac{1}{6}\right)$ 到原点的距离最短.

习题 8.8

1. 求函数 $f(x, y) = x^3 + y^3 - 3xy$ 的极值.

2. 求函数 $f(x, y) = e^{2x}(x + y^2 + 2y)$ 的极值.

3. 求函数 $z = xy$ 在适合附加条件 $x + y = 1$ 下的极大值.

4. 求函数 $f(x, y) = x^2 - y^2$ 在圆域 $x^2 + y^2 \leqslant 4$ 上的最大值与最小值.

5. 在椭圆 $x^2 + 4y^2 = 4$ 上求一点，使其到直线 $2x + 3y - 6 = 0$ 的距离最短.

6. 要造一个容积等于定数 k 的长方体无盖水池，应如何选择水池的尺寸，方可使它的表面积最小.

7. 将周长为 $2p$ 的矩形绕它的一边旋转而构成一个圆柱体，问矩形的边长各为多少时，才可使圆柱体的体积为最大？

8. 抛物面 $z = x^2 + y^2$ 被平面 $x + y + z = 1$ 截成一椭圆，求原点到这椭圆的最长与最短距离.

复习题 8

1. 在"充分"、"必要"和"充要"三者中选择一个正确的填入下列空格内：

（1）函数 $z = f(x, y)$ 在点 (x, y) 可微是函数在该点的偏导数 $\dfrac{\partial z}{\partial x}$ 及 $\dfrac{\partial z}{\partial y}$ 存在的

_____ 条件. 函数 $z = f(x, y)$ 在点 (x, y) 的偏导数 $\dfrac{\partial z}{\partial x}$ 及 $\dfrac{\partial z}{\partial y}$ 存在是 $f(x, y)$ 在该

点可微的_____条件；

（2） $f(x,y)$ 在点 (x,y) 连续是 $f(x,y)$ 在该点可微的_____条件．函数 $f(x,y)$ 在点 (x,y) 可微是 $f(x,y)$ 在该点连续的_____条件；

（3）函数 $z=f(x,y)$ 在点 (x,y) 的偏导数 $\dfrac{\partial z}{\partial x}$ 及 $\dfrac{\partial z}{\partial y}$ 存在且连续是 $f(x,y)$ 在该点可微的_____条件；

（4）函数 $z=f(x,y)$ 的两个二阶混合偏导数 $f_{xy}(x,y)$ 及 $f_{yx}(x,y)$ 在区域 D 内连续是这两个二阶混合偏导数在 D 内相等的_____条件．

2．设 $f(x,y)$ 在点 $(0,0)$ 的某领域内有定义，且 $f_x(0,0)=2$ ， $f_y(0,0)=-3$ ，则有_____．

A． $\mathrm{d}z\big|_{(0,0)}=2\mathrm{d}x-3\mathrm{d}y$ ；

B． 曲线 $\begin{cases} z=f(x,y), \\ y=0 \end{cases}$ 在点 $(0,0,f(0,0))$ 的一个切向量为 $(2,0,1)$ ；

C． 曲线 $\begin{cases} z=f(x,y), \\ y=0 \end{cases}$ 在点 $(0,0,f(0,0))$ 的一个切向量为 $(1,0,2)$ ；

D． 曲面 $z=f(x,y)$ 在点 $(0,0,f(0,0))$ 的一个法向量为 $(2,-3,1)$ ．

3．求下列极限：

（1） $\lim\limits_{\substack{x\to\infty \\ y\to a}}\left(1+\dfrac{1}{x}\right)^{\frac{x^2}{x+y}}$ ；（2） $\lim\limits_{\substack{x\to\infty \\ y\to\infty}}\dfrac{x+y}{x^2-xy+y^2}$ ．

*4．证明极限 $\lim\limits_{(x,y)\to(0,0)}\dfrac{xy^2}{x^2+y^4}$ 不存在．

5．设函数 $f(x,y)=\begin{cases} (x^2+y^2)\sin\dfrac{1}{x^2+y^2}, & (x,y)\neq(0,0), \\ 0, & (x,y)=(0,0). \end{cases}$ 问函数 $f(x,y)$ 在点 $(0,0)$ 处，（1）偏导数是否存在？（2）偏导数是否连续？（3）是否可微？

6．求下列函数的一阶和二阶偏导数：

（1） $z=\ln(x+y^2)$ ；（2） $z=x^y$ ；（3） $z=\displaystyle\int_0^{xy}\mathrm{e}^{-t^2}\mathrm{d}t$ ．

7．求函数 $z=\dfrac{xy}{x^2-y^2}$ 当 $x=2$ ， $y=1$ ， $\Delta x=0.01$ ， $\Delta y=0.03$ 时的全增量和全微分．

8．设函数 $u=x^y$ ，而 $x=\varphi(t)$ ， $y=\psi(t)$ 都是可微函数，求 $\dfrac{\mathrm{d}u}{\mathrm{d}t}$ ．

9．设 $z=f(x,y)$ 是由方程 $xyz+\sqrt{x^2+y^2+z^2}=\sqrt{3}$ 所确定的隐函数，求 $\dfrac{\partial z}{\partial x}$ ，

$\dfrac{\partial z}{\partial y}$，$\mathrm{d}z$．

10．设 $\begin{cases} z = x^2 + y^2, \\ x^2 + 2y^2 + 3z^2 = 10, \end{cases}$ 求 $\dfrac{\mathrm{d}y}{\mathrm{d}x}$，$\dfrac{\mathrm{d}z}{\mathrm{d}x}$．

11．求螺旋线 $x = a\cos t$，$y = a\sin t$，$z = bt$ 在点 $(a, 0, 0)$ 处的切线及法平面方程．

12．求椭球面 $x^2 + 2y^2 + z^2 = 1$ 上平行于平面 $x - y + 2z = 0$ 的切平面方程．

13．设 $\boldsymbol{e}_l = (\cos\theta, \sin\theta)$，求函数 $f(x, y) = x^2 - xy + y^2$ 在点 $(1, 1)$ 沿方向 l 的方向导数，并分别确定 θ，使方向导数有（1）最大值；（2）最小值；（3）等于 0．

14．求函数 $u = x + y + z$ 在球面 $x^2 + y^2 + z^2 = 1$ 上点 $M_0(x_0, y_0, z_0)$ 处沿外法线方向的方向导数．

15．求函数 $f(x, y) = \ln(1 + x^2 + y^2) + 1 - \dfrac{x^3}{15} - \dfrac{y^3}{4}$ 的极值．

16．求平面 $20x + 15y + 12z = 60$ 和柱面 $x^2 + y^2 = 1$ 的交线上与 xOy 平面距离最短的点．

17．在第一卦限内作椭球面 $\dfrac{x^2}{a^2} + \dfrac{y^2}{b^2} + \dfrac{z^2}{c^2} = 1$ 的切平面，使该切平面与三坐标面所围成的四面体的体积最小．求这切平面的切点，并求此最小体积．

18．设有一小山，取它的底面所在的平面为 xOy 坐标面，其底部所占的闭区域为 $D = \left\{ (x, y) \,\middle|\, x^2 + y^2 - xy \leqslant 75 \right\}$，小山的高度函数为 $h = f(x, y) = 75 - x^2 - y^2 + xy$．

（1）设 $M(x_0, y_0) \in D$，问 $f(x, y)$ 在该点沿平面上什么方向的方向导数最大？若记此方向导数的最大值为 $g(x_0, y_0)$，试写出 $g(x_0, y_0)$ 的表达式；

（2）现欲利用此小山开展攀岩活动，为此需要在山脚找一上山坡度最大的点作为攀岩的起点．也就是说，要在 D 的边界线 $x^2 + y^2 - xy = 75$ 上找到（1）中的 $g(x, y)$ 达到最大值的点．试确定攀岩起点的位置．

数学家简介——罗尔

罗尔（Rolle, Michel）是法国数学家．1652 年 4 月 21 日生于昂贝尔特，1719 年 11 月 8 日卒于巴黎．

罗尔出生于小店主家庭，只受过初等教育，且结婚过早，年轻时贫困潦倒，靠充当公证员与律师抄录员的微薄收入养家糊口．他利用业余时间刻苦自学代数与丢番图的著作，并很有心得．1682 年，他解决了数学家奥扎南（Ozanam）提出的一个数论难题，受到了学术界的好评，从而声名鹊起，

罗 尔

也使他的生活有了转机．此后，担任初等数学教师和陆军部行政官员．1685 年进入法国科学院，担任低级职务，到 1699 年才获得科学院发给的固定薪水．此后他一直在科学院供职，1719 年因中风去世．

罗尔在数学上的成就主要是在代数方面，专长于丢番图方程的研究．1690 年他的专著《代数学讲义》问世，在这本书中他论述了仿射方程组，并使用欧几里得法则系统地解决了丢番图的线性方程问题．罗尔已掌握了方程组的消元法，并提出了用所谓"级联"（cascades）法则分离代数方程的根．他还研究了有关最大公约数的某些问题．

罗尔所处的时代正当牛顿、莱布尼茨的微积分诞生不久，由于这一新生事物还存在逻辑上的缺陷，从而遭受多方面的非议，其中也包括罗尔，并且他是反对派中最直言不讳的一员．1700 年，在法国科学院发生了一场有关无穷小方法是否真实的论战．在这场论战中，罗尔认为无穷小方法由于缺乏理论基础将导致谬论，瓦里格农（Varigrnon）则为无穷小分析的新方法辩护，约翰•伯努利（Bernouli, johann）还讽刺罗尔不懂微积分．由于罗尔对此问题表现的异常激动，致使科学院不得不屡次出面干预．直到 1706 年秋天，罗尔才向瓦里格农、丰唐内尔（Fontenelle）等人承认他已经放弃自己的观点，并且充分认识到无穷小分析新方法的价值．

罗尔于 1691 年在题为《任意次方程的一个解法的证明》的论文中指出了：在多项式方程的两个相邻的实根之间，方程至少有一个根．实际上当时的罗尔并没有使用导数的概念和符号，后一个多项式实际上是前一个多项式的导数，罗尔只叙述了这个结论，而没有给出证明．因为当时罗尔是微积分的怀疑者和极力反对者，他拒绝使用微积分，而宁肯使用繁难的代数方法，所以这个定理本来和微分学无关．一百多年后，即 1846 年，尤斯托•伯拉维提斯将这一定理推广到可微函数，并把此定理命名为罗尔定理．

罗尔还研究并得到了与现在一致的实数集的序的概念．他促成了目前所采用的负数大小顺序性的建立，而在他之前，笛卡尔及同时代的许多人都认为 $-2 < -5$，罗尔自 1691 年就已采用了现在的负数的大小排列顺序．他明确说："我认为 $-2a$ 是比 $-5a$ 大的量．"（其中 a 是一个正实数）．另外，罗尔在《代数学讲义》一书中设计了一个数 a 的 n 次方根的符号为 $\sqrt[n]{a}$（而在他之前，则是用符号 $\sqrt{na}$ 来表示 a 的 n 次方根），他的这个符号立刻被普遍地接受，并沿用直今．

第 9 章　重积分

上一章研究了多元函数的微分学，本章研究多元函数的积分学．多元函数的积分学比起一元函数的积分学来说，内容要丰富得多，因为一元函数只是沿着一个区间（即一条直线段）来积分，而对多元函数来说，既可以沿着平面或空间中的区域（重积分），也可以沿着曲线（线积分）或者曲面（面积分）进行积分．本章我们只讨论二重积分和三重积分的相关概念、性质和计算方法，并且给出重积分的主要应用．

9.1　二重积分

9.1.1　二重积分的概念

例 9.1.1　求曲顶柱体的体积．

设有一个立体，它的底面是 xOy 面上的有界闭区域 D，它的侧面是以 D 的边界曲线为准线，而母线平行于 z 轴的柱面，它的顶是曲面 $z=f(x,y)$，其中 $f(x,y)$ 为 D 上非负连续函数，如图 9.1 所示，这种立体称为曲顶柱体．现在我们来讨论如何求该曲顶柱体的体积．

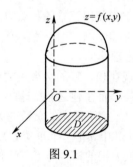

图 9.1

对于平顶柱体，因为它的高是不变的，因此体积可以用公式

$$\text{体积} = \text{底面积} \times \text{高}$$

来计算．对于曲顶柱体，在区域 D 上不同点 (x,y) 处的高度 $f(x,y)$ 是不同的，因此它的体积不能直接用上式来计算．但第五章中求曲边梯形的面积问题时采取的分割－近似－求和－取极限的方法，可以用来解决目前的问题．

（1）分割：用任意一组曲线网把 D 分成 n 个小闭区域 $\Delta\sigma_1, \Delta\sigma_2, \cdots, \Delta\sigma_n$，其中 $\Delta\sigma_i$ 表示第 i 个小闭区域（$i=1,2,\cdots,n$），也表示它的面积．以这些小区域为底将

原来的曲顶柱体划分成 n 个小曲顶柱体.

（2）近似：当这些小闭区域的直径很小时，由 $f(x, y)$ 的连续性，对于同一个小区域来说，$f(x, y)$ 函数值的变化很小. 因此，可以将小曲顶柱体近似地看作小平顶柱体. 在每个 $\Delta \sigma_i$ 中任取一点 (ξ_i, η_i)，则第 i 个小曲顶柱体的体积 ΔV_i 近似等于以 $\Delta \sigma_i$ 为底，以 $f(\xi_i, \eta_i)$ 为高的平顶柱体的体积，如图 9.2 所示，即

$$\Delta V_i \approx f(\xi_i, \eta_i) \Delta \sigma_i \quad (i = 1, 2, \cdots, n).$$

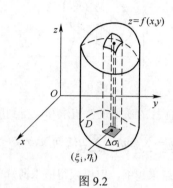

图 9.2

（3）求和：对 n 个小曲顶柱体的体积近似值求和，得到所求曲顶柱体体积的近似值

$$V = \sum_{i=1}^{n} \Delta V_i \approx \sum_{i=1}^{n} f(\xi_i, \eta_i) \Delta \sigma_i .$$

（4）取极限：让分割越来越细，取极限得所求曲顶柱体体积的精确值

$$V = \lim_{\lambda \to 0} \sum_{i=1}^{n} f(\xi_i, \eta_i) \Delta \sigma_i , \tag{9.1.1}$$

其中 λ 是各小闭区域 $\Delta \sigma_i$（$i = 1, 2, \cdots, n$）直径的最大值（小闭区域的直径是指该区域上任意两点间距离的最大值）.

例 9.1.2 求平面薄片的质量.

设有一平面薄片占有 xOy 面上的有界闭区域 D，它在点 (x, y) 处的面密度为 $\mu(x, y)$，其中 $\mu(x, y)$ 为 D 上非负连续函数. 现在我们来求该平面薄片的质量.

如果薄片的密度均匀，即面密度是一个常数，则薄片的质量可以用公式

质量＝面密度×面积

来计算. 现在面密度 $\mu(x, y)$ 是一个变量，因此它的面积不能直接用上式来计算，但是例 9.1.1 用来求曲顶柱体体积的思想和方法完全适用于本问题.

（1）分割：用任意一组曲线网把 D 分成 n 个小闭区域 $\Delta \sigma_1, \Delta \sigma_2, \cdots, \Delta \sigma_n$，其中 $\Delta \sigma_i$ 表示第 i 个小闭区域（$i = 1, 2, \cdots, n$），也表示它的面积.

（2）近似：当这些小闭区域的直径很小时，由 $\mu(x, y)$ 的连续性，对于同一个小区域来说，$\mu(x, y)$ 函数值的变化也很小. 因此，可以将该小薄片近似地看作密

度均匀. 在每个 $\Delta\sigma_i$ 中任取一点 (ξ_i, η_i) ，如图 9.3 所示，则第 i 个小薄片的质量 Δm_i 近似等于面积为 $\Delta\sigma_i$ ，面密度为 $\mu(\xi_i, \eta_i)$ 的均匀薄片的质量，即

$$\Delta m_i \approx \mu(\xi_i, \eta_i)\Delta\sigma_i \quad (\, i = 1, 2, \cdots, n \,).$$

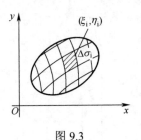

图 9.3

（3）求和：对 n 个小薄片的质量近似值求和，得到所求薄片的质量的近似值

$$m = \sum_{i=1}^{n} \Delta m_i \approx \sum_{i=1}^{n} \mu(\xi_i, \eta_i)\Delta\sigma_i \,.$$

（4）取极限：让分割越来越细，取极限得所求薄片的质量的精确值

$$m = \lim_{\lambda \to 0} \sum_{i=1}^{n} \mu(\xi_i, \eta_i)\Delta\sigma_i \,, \tag{9.1.2}$$

其中 λ 是各小闭区域 $\Delta\sigma_i$ （ $i = 1, 2, \cdots, n$ ）直径的最大值.

在几何、力学、物理和工程技术中，有许多几何量和物理量都可归结为形如公式（9.1.1）、（9.1.2）的和式的极限. 为更一般地研究这类和式的极限，我们抽象出如下定义.

定义 9.1.1 设 $f(x, y)$ 是有界闭区域 D 上的有界函数，将 D 任意分成 n 个小闭区域 $\Delta\sigma_1, \Delta\sigma_2, \cdots, \Delta\sigma_n$ ，其中 $\Delta\sigma_i$ 表示第 i 个小闭区域，同时也表示它的面积. 在每个 $\Delta\sigma_i$ 中任取一点 (ξ_i, η_i) ，作和 $\sum_{i=1}^{n} f(\xi_i, \eta_i)\Delta\sigma_i$ ，如果当各小闭区域直径中的最大值 λ 趋近于零时，不论 D 如何划分和点 (ξ_i, η_i) 如何选取，该和式的极限总存在，则称此极限为函数 $f(x, y)$ 在闭区域 D 上的**二重积分**，记作 $\iint\limits_{D} f(x, y)\mathrm{d}\sigma$ ，即

$$\lim_{\lambda \to 0} \sum_{i=1}^{n} f(\xi_i, \eta_i)\Delta\sigma_i = \iint\limits_{D} f(x, y)\mathrm{d}\sigma \,,$$

其中 $f(x, y)$ 称为**被积函数**，$\mathrm{d}\sigma$ 称为**面积元素**，$f(x, y)\mathrm{d}\sigma$ 称为**被积表达式**，x, y 称为**积分变量**，D 称为**积分区域**，$\sum_{i=1}^{n} f(\xi_i, \eta_i)\Delta\sigma_i$ 称为**积分和**.

关于二重积分，有以下几点说明：

（1）由二重积分的定义可知，曲顶柱体的体积 V 是函数 $f(x, y)$ 在底 D 上的二重积分

$$V = \iint\limits_{D} f(x,y) \mathrm{d}\sigma ;$$

平面薄片的质量是它的面密度 $\mu(x,y)$ 在薄片所占闭区域 D 上的二重积分

$$m = \iint\limits_{D} \mu(x,y) \mathrm{d}\sigma .$$

（2）在直角坐标系中，如果用平行于坐标轴的直线来划分 D，则除了包含 D 的边界点的一些不规则小闭区域外，其他的小闭区域均为小矩形。可以将 $\mathrm{d}\sigma$ 记作 $\mathrm{d}x\mathrm{d}y$，二重积分也可表示为

$$\iint\limits_{D} f(x,y) \mathrm{d}\sigma = \iint\limits_{D} f(x,y) \mathrm{d}x\mathrm{d}y ,$$

其中 $\mathrm{d}x\mathrm{d}y$ 叫做直角坐标系下的面积元素。

（3）当函数 $f(x,y)$ 在有界闭区域 D 上连续时，函数 $f(x,y)$ 在 D 上的二重积分必存在。以后我们总假定函数 $f(x,y)$ 在 D 上是连续的。

（4）二重积分的几何意义：如果函数 $f(x,y) \geqslant 0$，$\iint\limits_{D} f(x,y) \mathrm{d}\sigma$ 表示以 D 为底，曲面 $z = f(x,y)$ 为顶的曲顶柱体的体积；如果函数 $f(x,y) \leqslant 0$，这时曲顶柱体在 xOy 面的下方，$\iint\limits_{D} f(x,y) \mathrm{d}\sigma < 0$，这时二重积分等于曲顶柱体体积的负值；如果 $f(x,y)$ 在 D 上若干区域是正的，其他部分区域是负的，则 $\iint\limits_{D} f(x,y) \mathrm{d}\sigma$ 表示 xOy 面上方曲顶柱体的体积减去 xOy 面下方的曲顶柱体的体积。

利用二重积分的几何意义可以直接求出一些简单的二重积分。如求二重积分 $\iint\limits_{D} \sqrt{a^2 - x^2 - y^2} \mathrm{d}\sigma$，其中 $D = \left\{ (x,y) \middle| x^2 + y^2 \leqslant a^2 \right\}$，由于该二重积分的几何意义是半径为 a 的上半球体的体积，因此有 $\iint\limits_{D} \sqrt{a^2 - x^2 - y^2} \mathrm{d}\sigma = \dfrac{2}{3}\pi a^3$。

9.1.2 二重积分的性质

二重积分与定积分有类似的性质，现表述如下。

性质 9.1.1（线性性质） 若 $\iint\limits_{D} f_i(x,y) \mathrm{d}\sigma$（$i=1,2$）存在，$\alpha$，$\beta$ 为常数，则

$$\iint\limits_{D} [\alpha f_1(x,y) + \beta f_2(x,y)] \mathrm{d}\sigma = \alpha \iint\limits_{D} f_1(x,y) \mathrm{d}\sigma + \beta \iint\limits_{D} f_2(x,y) \mathrm{d}\sigma .$$

性质 9.1.2（积分区域的可加性） 若 $f(x,y)$ 在区域 D 上可积，且 D 可分为两个除边界外互不相交的闭区域 D_1, D_2，则

$$\iint\limits_{D} f(x,y) \mathrm{d}\sigma = \iint\limits_{D_1} f(x,y) \mathrm{d}\sigma + \iint\limits_{D_2} f(x,y) \mathrm{d}\sigma .$$

性质 9.1.3 若在 D 上，$f(x,y)=1$，σ 为区域 D 的面积，则

$$\iint\limits_{D} 1\mathrm{d}\sigma = \iint\limits_{D} \mathrm{d}\sigma = \sigma .$$

这个性质的几何意义：高为 1 的平顶柱体的体积在数值上等于柱体的底面积.

性质 9.1.4 若在 D 上，$f(x,y) \leqslant g(x,y)$，则有不等式

$$\iint\limits_{D} f(x,y)\mathrm{d}\sigma \leqslant \iint\limits_{D} g(x,y)\mathrm{d}\sigma ,$$

其中等号仅在 $f(x,y) \equiv g(x,y)$ 时成立.

特别地，由于 $-|f(x,y)| \leqslant f(x,y) \leqslant |f(x,y)|$，因此有

$$\left| \iint\limits_{D} f(x,y)\mathrm{d}\sigma \right| \leqslant \iint\limits_{D} |f(x,y)|\mathrm{d}\sigma .$$

性质 9.1.5（估值定理） 设 M 与 m 分别是 $f(x,y)$ 在闭区域 D 上最大值和最小值，σ 表示 D 的面积，则

$$m\sigma \leqslant \iint\limits_{D} f(x,y)\mathrm{d}\sigma \leqslant M\sigma .$$

性质 9.1.6（中值定理） 设函数 $f(x,y)$ 在闭区域 D 上连续，σ 表示 D 的面积，则在 D 上至少存在一点 (ξ,η)，使得

$$\iint\limits_{D} f(x,y)\mathrm{d}\sigma = f(\xi,\eta)\sigma .$$

例 9.1.3 比较积分 $I_1 = \iint\limits_{D} (x+y)^2\mathrm{d}\sigma$ 与 $I_2 = \iint\limits_{D} (x+y)^3\mathrm{d}\sigma$ 的大小，其中 D 由 x 轴、y 轴及直线 $x+y=1$ 围成.

解 在 D 内，$0 \leqslant x+y \leqslant 1$，故 $(x+y)^2 \geqslant (x+y)^3$，而 $(x+y)^2 = (x+y)^3$ 在区域内不是恒成立，所以

$$\iint\limits_{D} (x+y)^2\mathrm{d}\sigma > \iint\limits_{D} (x+y)^3\mathrm{d}\sigma .$$

例 9.1.4 不作计算，估计 $I = \iint\limits_{D} \mathrm{e}^{(x^2+y^2)}\mathrm{d}\sigma$ 的值，其中 D 是椭圆闭区域：$\dfrac{x^2}{a^2} + \dfrac{y^2}{b^2} \leqslant 1$，这里 $a > b$.

解 区域 D 的面积为 $\sigma = \pi ab$. 在 D 上，因为 $0 \leqslant x^2 + y^2 \leqslant a^2$ 成立，所以 $1 = \mathrm{e}^0 \leqslant \mathrm{e}^{x^2+y^2} \leqslant \mathrm{e}^{a^2}$，由性质 9.1.5 估值定理易知，$\sigma \leqslant \iint\limits_{D} \mathrm{e}^{(x^2+y^2)}\mathrm{d}\sigma \leqslant \sigma \cdot \mathrm{e}^{a^2}$，又因为 $\mathrm{e}^{x^2+y^2} = 1$，$\mathrm{e}^{x^2+y^2} = \mathrm{e}^{a^2}$ 仅在某些点处成立，从而 $\pi ab < \iint\limits_{D} \mathrm{e}^{(x^2+y^2)}\mathrm{d}\sigma < \pi ab\mathrm{e}^{a^2}$.

习题 9.1

1．比较下列二重积分的大小：

（1）$I_1 = \iint\limits_D \ln(x+y)\mathrm{d}\sigma$，$I_2 = \iint\limits_D (x+y)^2\mathrm{d}\sigma$，$I_3 = \iint\limits_D (x+y)\mathrm{d}\sigma$ 的大小，其中 D

是由直线 $x=0$，$y=0$，$x+y=\dfrac{1}{2}$ 和 $x+y=1$ 所围成的；

（2）$I_1 = \iint\limits_D \ln(x+y)\mathrm{d}\sigma$ 与 $I_2 = \iint\limits_D \left[\ln(x+y)\right]^2 \mathrm{d}\sigma$，其中 D 由 $x+y=2$，$x=1$ 及

$y=0$ 所围成的.

2．利用二重积分的性质估计下列二重积分的值：

（1）$I = \iint\limits_D xy(x+y+1)\mathrm{d}\sigma$，其中 $D = \left\{(x,y)\,\middle|\,0 \leqslant x \leqslant 1, 0 \leqslant y \leqslant 1\right\}$；

（2）$I = \iint\limits_D (x+y+1)\mathrm{d}\sigma$，其中 $D = \left\{(x,y)\,\middle|\,0 \leqslant x \leqslant 1, 0 \leqslant y \leqslant 2\right\}$；

（3）$I = \iint\limits_D (x^2+4y^2+9)\mathrm{d}\sigma$，其中 $D = \left\{(x,y)\,\middle|\,x^2+y^2 \leqslant 4\right\}$.

3．设 $I_1 = \iint\limits_{D_1} (x^2+y^2)^3\mathrm{d}\sigma$，$I_2 = \iint\limits_{D_2} (x^2+y^2)^3\mathrm{d}\sigma$，其中

$$D_1 = \left\{(x,y)\,\middle|\,-1 \leqslant x \leqslant 1, -2 \leqslant y \leqslant 2\right\}, \quad D_2 = \left\{(x,y)\,\middle|\,0 \leqslant x \leqslant 1, 0 \leqslant y \leqslant 2\right\}.$$

试利用二重积分的几何意义说明 I_1 与 I_2 的关系.

4．根据二重积分的几何意义，求下列积分：

（1）$I = \iint\limits_D \sqrt{1-x^2-y^2}\mathrm{d}\sigma$，其中 $D = \left\{(x,y)\,\middle|\,x^2+y^2 \leqslant 1, x \geqslant 0, y \geqslant 0\right\}$；

（2）$I = \iint\limits_D \sqrt{x^2+y^2}\mathrm{d}\sigma$，其中 $D = \left\{(x,y)\,\middle|\,x^2+y^2 \leqslant a^2\right\}$.

9.2 二重积分的计算

和定积分类似，只有少数被积函数和积分区间特别简单的二重积分能够利用定义计算，绝大多数二重积分我们需要把它转化为两次定积分来计算，这也是二重积分计算的基本思想. 下面我们总假定被积函数 $f(x,y)$ 在积分区域 D 上是连续的.

9.2.1 直角坐标系下计算二重积分

1．二重积分的计算

在具体讨论二重积分计算之前，我们先介绍 X 型区域和 Y 型区域的概念.

X 型区域：$\left\{(x,y)\,\middle|\,a \leqslant x \leqslant b, \varphi_1(x) \leqslant y \leqslant \varphi_2(x)\right\}$，其中函数 $\varphi_1(x), \varphi_2(x)$ 在区

间 $[a,b]$ 上连续. 这种区域的特点是：穿过区域且平行于 y 轴的直线与区域的边界相交不多于两个交点，如图 9.4 所示.

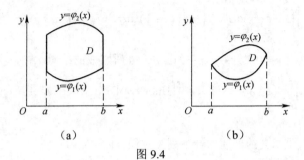

（a）   （b）

图 9.4

Y 型区域： $\left\{(x,y) \middle| c \leqslant y \leqslant d, \psi_1(y) \leqslant x \leqslant \psi_2(y)\right\}$，其中函数 $\psi_1(y), \psi_2(y)$ 在区间 $[c,d]$ 上连续. 这种区域的特点是：穿过区域且平行于 x 轴的直线与区域的边界相交不多于两个交点，如图 9.5 所示.

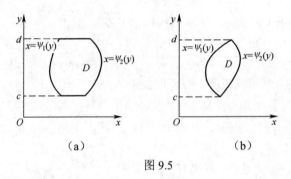

（a）   （b）

图 9.5

下面我们从二重积分的几何意义出发，给出二重积分 $\iint\limits_{D} f(x,y)\mathrm{d}\sigma$ 在直角坐标系下的计算方法.

（1）如果积分区域 D 是 X 型区域：$\left\{(x,y) \middle| a \leqslant x \leqslant b, \varphi_1(x) \leqslant y \leqslant \varphi_2(x)\right\}$. 由二重积分的几何意义知，若 $f(x,y) \geqslant 0$，则 $\iint\limits_{D} f(x,y)\mathrm{d}\sigma$ 的值等于以 D 为底，以曲面 $z = f(x,y)$ 为顶的曲顶柱体的体积，如图 9.6 所示. 下面我们利用计算"平行截面面积为已知的立体的体积"的方法，来计算这个曲顶柱体的体积.

首先计算截面面积. 在区间 $[a,b]$ 上任意取定一点 x，作平行于 yOz 面的平面. 这个平面截曲顶柱体所得的截面是一个以区间 $\left[\varphi_1(x), \varphi_2(x)\right]$ 为底，曲线 $z = f(x,y)$（x 为固定值）为曲边的曲边梯形（图 9.6 中阴影部分），所以这个截面的面积为

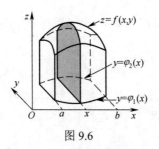

图 9.6

$$A(x) = \int_{\varphi_1(x)}^{\varphi_2(x)} f(x,y)\mathrm{d}y .$$

利用计算平行截面面积为已知的立体体积的方法，得曲顶柱体体积为

$$V = \int_a^b A(x)\mathrm{d}x = \int_a^b \left[\int_{\varphi_1(x)}^{\varphi_2(x)} f(x,y)\mathrm{d}y \right]\mathrm{d}x .$$

由二重积分的几何意义知，这个体积为所求二重积分的值，从而有如下等式

$$\iint\limits_D f(x,y)\mathrm{d}\sigma = \int_a^b \left[\int_{\varphi_1(x)}^{\varphi_2(x)} f(x,y)\mathrm{d}y \right]\mathrm{d}x . \tag{9.2.1}$$

上式右端的积分称为**先对 y 后对 x 的二次积分**. 表示先把 x 看作常数，把 $f(x,y)$ 只看作 y 的函数，并且对 y 计算从 $\varphi_1(x)$ 到 $\varphi_2(x)$ 范围的定积分，然后把计算所得的关于 x 的函数，再在 $[a,b]$ 上求定积分. 这个先对 y 后对 x 的二次积分也常写做

$$\int_a^b \mathrm{d}x \int_{\varphi_1(x)}^{\varphi_2(x)} f(x,y)\mathrm{d}y .$$

这样我们得到二重积分转化为二次积分的公式为

$$\iint\limits_D f(x,y)\mathrm{d}\sigma = \int_a^b \mathrm{d}x \int_{\varphi_1(x)}^{\varphi_2(x)} f(x,y)\mathrm{d}y . \tag{9.2.2}$$

上面讨论过程中，为了方便说明总假定 $f(x,y) \geqslant 0$，但实际上公式（9.2.1）和（9.2.2）的成立并不受这个条件的限制.

（2）如果积分区域 D 是 Y 型区域：$\left\{ (x,y) \middle| c \leqslant y \leqslant d, \psi_1(y) \leqslant x \leqslant \psi_2(y) \right\}$，则

$$\iint\limits_D f(x,y)\mathrm{d}\sigma = \int_c^d \mathrm{d}y \int_{\psi_1(y)}^{\psi_2(y)} f(x,y)\mathrm{d}x . \tag{9.2.3}$$

上式右端的积分称为**先对 x、后对 y 的二次积分**.

（3）如果积分区域 D 既不是 X 型区域也不是 Y 型区域，我们可以将它分割成若干块 X 型区域或 Y 型区域，然后在每块这样的区域上分别应用公式（9.2.2）或（9.2.3），再根据二重积分对积分区域的可加性，即可计算出所给的二重积分.

（4）如果积分区域 D 既是 X 型区域也是 Y 型区域，即积分区域既可用

$$\left\{ (x,y) \middle| a \leqslant x \leqslant b, \varphi_1(x) \leqslant y \leqslant \varphi_2(x) \right\}$$

表示，又可用

$$\left\{(x,y)\,\middle|\,c \leqslant y \leqslant d, \psi_1(y) \leqslant x \leqslant \psi_2(y)\right\}$$

表示，则有

$$\int_a^b dx \int_{\varphi_1(x)}^{\varphi_2(x)} f(x,y)dy = \int_c^d dy \int_{\psi_1(y)}^{\psi_2(y)} f(x,y)dx .$$

上式表明，这两个不同积分次序的二次积分相等. 这个结果使我们在具体计算某一个二重积分时，可以有选择地将其化为其中一种二次积分，以使计算更为简单.

注意：计算二重积分，将二重积分转化为二次积分时，关键是确定积分限. 积分限是依据积分区域 D 来确定的，因此要求我们先画出积分区域 D 的图形. 假如积分区域 D 为 X 型的，如图 9.7 所示. 将 D 往 x 轴上投影，可得投影区间 $[a,b]$. 在区间 $[a,b]$ 上任意取定一个 x 值，积分区域 D 上以 x 值为横坐标的点在线段 MN 上，易知 MN 平行于 y 轴，MN 上点的纵坐标从 $\varphi_1(x)$ 变到 $\varphi_2(x)$，这就是公式（9.2.2）中先把 x 看作常量而对 y 积分时的下限和上限. 由于上面的 x 值是在 $[a,b]$ 上任取的，所以再把 x 看作变量而对 x 积分时，这时的积分区间就是 $[a,b]$.

例 9.2.1 将二重积分 $\iint\limits_{D} f(x,y)d\sigma$ 化为二次积分，其中 D 是由直线 $x+y=1$，$x-y=1$ 及 $x=0$ 所围成的平面区域.

解 首先画出积分区域 D，如图 9.8 所示，积分区域可以表示为 X 型区域：

$$D = \left\{(x,y)\,\middle|\,0 \leqslant x \leqslant 1, x-1 \leqslant y \leqslant 1-x\right\},$$

则

$$\iint\limits_{D} f(x,y)d\sigma = \int_0^1 dx \int_{x-1}^{1-x} f(x,y)dy ;$$

积分区域也可以表示为 Y 型区域：

$$D = \left\{(x,y)\,\middle|\,-1 \leqslant y \leqslant 0, 0 \leqslant x \leqslant 1+y\right\} \cup \left\{(x,y)\,\middle|\,0 \leqslant y \leqslant 1, 0 \leqslant x \leqslant 1-y\right\},$$

则

$$\iint\limits_{D} f(x,y)d\sigma = \int_{-1}^0 dy \int_0^{1+y} f(x,y)dx + \int_0^1 dy \int_0^{1-y} f(x,y)dx .$$

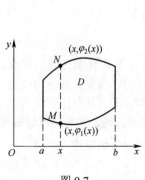

图 9.7

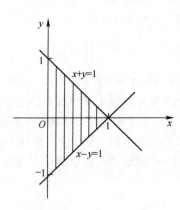

图 9.8

例 9.2.2 计算二重积分 $I = \iint\limits_{D} xy\mathrm{d}\sigma$，其中 D 是由 $x = 1$，$y = x$ 及 $y = 3$ 所围成的闭区域.

解法 1 首先画出积分区域 D，如图 9.9 所示，可见区域 D 既是 X 型区域也是 Y 型区域. 如果将积分区域 D 看作 X 型区域，则 D 可表示为

$$D = \left\{ (x, y) \mid 1 \leq x \leq 3, x \leq y \leq 3 \right\},$$

因此

$$I = \int_{1}^{3} \mathrm{d}x \int_{x}^{3} xy\mathrm{d}y = \int_{1}^{3} \left[x \cdot \frac{y^2}{2} \Big|_{x}^{3} \right] \mathrm{d}x = \int_{1}^{3} \left(\frac{9}{2}x - \frac{x^3}{2} \right) \mathrm{d}x = 8.$$

解法 2 如图 9.10 所示，如果将积分区域 D 看作 Y 型区域，则 D 可表示为

$$D = \left\{ (x, y) \mid 1 \leq y \leq 3, 1 \leq x \leq y \right\},$$

因此

$$I = \int_{1}^{3} \mathrm{d}y \int_{1}^{y} xy\mathrm{d}x = \int_{1}^{3} \left[y \cdot \frac{x^2}{2} \Big|_{1}^{y} \right] \mathrm{d}y = \int_{1}^{3} \left(\frac{y^3}{2} - \frac{y}{2} \right) \mathrm{d}y = 8.$$

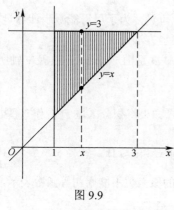

图 9.9

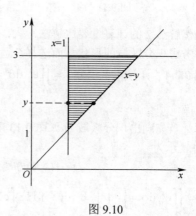

图 9.10

例 9.2.3 计算二重积分 $I = \iint\limits_{D} xy\mathrm{d}\sigma$，其中 D 是由抛物线 $y^2 = x$ 及直线 $y = x - 2$ 所围成的闭区域.

解法 1 首先画出积分区域 D 如图 9.11 所示. 如果将积分区域 D 看作 Y 型区域，则 D 可表示为

$$D = \left\{ (x, y) \mid -1 \leq y \leq 2, y^2 \leq x \leq y + 2 \right\},$$

因此

$$I = \int_{-1}^{2} \mathrm{d}y \int_{y^2}^{y+2} xy\mathrm{d}x = \int_{-1}^{2} \left[y \cdot \frac{x^2}{2} \Big|_{y^2}^{y+2} \right] \mathrm{d}y = \frac{1}{2} \int_{-1}^{2} \left[y(y+2)^2 - y^5 \right] \mathrm{d}y = \frac{45}{8}.$$

解法 2 但是如果将积分区域 D 看作 X 型区域，则 D 需分成 D_1 和 D_2 两部分如图 9.12 所示，其中 D_1 和 D_2 的可分别表示为

$$D_1 = \left\{ (x,y) \middle| 0 \leqslant x \leqslant 1, -\sqrt{x} \leqslant y \leqslant \sqrt{x} \right\};$$

$$D_2 = \left\{ (x,y) \middle| 1 \leqslant x \leqslant 4, x-2 \leqslant y \leqslant \sqrt{x} \right\}.$$

根据积分的区域可加性，有

$$I = \iint\limits_D xy\mathrm{d}\sigma = \iint\limits_{D_1} xy\mathrm{d}\sigma + \iint\limits_{D_2} xy\mathrm{d}\sigma = \int_0^1 \mathrm{d}x \int_{-\sqrt{x}}^{\sqrt{x}} xy\mathrm{d}y + \int_1^4 \mathrm{d}x \int_{x-2}^{\sqrt{x}} xy\mathrm{d}y = \frac{45}{8}.$$

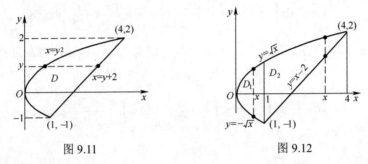

图 9.11　　　　　　　　　　　　　图 9.12

显然解法 2 的计算量要比解法 1 大．由此可见，为了尽可能减少计算量，我们需要考虑积分区域的形状从而选择合适的表示方法．

例 9.2.4　计算二重积分 $I = \iint\limits_D \mathrm{e}^{y^2}\mathrm{d}\sigma$，其中 D 是由 $y = x$，$y = 1$ 及 y 轴所围成的闭区域．

解　首先画出积分区域 D 如图 9.13 所示，如果将积分区域 D 看作 X 型区域，则 D 可表示为

$$D = \left\{ (x,y) \middle| 0 \leqslant x \leqslant 1, x \leqslant y \leqslant 1 \right\},$$

从而 $I = \iint\limits_D \mathrm{e}^{y^2}\mathrm{d}\sigma = \int_0^1 \mathrm{d}x \int_x^1 \mathrm{e}^{y^2}\mathrm{d}y$．但是 $\int \mathrm{e}^{y^2}\mathrm{d}y$ 的原函数不能用初等函数表示，所以应选择另一种积分次序．现将区域 D 看作 Y 型区域如图 9.14 所示，则 D 可表示为

$$D = \left\{ (x,y) \middle| 0 \leqslant y \leqslant 1, 0 \leqslant x \leqslant y \right\}.$$

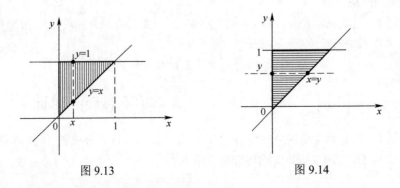

图 9.13　　　　　　　　　　　　　图 9.14

因此

$$I = \int_0^1 \mathrm{d}y \int_0^y \mathrm{e}^{y^2} \mathrm{d}x = \int_0^1 \mathrm{e}^{y^2}[x]_0^y \mathrm{d}y = \int_0^1 y\mathrm{e}^{y^2} \mathrm{d}y = \frac{1}{2}\int_0^1 \mathrm{e}^{y^2}\mathrm{d}(y^2) = \frac{1}{2}(\mathrm{e}-1) .$$

由此题可知，将二重积分转化为二次积分计算，在选取积分顺序时，不但要顾及积分区域的特点，还要顾及被积函数的特征，特别是遇到如下形式的积分：$\int \dfrac{\sin x}{x}\mathrm{d}x$，$\int \dfrac{1}{\ln x}\mathrm{d}x$，$\int \mathrm{e}^{-x^2}\mathrm{d}x$，$\int \dfrac{1}{\sqrt{1+x^4}}\mathrm{d}x$ 等，一定将其放在外层积分．

例 9.2.5 计算二重积分 $\displaystyle\iint_D |y - x^2|\mathrm{d}x\mathrm{d}y$，其中

$$D = \{(x,y) \,|\, -1 \leqslant x \leqslant 1, 0 \leqslant y \leqslant 1\} .$$

解 首先画出积分区域 D，如图 9.15 所示．对此类含有绝对值的二重积分，与一元函数的定积分类似，先要根据区域的特性去掉被积函数的绝对值号．这里，区域 D 可分成 D_1 和 D_2 两部分，其中 D_1 和 D_2 的积分限分别为

$$D_1 = \left\{(x,y) \,|\, -1 \leqslant x \leqslant 1, 0 \leqslant y \leqslant x^2\right\} ;$$
$$D_2 = \left\{(x,y) \,|\, -1 \leqslant x \leqslant 1, x^2 \leqslant y \leqslant 1\right\} .$$

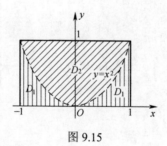

图 9.15

根据积分的区域可加性，有

$$\iint_D |y - x^2|\mathrm{d}x\mathrm{d}y = \iint_{D_1} (x^2 - y)\mathrm{d}x\mathrm{d}y + \iint_{D_2} (y - x^2)\mathrm{d}x\mathrm{d}y$$
$$= \int_{-1}^1 \mathrm{d}x \int_0^{x^2} (x^2 - y)\mathrm{d}y + \int_{-1}^1 \mathrm{d}x \int_{x^2}^1 (y - x^2)\mathrm{d}y = \frac{11}{15} .$$

2. 交换积分次序计算二次积分

例 9.2.6 交换二次积分 $\displaystyle\int_0^1 \mathrm{d}x \int_{x^2}^x f(x,y)\mathrm{d}y$ 的积分次序．

解 由题目可知，与二次积分对应的二重积分的 X 型积分区域为

$$D = \left\{(x,y) \,\middle|\, 0 \leqslant x \leqslant 1, x^2 \leqslant y \leqslant x\right\},$$

画出积分区域 D 如图 9.16 所示．将 D 换写成 Y 型区域的形式如图 9.17 所示．

$$D = \left\{(x,y) \,\middle|\, 0 \leqslant y \leqslant 1, y \leqslant x \leqslant \sqrt{y}\right\} .$$

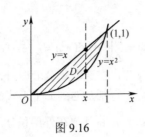

图 9.16

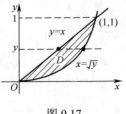

图 9.17

所以

$$\int_0^1 dx \int_{x^2}^x f(x,y)dy = \int_0^1 dy \int_y^{\sqrt{y}} f(x,y)dx .$$

例 9.2.7 计算二次积分 $I = \int_0^{\frac{\pi}{2}} dy \int_y^{\sqrt{\frac{\pi y}{2}}} \dfrac{\sin x}{x} dx$ 的值.

解 如图 9.18 所示，积分区域 $D = \left\{ (x,y) \middle| 0 \leqslant y \leqslant \dfrac{\pi}{2}, y \leqslant x \leqslant \sqrt{\dfrac{\pi y}{2}} \right\}$. 由于

$\dfrac{\sin x}{x}$ 的原函数不能用初等函数表示，给定的积

分次序难以得到结果，故改变积分次序，D 又

可表示为：$\left\{ (x,y) \middle| 0 \leqslant x \leqslant \dfrac{\pi}{2}, \dfrac{2}{\pi} x^2 \leqslant y \leqslant x \right\}$. 则

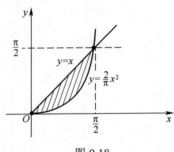

$$I = \int_0^{\frac{\pi}{2}} dx \int_{\frac{2}{\pi} x^2}^x \frac{\sin x}{x} dy = \int_0^{\frac{\pi}{2}} \frac{\sin x}{x} \cdot [y]_{\frac{2}{\pi} x^2}^x dx$$

$$= \int_0^{\frac{\pi}{2}} \frac{\sin x}{x} \left(x - \frac{2}{\pi} x^2 \right) dx$$

图 9.18

$$= \int_0^{\frac{\pi}{2}} \left(\sin x - \frac{2}{\pi} \sin x \cdot x \right) dx = 1 - \frac{2}{\pi} .$$

3. 对称性的应用

利用被积函数的奇偶性及积分区域 D 的对称性，往往会极大的简化二重积分
的计算，为了应用方便，我们总结如下：

（1）如果积分区域 D 关于 x 轴对称，则：

当 $f(x,-y) = -f(x,y)$（$(x,y) \in D$）时，即被积函数是关于 y 的奇函数，有

$$\iint_D f(x,y)d\sigma = 0 ;$$

当 $f(x,-y) = f(x,y)$（$(x,y) \in D$）时，即被积函数是关于 y 的偶函数，有

$$\iint_D f(x,y)d\sigma = 2\iint_{D_1} f(x,y)d\sigma ,$$

其中 $D_1 = \left\{ (x,y) \middle| (x,y) \in D, y \geqslant 0 \right\}$.

（2）如果积分区域 D 关于 y 轴对称，则：

当 $f(-x,y)=-f(x,y)$（$(x,y)\in D$）时，即被积函数是关于 x 的奇函数，有
$$\iint\limits_{D}f(x,y)\mathrm{d}\sigma=0 ;$$

当 $f(-x,y)=f(x,y)$（$(x,y)\in D$）时，即被积函数是关于 x 的偶函数，有
$$\iint\limits_{D}f(x,y)\mathrm{d}\sigma=2\iint\limits_{D_2}f(x,y)\mathrm{d}\sigma ,$$

其中 $D_2=\left\{(x,y)\big|(x,y)\in D,x\geqslant 0\right\}$.

例 9.2.8 计算 $\iint\limits_{D}y\left[1+xf(x^2+y^2)\right]\mathrm{d}x\mathrm{d}y$，其中积分区域 D 由曲线 $y=x^2$ 与直线 $y=1$ 所围成.

解 积分区域 D 如图 9.19 所示. 令
$$g(x,y)=xyf(x^2+y^2),$$
由于 D 关于 y 轴对称，且 $g(-x,y)=-g(x,y)$，
所以

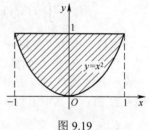

图 9.19

$$\iint\limits_{D}xyf(x^2+y^2)\mathrm{d}x\mathrm{d}y=0 ,$$

从而
$$\iint\limits_{D}y\left[1+xf(x^2+y^2)\right]\mathrm{d}x\mathrm{d}y=\iint\limits_{D}y\mathrm{d}x\mathrm{d}y=\int_{-1}^{1}\mathrm{d}x\int_{x^2}^{1}y\mathrm{d}y=\frac{1}{2}\int_{-1}^{1}(1-x^4)\mathrm{d}x=\frac{4}{5} .$$

9.2.2 极坐标系下计算二重积分

有些二重积分，积分区域 D 的边界曲线用极坐标方程来表示比较方便，如圆形或扇形区域的边界等，且被积函数用极坐标变量 ρ，θ 表示比较简单，如被积函数 $f(x,y)$ 由 x^2+y^2，$\dfrac{y}{x}$，$\dfrac{x}{y}$ 等构成，这时，我们就应考虑用极坐标来计算此二重积分.

假定区域 D 的边界与过极点的射线相交不多于两点，函数 $f(x,y)$ 在 D 上连续. 我们采用以极点为中心的一族同心圆：$\rho=$常数，以及从极点出发的一族射线：$\theta=$常数，把区域 D 划分成 n 个小闭区域，如图 9.20 所示，除包含边界点的一些小闭区域外，其他小闭区域均可以看作是扇形的一部分. 设其中具有代表性的小闭区域 $\Delta\sigma$（$\Delta\sigma$ 同时也表示该小闭区域的面积）是由半径分别为 ρ，$\rho+\Delta\rho$ 的同心圆和极角分别为 θ，$\theta+\Delta\theta$ 的射线所确定，则
$$\Delta\sigma=\frac{1}{2}(\rho+\Delta\rho)^2\cdot\Delta\theta-\frac{1}{2}\rho^2\cdot\Delta\theta=\rho\cdot\Delta\rho\cdot\Delta\theta+\frac{1}{2}(\Delta\rho)^2\cdot\Delta\theta\approx\rho\cdot\Delta\rho\cdot\Delta\theta .$$
于是，可以得到极坐标系下的面积元素 $\mathrm{d}\sigma=\rho\mathrm{d}\rho\mathrm{d}\theta$.

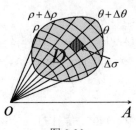

图 9.20

注意到直角坐标和极坐标之间的转换关系为
$$x = \rho\cos\theta , \quad y = \rho\sin\theta ,$$

从而得到直角坐标系下与极坐标系下二重积分的转换公式为
$$\iint\limits_{D} f(x,y)\mathrm{d}x\mathrm{d}y = \iint\limits_{D} f(\rho\cos\theta,\rho\sin\theta)\rho\mathrm{d}\rho\mathrm{d}\theta .$$

极坐标系中的二重积分，同样可化为二次积分来计算.

（1）极点位于 D 的外部.

设积分区域 D 可以用不等式 $\alpha \leqslant \theta \leqslant \beta$，$\varphi_1(\theta) \leqslant \rho \leqslant \varphi_2(\theta)$ 来表示，如图 9.21 和图 9.22 所示，其中函数 $\varphi_1(\theta)$，$\varphi_2(\theta)$ 在区间 $[\alpha,\beta]$ 上连续.

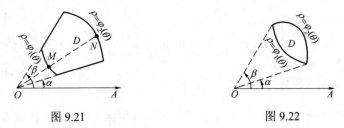

图 9.21　　　　　　　　　　图 9.22

先从极点出发任意作一条射线 l 与区域 D 相交，得到一条线段 MN 如图 9.21 所示，线段 MN 上所有点都具有相同的极角，不妨设其为 θ，线段上的点的极径范围是 $\varphi_1(\theta) \leqslant \rho \leqslant \varphi_2(\theta)$，又因为射线 l 是任意引出的，即 θ 是在 $[\alpha,\beta]$ 内任意取定的，所以其变化范围是 $[\alpha,\beta]$，这样就可以看出，极坐标系中的二重积分化为二次积分的公式为

$$\iint\limits_{D} f(x,y)\mathrm{d}\sigma = \iint\limits_{D} f(\rho\cos\theta,\rho\sin\theta)\rho\mathrm{d}\rho\mathrm{d}\theta = \int_{\alpha}^{\beta}\left[\int_{\varphi_1(\theta)}^{\varphi_2(\theta)} f(\rho\cos\theta,\rho\sin\theta)\rho\mathrm{d}\rho\right]\mathrm{d}\theta .$$

上式也可以写成

$$\iint\limits_{D} f(x,y)\mathrm{d}\sigma = \int_{\alpha}^{\beta}\mathrm{d}\theta\int_{\varphi_1(\theta)}^{\varphi_2(\theta)} f(\rho\cos\theta,\rho\sin\theta)\rho\mathrm{d}\rho .$$

（2）极点位于 D 的边界.

如果积分区域 D 是如图 9.23 所示的曲边扇形，此时区域 D 的积分限为
$$\alpha \leqslant \theta \leqslant \beta , \quad 0 \leqslant \rho \leqslant \varphi(\theta) ,$$

于是
$$\iint\limits_{D} f(x,y)\mathrm{d}\sigma = \int_{\alpha}^{\beta} \mathrm{d}\theta \int_{0}^{\varphi(\theta)} f(\rho\cos\theta, \rho\sin\theta)\rho\mathrm{d}\rho .$$

（3）极点位于 D 的内部.

如果积分区域 D 是如图 9.24 所示，此时，区域 D 的积分限为
$$0 \leqslant \theta \leqslant 2\pi , \quad 0 \leqslant \rho \leqslant \varphi(\theta) ,$$

于是
$$\iint\limits_{D} f(x,y)\mathrm{d}\sigma = \int_{0}^{2\pi} \mathrm{d}\theta \int_{0}^{\varphi(\theta)} f(\rho\cos\theta, \rho\sin\theta)\rho\mathrm{d}\rho .$$

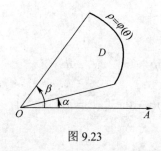

图 9.23

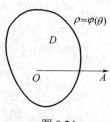

图 9.24

注意：极坐标系下计算二重积分要注意三个方面的转化：

（1）积分区域的转化：$D(x,y) \rightarrow D(\rho,\theta)$，要将 D 的边界曲线方程由直角坐标转化为极坐标；

（2）被积函数的转化：$f(x,y) \rightarrow f(\rho\cos\theta, \rho\sin\theta)$；

（3）面积元素的转化：$\mathrm{d}\sigma \rightarrow \rho\mathrm{d}\rho\mathrm{d}\theta$ 或者 $\mathrm{d}x\mathrm{d}y \rightarrow \rho\mathrm{d}\rho\mathrm{d}\theta$.

例 9.2.9 计算 $\displaystyle\iint\limits_{D} \frac{y^2}{x^2}\mathrm{d}x\mathrm{d}y$，其中积分区域 D 是由曲线 $x^2 + y^2 = 2x$ 围成的平面区域.

解 积分区域 D 如图 9.25 所示，其边界曲线的极坐标方程为 $\rho = 2\cos\theta$，于是积分区域 D 的积分限为
$$-\frac{\pi}{2} \leqslant \theta \leqslant \frac{\pi}{2} , \quad 0 \leqslant \rho \leqslant 2\cos\theta .$$

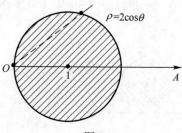

图 9.25

所以

$$\iint\limits_{D} \frac{y^2}{x^2} \mathrm{d}x\mathrm{d}y = \int_{-\frac{\pi}{2}}^{\frac{\pi}{2}} \mathrm{d}\theta \int_{0}^{2\cos\theta} \frac{\sin^2\theta}{\cos^2\theta}\rho\mathrm{d}\rho = \int_{-\frac{\pi}{2}}^{\frac{\pi}{2}} 2\sin^2\theta\mathrm{d}\theta = \pi .$$

例 9.2.10 计算 $\iint\limits_{D} \mathrm{e}^{-(x^2+y^2)}\mathrm{d}\sigma$ ，其中积分区域 D 是由圆 $x^2+y^2=R^2$ 所围成的

区域.

解 积分区域 D 如图 9.26 所示，其边界曲线的极坐标方程为 $\rho=R$ ，于是积分区域 D 的积分限为

$$0 \leqslant \theta \leqslant 2\pi , \quad 0 \leqslant \rho \leqslant R .$$

所以

$$\iint\limits_{D} \mathrm{e}^{-(x^2+y^2)}\mathrm{d}\sigma = \int_{0}^{2\pi} \mathrm{d}\theta \int_{0}^{R} \mathrm{e}^{-\rho^2}\rho\mathrm{d}\rho = 2\pi\int_{0}^{R} \mathrm{e}^{-\rho^2}\rho\mathrm{d}\rho$$

$$= -\pi\int_{0}^{R} \mathrm{e}^{-\rho^2}\mathrm{d}(-\rho^2) = -\pi\left[\mathrm{e}^{-\rho^2}\right]_{0}^{R} = \pi\left(1-\mathrm{e}^{-R^2}\right) .$$

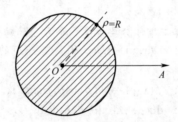

图 9.26

例 9.2.11 求 $I = \int_{0}^{1}\mathrm{d}y\int_{0}^{\sqrt{1-y^2}} \sin(\pi\sqrt{x^2+y^2})\mathrm{d}x$.

解 由二次积分的积分区间画出积分区域 $D = \left\{(x,y)\middle| x^2+y^2 \leqslant 1, x \geqslant 0, y \geqslant 0\right\}$.

如图 9.27 所示，考虑 D 是圆的一部分，被积函数中含有 x^2+y^2 ，故采用极坐标计算 I .

$$I = \iint\limits_{D} \sin\left(\pi\sqrt{x^2+y^2}\right)\mathrm{d}x\mathrm{d}y = \int_{0}^{\frac{\pi}{2}}\mathrm{d}\theta\int_{0}^{1} \sin\pi\rho\cdot\rho\mathrm{d}\rho = \frac{1}{2} .$$

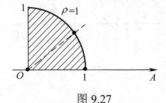

图 9.27

例 9.2.12 计算积分 $\int_0^{+\infty} e^{-x^2} dx$.

解 这是一个广义积分，由于 e^{-x^2} 的原函数不能用初等函数表示，因此利用所学过的广义积分的计算方法无法计算。现在我们利用二重积分，来计算该积分。

设 $I(R) = \int_0^R e^{-x^2} dx$ ，其平方

$$I^2(R) = \int_0^R e^{-x^2} dx \cdot \int_0^R e^{-x^2} dx = \int_0^R e^{-x^2} dx \cdot \int_0^R e^{-y^2} dy = \iint\limits_{\substack{0 \leqslant x \leqslant R \\ 0 \leqslant y \leqslant R}} e^{-(x^2+y^2)} dx dy .$$

记积分区域 D 为 $\{(x,y) | 0 \leqslant x \leqslant R, 0 \leqslant y \leqslant R\}$ ，设 D_1 ， D_2 分别表示圆域 $x^2 + y^2 \leqslant R^2$ 与 $x^2 + y^2 \leqslant 2R^2$ 位于第一卦限的两个扇形，如图 9.28 所示，由于

$$\iint\limits_{D_1} e^{-(x^2+y^2)} d\sigma \leqslant I^2(R) \leqslant \iint\limits_{D_2} e^{-(x^2+y^2)} d\sigma ,$$

由例 9.2.10 的计算结果得知，

$$\frac{\pi}{4}\left(1 - e^{-R^2}\right) \leqslant I^2(R) \leqslant \frac{\pi}{4}\left(1 - e^{-2R^2}\right) .$$

当 $R \to \infty$ 时，上式两端都以 $\dfrac{\pi}{4}$ 为极限，由夹逼定理得，

$$\lim_{R \to +\infty} I^2(R) = \frac{\pi}{4} .$$

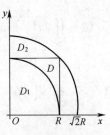

图 9.28

又因为 $I(R) > 0$ ，所以 $\lim\limits_{R \to +\infty} I(R) = \dfrac{\sqrt{\pi}}{2}$ ，即所求积分 $\int_0^{+\infty} e^{-x^2} dx = \dfrac{\sqrt{\pi}}{2}$.

习题 9.2

1．计算下列二重积分：

（1） $\iint\limits_D (x^2 + y^2) d\sigma$ ，其中 $D = \{(x,y) \,\|\, |x| \leqslant 1, |y| \leqslant 1\}$ ；

（2） $\iint\limits_D (3x + 2y) d\sigma$ ，其中 D 是由两坐标轴及直线 $x + y = 2$ 所围成的闭区域；

（3） $\iint\limits_D x\sqrt{y} d\sigma$ ，其中 D 是由两条抛物线 $y = \sqrt{x}$ ， $y = x^2$ 所围成的闭区域.

2．改换下列二次积分的积分次序.

（1） $\int_0^1 dy \int_0^y f(x,y) dx$ ；   （2） $\int_0^1 dy \int_{-\sqrt{1-y^2}}^{\sqrt{1-y^2}} f(x,y) dx$ ；

（3） $\int_1^e dx \int_0^{\ln x} f(x,y) dy$ ；   （4） $\int_0^1 dx \int_0^{x^2} f(x,y) dy + \int_1^2 dx \int_0^{2-x} f(x,y) dy$.

3．利用极坐标计算下列各题：

（1） $\iint\limits_D e^{x^2+y^2} d\sigma$ ，其中 D 是由圆周 $x^2 + y^2 = 4$ 所围成的闭区域；

（2）$\iint\limits_{D}\arctan\dfrac{y}{x}\mathrm{d}\sigma$，其中 D 是由圆周 $x^2+y^2=4$，$x^2+y^2=1$ 及直线 $y=0$，$y=x$ 所围成的第一卦限内的闭区域.

4．化下列二次积分为极坐标形式的二次积分.

（1）$\displaystyle\int_0^1\mathrm{d}x\int_0^1 f(x,y)\mathrm{d}y$；　　　　　（2）$\displaystyle\int_0^2\mathrm{d}x\int_x^{\sqrt{3}x} f(\sqrt{x^2+y^2})\mathrm{d}y$；

（3）$\displaystyle\int_0^1\mathrm{d}x\int_{1-x}^{\sqrt{1-x^2}} f(x,y)\mathrm{d}y$；　　　　（4）$\displaystyle\int_0^1\mathrm{d}x\int_0^{x^2} f(x,y)\mathrm{d}y$.

5．选择适当的坐标计算下列各题：

（1）$\iint\limits_{D}\dfrac{x^2}{y^2}\mathrm{d}\sigma$，其中 D 是由直线 $y=x$，$x=2$ 及曲线 $xy=1$ 所围成的闭区域；

（2）$\iint\limits_{D}\sqrt{x^2+y^2}\mathrm{d}\sigma$，其中 D 是圆环形闭区域 $\left\{(x,y)\big|a^2\leqslant x^2+y^2\leqslant b^2\right\}$.

9.3　三重积分

9.3.1　三重积分的概念

例 9.3.1　求物体的质量.

已知物体所占有的空间闭区域是 Ω，$f(x,y,z)$ 表示物体在点 (x,y,z) 处的密度，且 $f(x,y,z)$ 在 Ω 上连续，求该物体的质量 M.

与求平面薄片的质量类似，我们仍旧可以采用分割－近似－求和－取极限的方法.

（1）分割：将 Ω 任意分成 n 个小闭区域 $\Delta v_1,\Delta v_2,\cdots,\Delta v_n$，其中 Δv_i 表示第 i 个小闭区域，也表示它的体积.

（2）近似：在第 i 个小区域上任取一点 (ξ_i,η_i,ζ_i)，求出第 i 小块物体质量的近似值 $f(\xi_i,\eta_i,\zeta_i)\Delta v_i$，$i=1,2,\cdots,n$.

（3）求和：对 n 个小区域物体质量的近似值求和，得到所求物体质量的近似值

$$M\approx\sum_{i=1}^{n}f(\xi_i,\eta_i,\zeta_i)\Delta v_i .$$

（4）取极限：让分割越来越细，取极限得所求物体质量的精确值

$$M=\lim_{\lambda\to 0}\sum_{i=1}^{n}f(\xi_i,\eta_i,\zeta_i)\Delta v_i ,\qquad\qquad(9.3.1)$$

其中 λ 是各小闭区域 Δv_i（$i=1,2,3\cdots,n$）直径的最大值.

我们可以抽象出如下的定义.

定义 9.3.1　设 $f(x,y,z)$ 是空间有界闭区域 Ω 上的有界函数，将 Ω 任意分成 n

个小闭区域 $\Delta v_1, \Delta v_2, \cdots, \Delta v_n$，其中 Δv_i 表示第 i 个小闭区域，同时也表示它的体积，在每个 Δv_i 上任取一点 (ξ_i, η_i, ζ_i)，作和 $\sum_{i=1}^{n} f(\xi_i, \eta_i, \zeta_i) \Delta v_i$．如果当各小闭区域直径中的最大值 λ 趋近于零时，不论 Ω 如何划分法和点 (ξ_i, η_i, ζ_i) 如何选取，该和式的极限总存在，则称此极限为函数 $f(x, y, z)$ 在闭区域 Ω 上的**三重积分**，记作 $\iiint\limits_{\Omega} f(x, y, z) \mathrm{d}v$，即

$$\lim_{\lambda \to 0} \sum_{i=1}^{n} f(\xi_i, \eta_i, \zeta_i) \Delta v_i = \iiint\limits_{\Omega} f(x, y, z) \mathrm{d}v，$$

其中 $\mathrm{d}V$ 叫做**体积元素**.

注意：（1）根据定义，密度为 $f(x, y, z)$ 的空间立体 Ω 的质量为 $\iiint\limits_{\Omega} f(x, y, z) \mathrm{d}v$，这就是三重积分的物理意义.

（2）三重积分具有和二重积分类似的性质，这里不再叙述，只强调一点：当 $f(x, y, z) = 1$ 时，设积分区域 Ω 的体积为 V，则有 $\iiint\limits_{\Omega} 1 \mathrm{d}v = \iiint\limits_{\Omega} \mathrm{d}v = V$．这个式子的物理意义是：**密度为 1 的均质立体 Ω 的质量在数值上等于它的体积**.

（3）在直角坐标系中，如果用平行于坐标面的平面来划分 Ω，则除了包含 Ω 的边界的一些不规则小闭区域外，其他的小闭区域 Δv_i 均为长方体. 设小长方体 Δv_i 的边长分别为 $\Delta x_i, \Delta y_i, \Delta z_i$，则 $\Delta v_i = \Delta x_i \Delta y_i \Delta z_i$，因此在直角坐标系中，我们把体积元素 $\mathrm{d}V$ 记作 $\mathrm{d}x\mathrm{d}y\mathrm{d}z$，于是

$$\iiint\limits_{\Omega} f(x, y, z) \mathrm{d}v = \iiint\limits_{\Omega} f(x, y, z) \mathrm{d}x\mathrm{d}y\mathrm{d}z，$$

其中 $\mathrm{d}x\mathrm{d}y\mathrm{d}z$ 称作直角坐标系中的**体积元素**.

（4）当函数 $f(x, y, z)$ 在空间有界闭区域 Ω 上连续时，函数 $f(x, y, z)$ 在 Ω 上的三重积分必存在. 以后我们总假定函数 $f(x, y, z)$ 在 Ω 上是连续的.

9.3.2 三重积分的计算

三重积分的计算，与二重积分计算类似，其基本思路也是化为累次积分. 下面我们按不同坐标系来分别讨论将三重积分化为三次积分的方法.

1. 直角坐标系下计算三重积分

方法 1 投影法

假设平行于 z 轴的直线与空间闭区域 Ω 的边界曲面 S 相交不多于两点（母线平行于 z 轴的侧面除外）. 把 Ω 投影到 xOy 面上，得一平面区域 D_{xy}，如图 9.29 所示，过平面区域 D_{xy} 内任一点 (x, y) 作平行于 z 轴的直线，沿 z 轴正向穿过 Ω，直线穿入 Ω 经过的曲面称为 S_1，穿出 Ω 经过的曲面称为 S_2，其中

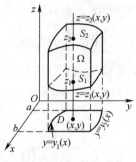

图 9.29

$$S_1 : z = z_1(x, y) , \quad S_2 : z = z_2(x, y) ,$$

于是穿入点与穿出点的竖坐标分别为 $z_1(x, y)$，$z_2(x, y)$，积分区域 Ω 可表示为

$$\Omega = \left\{ (x, y, z) \middle| z_1(x, y) \leqslant z \leqslant z_2(x, y), (x, y) \in D_{xy} \right\} ,$$

从而 $\qquad \iiint\limits_{\Omega} f(x, y, z) \mathrm{d}v = \iint\limits_{D_{xy}} \left[\int_{z_1(x, y)}^{z_2(x, y)} f(x, y, z) \mathrm{d}z \right] \mathrm{d}x \mathrm{d}y$ （先一后二）.

若 D_{xy} 是 X 型区域：$D_{xy} = \left\{ (x, y) \middle| a \leqslant x \leqslant b, y_1(x) \leqslant y \leqslant y_2(x) \right\}$，则

$$\iiint\limits_{\Omega} f(x, y, z) \mathrm{d}v = \int_a^b \mathrm{d}x \int_{y_1(x)}^{y_2(x)} \mathrm{d}y \int_{z_1(x, y)}^{z_2(x, y)} f(x, y, z) \mathrm{d}z ,$$

三重积分化为先对 z、再对 y、最后对 x 的三次积分.

若 D_{xy} 是 Y 型区域：$D_{xy} = \left\{ (x, y) \middle| c \leqslant y \leqslant d, x_1(y) \leqslant x \leqslant x_2(y) \right\}$，则

$$\iiint\limits_{\Omega} f(x, y, z) \mathrm{d}v = \int_c^d \mathrm{d}y \int_{x_1(y)}^{x_2(y)} \mathrm{d}x \int_{z_1(x, y)}^{z_2(x, y)} f(x, y, z) \mathrm{d}z ,$$

三重积分化为先对 z、再对 x、最后对 y 的三次积分.

　　如果平行于坐标轴且穿过 Ω 内部的直线与边界曲面 S 的交点多于两个，我们可以把 Ω 分成若干份满足条件的小区域，由区域的可加性计算 Ω 上的三重积分. 如果平行于 x 轴或 y 轴且穿过 Ω 内部的直线与 Ω 的边界曲面 S 相交不多于两点，也可以把 Ω 投影到 yOz 面上或者 xOz 上，这样就把三重积分转化成了按其他顺序的三次积分.

　　例 9.3.2　计算三重积分 $\iiint\limits_{\Omega} x \mathrm{d}x \mathrm{d}y \mathrm{d}z$，其中 Ω 是三个坐标面与平面 $x + 2y + z = 1$

所围成的闭区域.

　　解　如图 9.30 所示，将 Ω 向 xOy 面上投影，得投影区域 D_{xy}. D_{xy} 由直线 OA：$y = 0$，OB：$x = 0$ 及 AB：$x + 2y = 1$ 围成，所以

$$D_{xy} = \left\{ (x, y) \middle| 0 \leqslant x \leqslant 1, 0 \leqslant y \leqslant \frac{1 - x}{2} \right\} .$$

在 D_{xy} 内任取一点，过此点作平行于 z 轴的直线，该直线从平面 $z = 0$ 穿入 Ω

内，然后从平面 $z = 1 - x - 2y$ 穿出 Ω 外，于是 $0 \leqslant z \leqslant 1 - x - 2y$，从而

$$\iiint\limits_{\Omega} x \mathrm{d}x\mathrm{d}y\mathrm{d}z = \int_0^1 \mathrm{d}x \int_0^{\frac{1-x}{2}} \mathrm{d}y \int_0^{1-x-2y} x\mathrm{d}z = \int_0^1 \mathrm{d}x \int_0^{\frac{1-x}{2}} x(1-x-2y)\mathrm{d}y$$

$$= \frac{1}{4} \int_0^1 (x - 2x^2 + x^3)\mathrm{d}x = \frac{1}{48} \ .$$

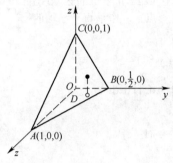

图 9.30

方法 2　截面法

设空间有界闭区域 Ω 介于两平面 $z = c$，$z = d$ 之间，过点 $(0, 0, z)$ 作垂直于 z 轴的平面（$z \in [c, d]$），截 Ω 得一平面 D_z，如图 9.31 所示，于是 Ω 可表示为

$$\Omega = \left\{ (x, y, z) \big| (x, y) \in D_z, c \leqslant z \leqslant d \right\}.$$

从而，

$$\iiint\limits_{\Omega} f(x, y, z)\mathrm{d}V = \int_c^d \mathrm{d}z \iint\limits_{D_z} f(x, y, z)\mathrm{d}x\mathrm{d}y \ （先二后一）.$$

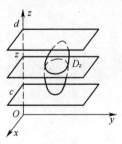

图 9.31

特别地，当 $f(x, y, z)$ 仅是 z 的表达式，而 D_z 的面积又容易计算时，使用这种方法尤其方便，因为这时 $f(x, y, z) = g(z)$，从而有

$$\iiint\limits_{\Omega} f(x, y, z)\mathrm{d}V = \iiint\limits_{\Omega} g(z)\mathrm{d}V = \int_c^d \mathrm{d}z \iint\limits_{D_z} g(z)\mathrm{d}\sigma$$

$$= \int_c^d g(z)\mathrm{d}z \iint\limits_{D_z} \mathrm{d}\sigma = \int_c^d g(z) S_{D_z} \mathrm{d}z \ ,$$

其中 S_{D_z} 表示 D_z 的面积.

类似地，也可以考虑其他积分次序的情形.

例 9.3.3 计算三重积分 $\iiint\limits_{\Omega} z\mathrm{d}x\mathrm{d}y\mathrm{d}z$，其中 Ω 为三个坐标面与平面 $x+y+z=1$ 所围成的闭区域.

解 如图 9.32 所示，区域 Ω 介于平面 $z=0$ 与 $z=1$ 之间，在 $[0,1]$ 内任取一点 z，作垂直于 z 轴的平面，截区域 Ω 得一截面

$$D_z = \left\{(x,y)\,\middle|\,x+y\leqslant 1-z\right\}.$$

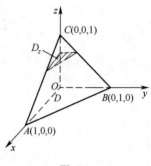

图 9.32

于是

$$\iiint\limits_{\Omega} z\mathrm{d}x\mathrm{d}y\mathrm{d}z = \int_0^1 z\mathrm{d}z\iint\limits_{D_z}\mathrm{d}x\mathrm{d}y,$$

因为

$$\iint\limits_{D_z}\mathrm{d}x\mathrm{d}y = \frac{1}{2}(1-z)(1-z),$$

所以

$$\iiint\limits_{\Omega} z\mathrm{d}x\mathrm{d}y\mathrm{d}z = \int_0^1 z\cdot\frac{1}{2}(1-z)^2\mathrm{d}z = \frac{1}{24}.$$

2. 柱面坐标系下计算三重积分

在利用投影法计算三重积分时，如果选择极坐标计算其中的二重积分，那么此时对三重积分而言，就是所谓的利用柱面坐标计算三重积分.

设 $M(x,y,z)$ 为空间内一点，并设点 M 在 xOy 面上的投影 M' 的极坐标为 (ρ,θ)，则数组 (ρ,θ,z) 就称为点 M 的**柱面坐标**。如图 9.33 所示，规定 ρ,θ,z 的变化范围为：$0\leqslant\rho<+\infty$，$0\leqslant\theta\leqslant 2\pi$，$-\infty<z<+\infty$.

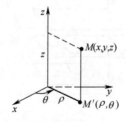

图 9.33

点 M 的直角坐标 (x,y,z) 与柱面坐标 (ρ,θ,z) 之间的关系为

$$x=\rho\cos\theta,\quad y=\rho\sin\theta,\quad z=z. \tag{9.3.2}$$

在柱面坐标系中，三组坐标面分别为

$\rho=$ 常数，表示以 z 轴为轴的圆柱面；

$\theta=$ 常数，表示过 z 轴的半平面；

$z=$ 常数，表示与 xOy 面平行的平面.

现在考察三重积分在柱面坐标系下的形式. 用三组坐标面 $\rho=$ 常数，$\theta=$ 常数，$z=$ 常数，把 Ω 分成许多小闭区域，除了含 Ω 的边界点的一些不规则小闭区域外，其他小闭区域都是柱体如图 9.34 所示. 考虑由 ρ，θ，z 各取得微小增量 $\mathrm{d}\rho$，$\mathrm{d}\theta$，$\mathrm{d}z$ 所成的小柱体的体积. 在不计高阶无穷小时，这个体积可近似的看作高为 $\mathrm{d}z$，底面积为 $\rho\mathrm{d}\rho\mathrm{d}\theta$ 的长方体的体积，于是得柱面坐标系中的体积元素为：

$$\mathrm{d}v=\rho\mathrm{d}\rho\mathrm{d}\theta\mathrm{d}z .$$

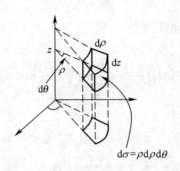

图 9.34

再利用关系式（9.3.2），就得到柱面坐标系下三重积分的表达式

$$\iiint\limits_{\Omega}f(x,y,z)\mathrm{d}V=\iiint\limits_{\Omega}f(x,y,z)\mathrm{d}x\mathrm{d}y\mathrm{d}z$$
$$=\iiint\limits_{\Omega}f(\rho\cos\theta,\rho\sin\theta,z)\rho\mathrm{d}\rho\mathrm{d}\theta\mathrm{d}z .$$

计算柱面坐标系下的三重积分仍然需要转化为三次积分. 积分变量 z 的范围确定与其在直角坐标系下方法类似，ρ，θ 的范围确定与其在平面极坐标下的方法类似，下面举例来说明.

例 9.3.4 利用柱面坐标计算三重积分 $\iiint\limits_{\Omega}z\mathrm{d}x\mathrm{d}y\mathrm{d}z$ ，其中 Ω 是由 $z=x^2+y^2$ 与平面 $z=4$ 所围成的闭区域.

解 如图 9.35 所示，把空间闭区域 Ω 投影到 xOy 面，得平面闭区域

$$D_{xy}=\left\{(\rho,\theta)\middle|0\leqslant\rho\leqslant2,0\leqslant\theta\leqslant2\pi\right\} .$$

在 D_{xy} 内任取一点 (ρ,θ) ，过该点作平行于 z 轴的直线，此直线通过曲面 $z=x^2+y^2$ （柱面坐标是 $z=\rho^2$ ）穿入 Ω 内，然后通过平面 $z=4$ 穿出 Ω 外，因此 z 的范围为 $\rho^2\leqslant z\leqslant4$ ，于是

$$\iiint\limits_{\Omega}z\mathrm{d}x\mathrm{d}y\mathrm{d}z=\iiint\limits_{\Omega}z\rho\mathrm{d}\rho\mathrm{d}\theta\mathrm{d}z=\int_0^{2\pi}\mathrm{d}\theta\int_0^2\rho\mathrm{d}\rho\int_{\rho^2}^4z\mathrm{d}z=\frac{1}{2}\cdot2\pi\int_0^2\rho(16-\rho^4)\mathrm{d}\rho=\frac{64}{3}\pi .$$

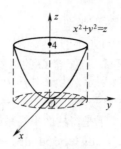

图 9.35

在计算二重积分时，我们看到，利用积分区域的对称性和被积函数的奇偶性可简化积分的计算，对于三重积分也有类似的结果.

例 9.3.5 计算三重积分 $\iiint\limits_{\Omega} \dfrac{z\ln(x^2+y^2+z^2+1)}{x^2+y^2+z^2+1}\mathrm{d}x\mathrm{d}y\mathrm{d}z$，其中积分区域 $\Omega = \left\{(x,y,z)\big|x^2+y^2+z^2\leqslant 1\right\}$.

解 因为积分区域关于三个坐标面都对称，且被积函数是变量 z 的奇函数，所以

$$\iiint\limits_{\Omega} \frac{z\ln(x^2+y^2+z^2+1)}{x^2+y^2+z^2+1}\mathrm{d}x\mathrm{d}y\mathrm{d}z = 0.$$

一般地，当积分区域 Ω 关于 xOy 平面对称时，如果被积函数 $f(x,y,z)$ 是关于 z 的奇函数，则三重积分为零；如果被积函数 $f(x,y,z)$ 是关于 z 的偶函数，则三重积分为 Ω 在 xOy 平面上方的半个闭区域上的三重积分的两倍. 当积分区域 Ω 关于 yOz 或者 zOx 平面对称时，也有完全类似的结果.

习题 9.3

1. 计算 $\iiint\limits_{\Omega} x\mathrm{d}x\mathrm{d}y\mathrm{d}z$，其中 Ω 是由三个坐标面与平面 $x+y+z=1$ 所围成的闭区域.

2. 计算 $\iiint\limits_{\Omega} z\mathrm{d}V$，其中 Ω 是由 $x\geqslant 0$，$y\geqslant 0$，$z\geqslant 0$ 和 $x^2+y^2+z^2\leqslant R^2$ 所围成的空间闭区域.

3. 计算 $\iiint\limits_{\Omega} z^2\mathrm{d}x\mathrm{d}y\mathrm{d}z$，其中 Ω 是由椭球面 $\dfrac{x^2}{a^2}+\dfrac{y^2}{b^2}+\dfrac{z^2}{c^2}=1$ 所围成的空间闭区域.

4. 计算 $\iiint\limits_{\Omega} z\mathrm{d}V$，其中 Ω 是由曲面 $z=\sqrt{2-x^2-y^2}$ 及 $z=x^2+y^2$ 所围成的闭区域.

5. 计算 $\iiint\limits_{\Omega} (x^2+y^2)\mathrm{d}V$，其中 Ω 是由曲面 $2z=x^2+y^2$ 和 $z=2$ 所围成的闭区域.

6. 计算 $\iiint\limits_{\Omega} xy\mathrm{d}V$，其中 Ω 是由柱面 $x^2+y^2=1$ 和平面 $z=1$，$z=0$，$x=0$，$y=0$

所围成的在第一卦限内的闭区域.

9.4　重积分的应用

重积分的思想和方法在数学及其他学科有很多应用. 本节主要探讨重积分在几何上的应用, 如求立体的体积和曲面的面积, 及其在物理上的应用如求物体的质量、质心和转动惯量.

9.4.1　求立体的体积

由二重积分的引入和定义可知, 如果曲顶柱体的顶部曲面方程是 $z = f(x, y)$, 所占底部区域为 D, 则该曲顶柱体的体积 $V = \iint\limits_{D} |f(x, y)| \, d\sigma$; 另外, 由三重积分的引例可知, 占有空间有界闭区域 Ω 的立体的体积 $V = \iiint\limits_{\Omega} 1 \, dV$.

例 9.4.1　求两个底圆半径都等于 R 的直交圆柱面所围成的立体的体积.

解　如图 9.36 所示, 设两个圆柱面的方程分别为 $x^2 + y^2 = R^2$,　$x^2 + z^2 = R^2$.

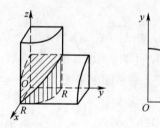

图 9.36

利用立体关于坐标平面的对称性, 只要算出它在第一卦限部分的体积, 然后再乘以 8 即可.

易见所求立体在第一卦限部分可以看成是一个曲顶柱体, 它的底可表示为

$$D = \left\{ (x, y) \, \middle| \, 0 \leqslant y \leqslant \sqrt{R^2 - x^2}, 0 \leqslant x \leqslant R \right\},$$

它的顶是柱面 $z = \sqrt{R^2 - x^2}$, 所以

$$V_1 = \iint\limits_{D} \sqrt{R^2 - x^2} \, d\sigma = \int_0^R \left[\int_0^{\sqrt{R^2 - x^2}} \sqrt{R^2 - x^2} \, dy \right] dx$$

$$= \int_0^R \left[y\sqrt{R^2 - x^2} \, \bigg|_0^{\sqrt{R^2 - x^2}} \right] dx = \int_0^R (R^2 - x^2) \, dx = \frac{2}{3} R^3.$$

因此所求立体体积为 $V = 8V_1 = \dfrac{16}{3} R^3$.

例 9.4.2 求由曲面 $z=8-x^2-y^2$ 和曲面 $z=x^2+y^2$ 所围成的立体的体积.

解 由两曲面方程联立消 z 得 $x^2+y^2=4$，所以立体在 xOy 面上的投影区域 $D_{xy}=\left\{(x,y)\big|x^2+y^2\leqslant 4\right\}$. 如图 9.37 所示，所求立体体积

$$V=\iiint\limits_{\Omega}1\mathrm{d}v=\int_0^{2\pi}\mathrm{d}\theta\int_0^2\rho\mathrm{d}\rho\int_{\rho^2}^{8-\rho^2}\mathrm{d}z=\int_0^{2\pi}\mathrm{d}\theta\int_0^2\rho(8-2\rho^2)\mathrm{d}\rho=16\pi .$$

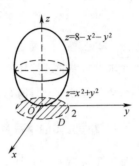

图 9.37

9.4.2 曲面的面积

设曲面 S 的方程为 $z=f(x,y)$，曲面 S 在 xOy 坐标面上的投影区域为 D_{xy}，$f(x,y)$ 在 D_{xy} 上具有连续偏导数，我们要求曲面 S 的面积 A.

分析：在 D_{xy} 上任意取一个直径非常小的闭区域 $\mathrm{d}\sigma$，$\mathrm{d}\sigma$ 也表示该小闭区域的面积，在 $\mathrm{d}\sigma$ 内任取一点 $M'(x,y)$，曲面 S 上对应有一点 $M(x,y,f(x,y))$，即点 M 在 xOy 平面上的投影是点 M'. 如图 9.38 所示，曲面 S 在点 M 处的切平面设为 Π. 以 $\mathrm{d}\sigma$ 的边界为准线作母线平行于 z 轴的柱面，该柱面在曲面 S 上截下一小片曲面，在切平面 Π 上截下一小片平面. 由于 $\mathrm{d}\sigma$ 的直径非常小，曲面 S 上截下的那一小片曲面的面积可以用切平面 Π 上截下的那一小片平面的面积 $\mathrm{d}A$ 近似代替. 设曲面 S 在点 M 处指向朝上的法线与 z 轴所成的夹角为 γ，则有

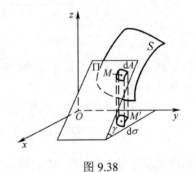

图 9.38

$$\mathrm{d}A=\frac{\mathrm{d}\sigma}{\cos\gamma} .$$

又因为

$$\cos\gamma=\frac{1}{\sqrt{1+f^2_x(x,y)+f^2_y(x,y)}} ,$$

所以
$$dA = \sqrt{1 + f^2_x(x, y) + f^2_y(x, y)}d\sigma .$$

这就是曲面 S 的**面积元素**，面积元素在闭区域 D_{xy} 上积分，便得

$$A = \iint\limits_{D_{xy}} \sqrt{1 + f^2_x(x, y) + f^2_y(x, y)}d\sigma .$$

上式也可简写成

$$A = \iint\limits_{D_{xy}} \sqrt{1 + z^2_x + z^2_y}d\sigma . \tag{9.4.1}$$

这就是计算曲面面积的公式.

类似地，若曲面方程是 $x = g(y, z)$，可把曲面投影到 yOz 面上，得到曲面面积 $A = \iint\limits_{D_{yz}} \sqrt{1 + x^2_y + x^2_z}d\sigma$；若曲面方程是 $y = h(z, x)$，则可把曲面投影到 zOx 面上，得到曲面面积 $A = \iint\limits_{D_{zx}} \sqrt{1 + y^2_z + y^2_x}d\sigma$.

例 9.4.3 求球面 $z = \sqrt{a^2 - x^2 - y^2}$ 介于平面 $z = b$，$z = a$（$0 < b < a$）之间部分的面积.

解 如图 9.39 所示，曲面在 xOy 面上的投影 $D = \left\{ (x, y) \middle| x^2 + y^2 \leqslant a^2 - b^2 \right\}$，因为

$$\frac{\partial z}{\partial x} = -\frac{x}{\sqrt{a^2 - x^2 - y^2}} , \quad \frac{\partial z}{\partial y} = -\frac{y}{\sqrt{a^2 - x^2 - y^2}} ,$$

所以由公式（9.4.1），所求面积为

$$A = \iint\limits_{D} \sqrt{1 + z^2_x + z^2_y}d\sigma = \iint\limits_{D} \frac{a}{\sqrt{a^2 - x^2 - y^2}}dxdy = a\iint\limits_{D} \frac{\rho}{\sqrt{a^2 - \rho^2}}d\rho d\theta$$

$$= a\int_0^{2\pi} d\theta \int_0^{\sqrt{a^2 - b^2}} \frac{\rho}{\sqrt{a^2 - \rho^2}}d\rho = 2\pi a(a - b) .$$

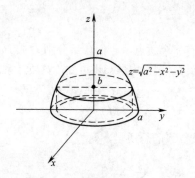

图 9.39

特别地，当 $b = 0$ 时，就得到半球面的面积 $A = 2\pi a^2$.

9.4.3　求物体的质量

由二重积分的引入和定义可知，若平面薄片的面密度为 $\mu(x,y)$，所占平面区域为 D，则该平面薄片的质量 $M = \iint\limits_{D} \mu(x,y)\mathrm{d}\sigma$；另外，由三重积分的物理意义可知，若空间物体的体积密度为 $\rho(x,y,z)$，所占区域为空间有界闭区域 Ω，则该物体的质量 $M = \iiint\limits_{\Omega} \rho(x,y,z)\mathrm{d}v$．

例 9.4.4　一平面薄片占有 xOy 平面上的闭区域 $D = \left\{(x,y)\middle| x^2 + y^2 \leqslant 2y\right\}$，并且在任意点 (x,y) 处的面密度等于该点到坐标原点的距离，求该薄片的质量．

解　由题意，该薄片的面密度 $\mu(x,y) = \sqrt{x^2 + y^2}$，其所占闭区域如图 9.40 所示，则平面薄片的质量

$$M = \iint\limits_{D} \mu(x,y)\mathrm{d}\sigma = \iint\limits_{D} \sqrt{x^2 + y^2}\,\mathrm{d}\sigma = \int_0^\pi \mathrm{d}\theta \int_0^{2\sin\theta} \rho \cdot \rho\,\mathrm{d}\rho$$

$$= \frac{8}{3}\int_0^\pi \sin^3\theta\,\mathrm{d}\theta = \frac{8}{3} \cdot 2\int_0^{\frac{\pi}{2}} \sin^3\theta\,\mathrm{d}\theta = \frac{16}{3} \cdot \frac{2}{3} = \frac{32}{9}．$$

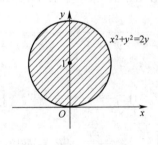

图 9.40

9.4.4　质心

假设 xOy 坐标面上有 n 个质点，它们质量分别为 $m_1, m_2, \cdots, m_n$，坐标分别为 $(x_1, y_1), (x_2, y_2), \cdots, (x_n, y_n)$．根据力学知识可知，该质点系的质心的坐标为

$$\overline{x} = \frac{M_y}{M}, \quad \overline{y} = \frac{M_x}{M},$$

其中 $M = \sum_{i=1}^{n} m_i$ 表示该质点系的总质量，而

$$M_y = \sum_{i=1}^{n} m_i x_i, \quad M_x = \sum_{i=1}^{n} m_i y_i$$

分别称为该质点系对 y 轴和 x 轴的**静矩**．

假设有一个平面薄片，占有 xOy 平面上的闭区域 D，在点 (x,y) 处的面密度为 $\mu(x,y)$，$\mu(x,y)$ 在区域 D 上连续，我们来求该薄片的质心坐标.

在 9.1.1 中，我们已经知道平面薄片的质量为 $M=\iint\limits_{D}\mu(x,y)\mathrm{d}\sigma$，故下面只需讨论静矩的表达式. 在闭区域 D 上任意取一直径非常小的闭区域 $\mathrm{d}\sigma$，$\mathrm{d}\sigma$ 也表示该小闭区域的面积，(x,y) 是小区域内一个点. 因为 $\mathrm{d}\sigma$ 的直径很小，并且 $\mu(x,y)$ 在 D 上连续，所以面积是 $\mathrm{d}\sigma$ 的小薄片的质量近似等于 $\mu(x,y)\mathrm{d}\sigma$，又由于小薄片质量可近似看作集中在点 (x,y) 上，于是可写出其关于 y 轴和 x 轴的静矩元素为

$$\mathrm{d}M_y = x\mu(x,y)\mathrm{d}\sigma, \quad \mathrm{d}M_x = y\mu(x,y)\mathrm{d}\sigma.$$

因此，该平面薄片关于 y 轴和 x 轴的静矩分别为

$$M_y = \iint\limits_{D} x\mu(x,y)\mathrm{d}\sigma, \quad M_x = \iint\limits_{D} y\mu(x,y)\mathrm{d}\sigma.$$

从而，所求平面薄片的**质心**为

$$\overline{x} = \frac{M_y}{M} = \frac{\iint\limits_{D} x\mu(x,y)\mathrm{d}\sigma}{\iint\limits_{D} \mu(x,y)\mathrm{d}\sigma}, \quad \overline{y} = \frac{M_x}{M} = \frac{\iint\limits_{D} y\mu(x,y)\mathrm{d}\sigma}{\iint\limits_{D} \mu(x,y)\mathrm{d}\sigma}.$$

当平面薄片的密度均匀时，这时 $\mu(x,y)$ 为常数，其质心常称为**形心**. 坐标为

$$\overline{x} = \frac{1}{A}\iint\limits_{D} x\mathrm{d}\sigma, \quad \overline{y} = \frac{1}{A}\iint\limits_{D} y\mathrm{d}\sigma,$$

其中 A 是区域 D 的面积.

例 9.4.5 求位于两圆 $\rho=2\sin\theta$ 和 $\rho=4\sin\theta$ 之间的均匀薄片的质心.

解 如图 9.41 所示，薄片质量均匀且所占区域关于 y 轴对称，所以质心必在 y 轴上，于是 $\overline{x}=0$，$\overline{y}=\dfrac{1}{A}\iint\limits_{D} y\mathrm{d}\sigma$.

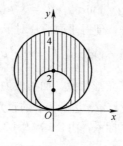

图 9.41

由于所占区域位于半径为 1 和半径为 2 的两圆之间，所以区域面积等于两圆的面积之差，即 $A=3\pi$，根据图形特征我们利用极坐标来计算

$$\iint\limits_{D} y \mathrm{d}\sigma = \iint\limits_{D} \rho^2 \sin\theta \rho \mathrm{d}\rho \mathrm{d}\theta = \int_0^\pi \sin\theta \mathrm{d}\theta \int_{2\sin\theta}^{4\sin\theta} \rho^2 \mathrm{d}\rho$$

$$= \frac{56}{3} \int_0^\pi \sin^4\theta \mathrm{d}\theta = \frac{56}{3} \cdot 2 \cdot \frac{3!!}{4!!} \cdot \frac{\pi}{2} = 7\pi .$$

因此 $\bar{y} = \dfrac{7\pi}{3\pi} = \dfrac{7}{3}$，即所求质心是 $C\left(0, \dfrac{7}{3}\right)$.

类似地，若空间物体占有空间有界闭区域 Ω，在 (x,y,z) 点处的体积密度为 $\rho(x,y,z)$，$\rho(x,y,z)$ 在闭区域 Ω 上连续，则该物体的质心坐标是

$$\bar{x} = \frac{1}{M}\iiint\limits_{\Omega} x\rho(x,y,z)\mathrm{d}v , \quad \bar{y} = \frac{1}{M}\iiint\limits_{\Omega} x\rho(x,y,z)\mathrm{d}v , \quad \bar{z} = \frac{1}{M}\iiint\limits_{\Omega} z\rho(x,y,z)\mathrm{d}v ,$$

其中 $M = \iiint\limits_{\Omega} \rho(x,y,z)\mathrm{d}v$.

9.4.5 转动惯量

假设 xOy 平面上有 n 个质点，它们质量分别为 $m_1, m_2, \cdots, m_n$，坐标分别是 $(x_1,y_1),(x_2,y_2),\cdots,(x_n,y_n)$. 根据力学知识，该质点系关于 x 轴和 y 轴的转动惯量分别为 $I_x = \sum\limits_{i=1}^{n} m_i y_i^2$，$I_y = \sum\limits_{i=1}^{n} m_i x_i^2$.

假设有一平面薄片，占有 xOy 面上的闭区域 D，且在点 (x,y) 处的面密度为 $\mu(x,y)$，$\mu(x,y)$ 在 D 上连续，我们应用元素法来求该薄片分别对于 x 轴和 y 轴的转动惯量.

在闭区域 D 上任意取一直径很小的闭区域 $\mathrm{d}\sigma$，$\mathrm{d}\sigma$ 也表示该小闭区域的面积，(x,y) 是小区域内一个点. 因为 $\mathrm{d}\sigma$ 的直径很小，并且 $\mu(x,y)$ 在 D 上连续，所以面积是 $\mathrm{d}\sigma$ 的小薄片的质量近似等于 $\mu(x,y)\mathrm{d}\sigma$，又由于小薄片质量可近似看作集中在点 (x,y) 上，于是可写出其对于 x 轴和 y 轴的转动惯量元素为

$$\mathrm{d}I_x = y^2 \mu(x,y)\mathrm{d}\sigma , \quad \mathrm{d}I_y = x^2 \mu(x,y)\mathrm{d}\sigma .$$

对这些元素在闭区域 D 上积分，便得平面薄片对于 x 轴和 y 轴的**转动惯量**为

$$I_x = \iint\limits_{D} y^2 \mu(x,y)\mathrm{d}\sigma , \quad I_y = \iint\limits_{D} x^2 \mu(x,y)\mathrm{d}\sigma . \tag{9.4.2}$$

例 9.4.6 设一均匀直角三角形薄板，面密度为常量 μ，两直角边边长分别为 a, b，求该三角形分别对边长为 a、边长为 b 的直角边的转动惯量.

解 如图 9.42 所示建立坐标系，由公式（9.4.2），三角形对于 x 轴，即边长为 a 的直角边的转动惯量为

$$I_x = \iint\limits_{D} y^2 \mu(x,y)\mathrm{d}\sigma = \mu\iint\limits_{D} y^2 \mathrm{d}\sigma = \mu\int_0^a \mathrm{d}x \int_0^{b(1-\frac{x}{a})} y^2 \mathrm{d}y = \frac{1}{12}\mu a b^3 .$$

同理，三角形对于 y 轴，即边长为 b 的直角边的转动惯量为

$$I_y = \iint\limits_{D} x^2 \mu(x,y)\mathrm{d}\sigma = \mu \iint\limits_{D} x^2\mathrm{d}\sigma = \mu \int_0^b \mathrm{d}y \int_0^{a(1-\frac{y}{b})} x^2 \mathrm{d}x = \frac{1}{12}\mu a^3 b .$$

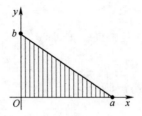

图 9.42

类似地，若空间物体占有空间有界闭区域 Ω，在 (x,y,z) 点处的体积密度为 $\rho(x,y,z)$，$\rho(x,y,z)$ 在闭区域 Ω 上连续，则该物体对于 x 轴、y 轴、z 轴的转动惯量分别为

$$I_x = \iiint\limits_{\Omega} (y^2 + z^2)\rho(x,y,z)\mathrm{d}v ,$$

$$I_y = \iiint\limits_{\Omega} (x^2 + y^2)\rho(x,y,z)\mathrm{d}v ,$$

$$I_z = \iiint\limits_{\Omega} (y^2 + z^2)\rho(x,y,z)\mathrm{d}v .$$

习题 9.4

1．计算以 xOy 面上的圆周 $x^2 + y^2 = ax$ 围成的闭区域为底，以曲面 $z = x^2 + y^2$ 为顶的曲顶柱体的体积.

2．设平面薄片所占的闭区域 D 由直线 $x + y = 2$，$y = x$ 和 x 轴所围成，它的面密度为 $\mu(x,y) = x^2 + y^2$，求该薄片的质量.

3．设一物体，占有空间闭区域 $\Omega = \{(x,y,z) \mid 0 \leq x \leq 1, 0 \leq y \leq 1, 0 \leq z \leq 1\}$，在点 (x,y,z) 处的密度为 $\rho(x,y,z) = x + y + z$，求该物体的质量.

4．利用三重积分计算曲面 $z = 6 - x^2 - y^2$ 和 $z = \sqrt{x^2 + y^2}$ 围成的立体的体积.

5．求球面 $x^2 + y^2 + z^2 = a^2$ 含在圆柱面 $x^2 + y^2 = ax$ 内部的那部分面积.

6．均匀薄片所占闭区域 D 由 $y = \sqrt{2px}$，$x = x_0$，$y = 0$ 所围成，求该薄片的质心.

7．均匀薄片的面密度为常数 1，所占闭区域 D 由抛物线 $y^2 = \frac{9}{2}x$ 与直线 $x = 2$ 所围成，求转动惯量 I_x 和 I_y.

复习题 9

1. 计算下列二重积分：

（1）$\iint\limits_{D} \dfrac{x^2}{y^2} \mathrm{d}\sigma$，其中 D 是由直线 $y = 1 + x^2$，$x = 2$ 及曲线 $xy = 2$ 所围成的区域；

（2）$\iint\limits_{D} 6x^2 y^2 \mathrm{d}\sigma$，其中 D 是由直线 $y = x$，$y = -x$ 及曲线 $y = 2 - x^2$ 所围成的在 x 轴上方的区域；

（3）$\iint\limits_{D} \sqrt{R^2 - x^2 - y^2} \mathrm{d}\sigma$，其中 D 是圆周 $x^2 + y^2 = Rx$ 所围成的闭区域；

（4）$\iint\limits_{D} (y^2 + 3x - 6y + 9) \mathrm{d}\sigma$，其中 $D = \left\{ (x, y) \big| x^2 + y^2 \leqslant R^2 \right\}$.

2. 交换下列二次积分的次序：

（1）$\displaystyle\int_{0}^{4} \mathrm{d}y \int_{-\sqrt{4-y}}^{\frac{1}{2}(y-4)} f(x, y) \mathrm{d}x$；

（2）$\displaystyle\int_{0}^{1} \mathrm{d}y \int_{0}^{2y} f(x, y) \mathrm{d}x + \int_{1}^{3} \mathrm{d}y \int_{0}^{3-y} f(x, y) \mathrm{d}x$；

（3）$\displaystyle\int_{0}^{1} \mathrm{d}x \int_{\sqrt{x}}^{1+\sqrt{1-x^2}} f(x, y) \mathrm{d}y$.

3. 证明：
$$\int_{0}^{a} \mathrm{d}y \int_{0}^{y} \mathrm{e}^{m(a-x)} f(x) \mathrm{d}x = \int_{0}^{a} (a-x) \mathrm{e}^{m(a-x)} f(x) \mathrm{d}x.$$

4. 计算下列三重积分：

（1）$\iiint\limits_{\Omega} (x + y + z) \mathrm{d}x\mathrm{d}y\mathrm{d}z$，其中 Ω 是由平面 $x + y + z = 1$ 与三个坐标面所围成；

（2）$\iiint\limits_{\Omega} z \mathrm{d}x\mathrm{d}y\mathrm{d}z$，其中 Ω 是由锥面 $z = \dfrac{h}{R}\sqrt{x^2 + y^2}$ 与平面 $z = h$（$R > 0$，$h > 0$）所围成.

5. 求平面 $\dfrac{x}{a} + \dfrac{y}{b} + \dfrac{z}{c} = 1$ 被三坐标面所割出的有限部分的面积.

6. 计算由四个平面 $x = 0$，$y = 0$，$x = 1$，$y = 1$ 所围成的柱体被平面 $z = 0$ 及 $2x + 3y + z = 6$ 截得的立体的体积.

7. 求圆锥 $z = \sqrt{x^2 + y^2}$ 在圆柱体 $x^2 + y^2 \leqslant x$ 内那一部分的面积.

8. 设平面薄片所占的闭区域 D 由抛物线 $y = x^2$ 及直线 $y = x$ 所围成，它在点 (x, y) 处的面密度 $\mu(x, y) = x^2 y$，求该薄片的质心.

9. 求由抛物线 $y = x^2$ 及直线 $y = 1$ 所围成的均匀薄片（面密度为常数 μ）对于直线 $y = -1$ 的转动惯量.

数学家简介——格林

格林将分析应用于电磁领域并引出了他在数学物理中的一系列重要结果.

——摘自《中国大百科全书》数学卷

我将致力于揭示位势函数与带电物体中电荷密度之间的关系，并将所获得的关系应用于电学理论.

——格林

格林（Green George）是英国数学家、物理学家. 1793 年 7 月生于诺丁汉，1841 年 5 月卒于剑桥.

格林出生在一个磨坊主家庭，童年辍学在父亲的磨坊干活，他一边干活一边利用工余时间坚持自修数学和物理，特别是在读了拉普拉斯的《天体力学》后很受启发，于是自己试图完全用数学方法来论述静电磁学. 在 32 岁那年出版了一本他私人印的小册子《数学分析在电磁学中的应用》，这是在电磁学的数学理论方面的最初尝试. 在这本书中，他引入了位势函数，他说："这样的函数以如此简单的形式给出电荷基元在任意位置受力的数值. 由于它在下文中频繁出现，我们冒昧地称其为属于该系统的位势函数，它显然是所考虑的电荷基元 P 的坐标的函数." 在该书中还包含了他首先发现的函数在一个平面区域上的二重积分与沿这个区域边界的曲线积分之间的关系（即数学分析中有名的格林公式）. 但由于这份小册子印数不多，传播范围不广，未引起人们的注意. 十几年后威廉·汤姆森（William Thomson）发现了这本小册子，并认识到它的巨大价值，于 1850 年将它推荐发表在《纯粹与应用数学杂志》上，但这时格林已去世 10 年.

格林的父亲去世后，一些好友鼓励他到大学去深造，他经过 4 年的自学，将其初等教育中的空白填补后，在 1833 年——当时他已经 40 岁，才以自费生的身份进入剑桥大学科尼斯学院学习，4 年后毕业获学士学位，毕业时数学成绩名列第四. 1839 年被聘为剑桥大学教授，并被选为剑桥冈维尔—科尼斯学院评议员.

格林发展了电磁理论，他引入的位势等概念其意义远远超出了解位势方程，他首次研究了与求解数学物理边值问题密切相关的特殊函数——格林函数. 格林函数现已成为偏微分方程理论中的一个重要概念和一项基本工具. 格林还发展了能量守恒定律，将其运用于变形弹性体，得出了弹性理论的基本方程. 格林在光学与声学领域也很有成绩，其中关于光在晶体中的反射和折射的研究具有特别重要的意义．他还发表了关于流体平衡定律、关于 n 维空间中的引力及关于流体受椭球体振动而引起的运动等论文．他在 1828 年的论著里，毫不犹豫地考虑了 n 维位势问题，关于这个理论，他说"已经不再像过去那样局限于三维空间了."他率先发展 n 维分析，在研究波管道中的传播问题时，讨论过用发散级数来解微分方程的方法.

格林在学术研究中反对门阀偏见．在分析引入英国后，他是第一个沿着欧洲大陆的研究线索前进的英国数学家．他的工作培育了数学物理学方面的剑桥学派，其中包括了近代很多伟大的数学物理学家，如汤姆森、斯托克斯（Stokes）、瑞利（Rayleigh）、麦克斯韦等.

格林留下的著作于 1871 年汇集出版．为数虽然不多，但都是数学物理中经典的内容，在现代数学物理方面具有举足轻重的地位，特别是格林那种自强不息的精神、自学成材的范例，深受赞扬．为了缅怀这位磨坊出身、勤奋刻苦的杰出数学家，诺丁汉市决定维护好陪伴格林度过艰苦自学岁月的磨坊．如今，到诺丁汉旅游的人，很远就可以看到它耸立的风轮，特别是在夕阳的照耀下，构成了一幅极美丽的风景.

第 10 章　曲线积分与曲面积分

上一章我们已经讨论了重积分，本章主要讨论多元函数积分学的另一组成部分——曲线积分与曲面积分，主要介绍它们的概念、性质、计算方法及相关应用. 它们与重积分的区别在于二重与三重积分的积分区域分别为平面和空间中的区域，而曲线积分的积分域则是平面或空间中的一条曲线，曲面积分的积分区域则是空间中的一片曲面.

10.1　第一类曲线积分

10.1.1　引例——金属曲线的质量问题

设有一根有限长度的金属曲线 L，其线密度是不均匀的，在 L 上的点 (x, y) 处的线密度为 $\mu(x, y)$，求该金属曲线的质量（如图 10.1 所示）.

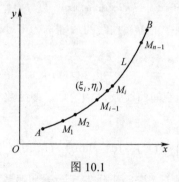

图 10.1

设曲线 L 端点为 A，B，从 A 到 B 依次插入点列 $M_1, M_2, \cdots, M_{n-1}$，这些点把曲线 L 分成了 n 个小弧段 $\widehat{M_{i-1}M_i}$（$i = 1, 2, \cdots, n$，$A = M_0$，$M_n = B$），其弧长记为 Δs_i. 在每一小弧段 $\widehat{M_{i-1}M_i}$ 上都任取一点 (ξ_i, η_i). 当 Δs_i 很小时，$\widehat{M_{i-1}M_i}$ 的质量 Δm_i 近似等于 $\mu(\xi_i, \eta_i)\Delta s_i$. 从而整个金属曲线 L 的质量 m 的近似值为

$$m = \sum_{i=1}^{n} \Delta m_i \approx \sum_{i=1}^{n} \mu(\xi_i, \eta_i)\Delta s_i,$$

令 $\lambda = \max_{1 \le i \le n}\{\Delta s_i\} \to 0$，则

$$m = \lim_{\lambda \to 0} \sum_{i=1}^{n} \mu(\xi_i, \eta_i)\Delta s_i.$$

10.1.2 第一类曲线积分的概念与性质

1. 第一类曲线积分的概念

定义 10.1.1 设 L 为 xOy 面上的光滑曲线弧，$f(x,y)$ 在 L 上有界. 对曲线 L 作分割，把 L 分成 n 小段光滑曲线弧 ΔL_i（$i=1,2,\cdots,n$），设第 i 个小曲线段 ΔL_i 的弧长为 Δs_i，在 ΔL_i 上任取一点 (ξ_i,η_i)（$i=1,2,\cdots,n$），从而得到乘积 $f(\xi_i,\eta_i)\Delta s_i$，并作和

$$\sum_{i=1}^{n} f(\xi_i,\eta_i)\Delta s_i.$$

记 $\lambda=\max\limits_{1\leqslant i\leqslant n}\{\Delta s_i\}$，若当 $\lambda\to 0$ 时，极限 $I=\lim\limits_{\lambda\to 0}\sum\limits_{i=1}^{n} f(\xi_i,\eta_i)\Delta s_i$ 总存在，则称此极限为 $f(x,y)$ 在 L 上**对弧长的曲线积分**，记作 $\int_L f(x,y)\mathrm{d}s$，即

$$\int_L f(x,y)\mathrm{d}s=\lim_{\lambda\to 0}\sum_{i=1}^{n} f(\xi_i,\eta_i)\Delta s_i,$$

其中 $f(x,y)$ 叫做**被积函数**，L 叫做**积分弧段**，$\mathrm{d}s$ 叫做**弧长元素**. 对弧长的曲线积分也叫**第一类曲线积分**.

在第三部分内容中我们将看到，当 $f(x,y)$ 在光滑曲线弧 L 上连续时，对弧长的曲线积分 $\int_L f(x,y)\mathrm{d}s$ 存在，以后我们总假定 $f(x,y)$ 在 L 上连续.

根据上述定义，引例中的金属曲线的质量 m 为密度函数 $\mu(x,y)$ 在 L 上的第一类曲线积分，即

$$m=\int_L \mu(x,y)\,\mathrm{d}s.$$

上述定义可以推广到空间曲线弧 Γ 的情形，即函数 $f(x,y,z)$ 在空间曲线弧 Γ 上的第一类曲线积分

$$\int_\Gamma f(x,y,z)\,\mathrm{d}s=\lim_{\lambda\to 0}\sum_{i=1}^{n} f(\xi_i,\eta_i,\zeta_i)\Delta s_i.$$

注意：如果平面曲线 L（空间曲线 Γ）为封闭曲线，则第一类曲线积分记为 $\oint_L f(x,y)\mathrm{d}s$（$\oint_\Gamma f(x,y,z)\mathrm{d}s$）.

2. 第一类曲线积分的性质

性质 10.1.1 当 $f(x,y)\equiv 1$ 时，$\int_L \mathrm{d}s$ 等于 L 的弧长.

性质 10.1.2 若 $\int_L f(x,y)\mathrm{d}s$，$\int_L g(x,y)\mathrm{d}s$ 都存在，α,β 为常数，则

$$\int_L [\alpha f(x,y)+\beta g(x,y)]\mathrm{d}s=\alpha\int_L f(x,y)\mathrm{d}s+\beta\int_L g(x,y)\mathrm{d}s.$$

性质 10.1.3（可加性） 若曲线段 L 可分成两段光滑曲线段 L_1,L_2，则

$$\int_L f(x,y)\mathrm{d}s=\int_{L_1} f(x,y)\mathrm{d}s+\int_{L_2} f(x,y)\mathrm{d}s.$$

性质 10.1.4 若 $\int_L f(x,y)\mathrm{d}s$，$\int_L g(x,y)\mathrm{d}s$ 都存在，且在 L 上 $f(x,y) \leqslant g(x,y)$，则 $\int_L f(x,y)\mathrm{d}s \leqslant \int_L g(x,y)\mathrm{d}s$．

注意：此性质中等号仅在 $f(x,y) \equiv g(x,y)$ 时成立.

10.1.3 第一类曲线积分的计算

定理 10.1.1 设有光滑曲线 $L: \begin{cases} x = \varphi(t), \\ y = \psi(t), \end{cases} t \in [\alpha,\beta]$，$f(x,y)$ 为定义在 L 上的连续函数，其中 $\varphi'^2(t) + \psi'^2(t) \neq 0$，则曲线积分 $\int_L f(x,y)\mathrm{d}s$ 存在，且

$$\int_L f(x,y)\mathrm{d}s = \int_\alpha^\beta f[\varphi(t),\psi(t)]\sqrt{\varphi'^2(t) + \psi'^2(t)}\,\mathrm{d}t . \qquad (10.1.1)$$

公式（10.1.1）表明，计算第一类曲线积分 $\int_L f(x,y)\mathrm{d}s$ 时，只要把 $x,y,\mathrm{d}s$ 依次换为 $\varphi(t),\psi(t),\sqrt{\varphi'^2(t)+\psi'^2(t)}\,\mathrm{d}t$，然后从 α 到 β 作定积分就行了，这里必须注意，定积分的下限 α 一定要小于上限 β．

当曲线 L 由方程 $y = \psi(x)$，$x \in [a,b]$ 表示，且 $y = \psi(x)$ 在 $[a,b]$ 上有连续导函数时，曲线积分

$$\int_L f(x,y)\mathrm{d}s = \int_a^b f[x,\psi(x)]\sqrt{1 + \psi'^2(x)}\,\mathrm{d}x .$$

类似地，当曲线 L 由方程 $x = \varphi(y)$，$y \in [c,d]$ 表示，且 $x = \varphi(y)$ 在 $[c,d]$ 上有连续导函数时，曲线积分

$$\int_L f(x,y)\mathrm{d}s = \int_c^d f[\varphi(y),y]\sqrt{1 + \varphi'^2(y)}\,\mathrm{d}y .$$

例 10.1.1 计算曲线积分 $\int_L (x^2 + y^2)\mathrm{d}s$，其中 L 是半圆周

$$\begin{cases} x = a\cos t, \\ y = a\sin t, \end{cases} t \in [0,\pi]，\ a > 0 .$$

解 $\int_L (x^2 + y^2)\mathrm{d}s = \int_0^\pi a^2 \sqrt{(-a\sin t)^2 + (a\cos t)^2}\,\mathrm{d}t = a^3\pi$．

例 10.1.2 设 L 是 $y^2 = 4x$ 从 $O(0,0)$ 到 $A(1,2)$ 的一段，计算曲线积分 $\int_L y\mathrm{d}s$．

解 $\int_L y\mathrm{d}s = \int_0^2 y\sqrt{1 + \dfrac{y^2}{4}}\,\mathrm{d}y = 2 \cdot \dfrac{2}{3}\left(1 + \dfrac{y^2}{4}\right)^{\frac{3}{2}}\Bigg|_0^2 = \dfrac{4}{3}(2\sqrt{2} - 1)$．

公式（10.1.1）可推广到空间曲线弧，若空间曲线 Γ 的参数方程为

$$x = \varphi(t)，\quad y = \psi(t)，\quad z = \omega(t)，\quad t \in [\alpha,\beta]，$$

这时有

$$\int_\Gamma f(x,y,z)\mathrm{d}s = \int_\alpha^\beta f[\varphi(t),\psi(t),\omega(t)]\sqrt{\varphi'^2(t) + \psi'^2(t) + \omega'^2(t)}\,\mathrm{d}t \quad (\alpha < \beta) .$$

例 10.1.3 计算曲线积分 $\int_{\Gamma}(x^2+y^2+z^2)\mathrm{d}s$，其中 Γ 为螺旋线 $x=a\cos t$，$y=a\sin t$，$z=kt$ 上相应于 t 从 0 到 2π 的一段弧.

解 $\int_{\Gamma}(x^2+y^2+z^2)\mathrm{d}s$

$$=\int_0^{2\pi}\Big[(a\cos t)^2+(a\sin t)^2+(kt)^2\Big]\sqrt{(-a\sin t)^2+(a\cos t)^2+k^2}\,\mathrm{d}t$$

$$=\int_0^{2\pi}\Big[a^2+(kt)^2\Big]\sqrt{a^2+k^2}\,\mathrm{d}t=\sqrt{a^2+k^2}\left[a^2t+\frac{k^2}{3}t^3\right]\Bigg|_0^{2\pi}$$

$$=\frac{2\pi}{3}\sqrt{a^2+k^2}(3a^2+4\pi^2k^2).$$

若 L 是由极坐标方程 $\rho=\rho(\theta)$，$\alpha\leqslant\theta\leqslant\beta$ 给定，其中 $\rho=\rho(\theta)$ 有连续导数. 则利用 $x=\rho(\theta)\cos\theta$，$y=\rho(\theta)\sin\theta$，可得 $\mathrm{d}s=\sqrt{\rho^2(\theta)+\rho'^2(\theta)}\mathrm{d}\theta$，于是

$$\int_L f(x,y)\mathrm{d}s=\int_\alpha^\beta f\big[\rho(\theta)\cos\theta,\rho(\theta)\sin\theta\big]\sqrt{\rho^2(\theta)+\rho'^2(\theta)}\mathrm{d}\theta.$$

例 10.1.4 计算曲线积分 $\oint_L(x^2+y^2)\mathrm{d}s$，其中 L 为圆周 $x^2+y^2=ax$（$a>0$）.

解 L 的极坐标方程为 $\rho=a\cos\theta$，$\mathrm{d}s=\sqrt{a^2\cos^2\theta+a^2\sin^2\theta}\mathrm{d}\theta=a\mathrm{d}\theta$，

$$\oint_L(x^2+y^2)\mathrm{d}s=\int_{-\frac{\pi}{2}}^{\frac{\pi}{2}}a^2\cos^2\theta\cdot a\mathrm{d}\theta=\frac{\pi a^3}{2}.$$

习题 10.1

1. 计算下列第一类曲线积分：

（1）$\oint_L(x^2+y^2)^n\mathrm{d}s$，其中 L 是圆周 $x=a\cos\theta$，$y=a\sin\theta$，$t\in[0,\pi]$；

（2）$\int_L x\mathrm{d}s$，其中 L 是抛物线 $y=2x^2-1$ 上介于 $x=0$ 与 $x=1$ 之间的一段弧；

（3）$\oint_L|y|\mathrm{d}s$，其中 L 是单位圆周 $x^2+y^2=1$；

（4）$\int_{\Gamma}(x^2+y^2)z\mathrm{d}s$，其中 Γ 是锥面螺旋线 $x=t\cos t$，$y=t\sin t$，$z=t$ 上相应于 t 从 0 变到 1 的一段弧；

（5）$\int_{\Gamma}xyz\mathrm{d}s$，其中 Γ 是折线 ABC，这里 A,B,C 依次为点 $(0,0,0)$，$(1,2,3)$，$(1,4,3)$；

（6）$\int_L\mathrm{e}^{\sqrt{x^2+y^2}}\mathrm{d}s$，其中 L 是曲线 $r=a$（$0\leqslant\theta\leqslant\frac{\pi}{4}$）的一段.

2. 求曲线 $x=a$，$y=at$，$z=\dfrac{at^2}{2}$，$t\in[0,1]$，$a>0$ 的质量，设其密度为 $\rho=\sqrt{\dfrac{2z}{a}}$.

3. 求均匀心形线 $\rho=a(1+\cos\theta)$，$\theta\in[0,\pi]$ 的质心.

4．求半径为 R、中心角为 2α 的均匀物质圆弧对于其对称轴的转动惯量（设线密度为 1）．

10.2 第二类曲线积分

10.2.1 第二类曲线积分的定义与性质

1．变力沿平面曲线所做的功

设一质点受变力 $\boldsymbol{F}(x,y)=(P(x,y),\,Q(x,y))$ 的作用沿平面曲线 L 从 A 移动到 B，其中 $P(x,y)$，$Q(x,y)$ 在 L 上连续，求变力 $\boldsymbol{F}(x,y)$ 所做的功 W．

我们知道，如果质点受常力 $\boldsymbol{F}$ 的作用沿直线运动，位移为 $\boldsymbol{s}$，那么这个常力所做功为 $W=|\boldsymbol{F}|\cdot|\boldsymbol{s}|\cdot\cos\theta$，其中 θ 为 $\boldsymbol{F}$ 与 $\boldsymbol{s}$ 的夹角．

当质点所受的力随处改变，而路径又是曲线，显然不能使用上述方法求力所做的功．

为此，如图 10.2 所示，我们在 AB 内插入 $n-1$ 个分点 $M_1,M_2,\cdots,M_{n-1}$ 与 $A=M_0$，$B=M_n$ 一起把曲线 L 分成 n 个有向小曲线段 $\widehat{M_{i-1}M_i}$ $(i=1,2,\cdots,n)$，以 Δs_i 记小曲线段 $\widehat{M_{i-1}M_i}$ 的弧长，$\lambda=\max\limits_{1\leqslant i\leqslant n}\{\Delta s_i\}$．由于 $\widehat{M_{i-1}M_i}$ 光滑而且很短，可用有向直线段 $\overrightarrow{M_{i-1}M_i}=(\Delta x_i,\Delta y_i)=\Delta x_i\boldsymbol{i}+\Delta y_i\boldsymbol{j}$ 来近似代替，其中 $\Delta x_i=x_i-x_{i-1}$，$\Delta y_i=y_i-y_{i-1}$．在 $\widehat{M_{i-1}M_i}$ 上任取一点 (ξ_i,η_i)，从而变力 $\boldsymbol{F}(x,y)$ 在小曲线段 $\widehat{M_{i-1}M_i}$ 上所做的功 $\Delta W_i\approx\boldsymbol{F}(\xi_i,\eta_i)\cdot\overrightarrow{M_{i-1}M_i}=P(\xi_i,\eta_i)\Delta x_i+Q(\xi_i,\eta_i)\Delta y_i$，于是变力 $\boldsymbol{F}(x,y)$ 沿 L 所做的功为

$$W=\sum_{i=1}^{n}\Delta W_i\approx\sum_{i=1}^{n}P(\xi_i,\eta_i)\Delta x_i+\sum_{i=1}^{n}Q(\xi_i,\eta_i)\Delta y_i,$$

当 $\lambda\to 0$ 时，右端积分和式的极限就是所求的功，即

$$W=\lim_{\lambda\to 0}\sum_{i=1}^{n}[P(\xi_i,\eta_i)\Delta x_i+Q(\xi_i,\eta_i)\Delta y_i].$$

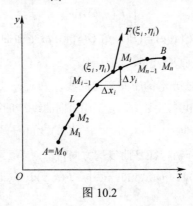

图 10.2

2. 第二类曲线积分的定义

定义 10.2.1 设 L 为 xOy 面内从点 A 到点 B 的光滑或分段光滑的有向曲线，函数 $P(x,y)$，$Q(x,y)$ 在 L 上有界．在 L 上沿 L 的方向任意插入一点列 $M_1(x_1,y_1)$，$M_2(x_2,y_2),\cdots,M_{n-1}(x_{n-1},y_{n-1})$，把曲线 L 分成 n 个有向小弧段 $\overparen{M_{i-1}M_i}$ $(i=1,2,\cdots,n;A=M_0,B=M_n)$，记 $\overparen{M_{i-1}M_i}$ 的弧长为 Δs_i，$\lambda=\max\limits_{1\leqslant i\leqslant n}\{\Delta s_i\}$，$\Delta x_i=x_i-x_{i-1}$，$\Delta y_i=y_i-y_{i-1}$，任取 $(\xi_i,\eta_i)\in\overparen{M_{i-1}M_i}$，若极限

$$\lim_{\lambda\to 0}\sum_{i=1}^{n}[P(\xi_i,\eta_i)\Delta x_i+Q(\xi_i,\eta_i)\Delta y_i]$$

总存在，则称此极限为函数 $P(x,y),Q(x,y)$ 在有向曲线段 L 上的**对坐标的曲线积分**，记为

$$\int_L P(x,y)\mathrm{d}x+Q(x,y)\mathrm{d}y，$$

其中

$$\int_L P(x,y)\mathrm{d}x=\lim_{\lambda\to 0}\sum_{i=1}^{n}P(\xi_i,\eta_i)\Delta x_i，$$

$$\int_L Q(x,y)\mathrm{d}y=\lim_{\lambda\to 0}\sum_{i=1}^{n}Q(\xi_i,\eta_i)\Delta y_i，$$

分别称为函数 $P(x,y)$ 在 L 上对坐标 x 的曲线积分以及函数 $Q(x,y)$ 在 L 上对坐标 y 的曲线积分；而 $P(x,y)$，$Q(x,y)$ 叫做**被积函数**，L 叫做积分弧段．对坐标的曲线积分也叫做**第二类曲线积分**．

在第二部分内容中我们将看到，当 $P(x,y),Q(x,y)$ 在有向光滑曲线弧 L 上连续时，对坐标的曲线积分 $\int_L P(x,y)\mathrm{d}x$ 及 $\int_L Q(x,y)\mathrm{d}y$ 都存在，以后我们总假定 $P(x,y),Q(x,y)$ 在 L 上连续．

若记 $\boldsymbol{F}(x,y)=(P(x,y),Q(x,y))$，$\mathrm{d}\boldsymbol{r}=(\mathrm{d}x,\mathrm{d}y)$，则曲线积分 $\int_L P(x,y)\mathrm{d}x+Q(x,y)\mathrm{d}y$ 可写成向量形式：

$$\int_L \boldsymbol{F}(x,y)\cdot\mathrm{d}\boldsymbol{r}．$$

按这一定义，变力 $\boldsymbol{F}(x,y)=(P(x,y),Q(x,y))$ 沿平面曲线 L 从点 A 到点 B 所做的功为 $W=\int_{\overparen{AB}}P(x,y)\mathrm{d}x+Q(x,y)\mathrm{d}y$．

倘若 $\varGamma$ 为光滑或分段光滑的空间有向曲线，$P(x,y,z),Q(x,y,z),R(x,y,z)$ 为定义在 $\varGamma$ 上的有界函数，则可按上述方法定义沿有向曲线 $\varGamma$ 的第二类曲线积分，并记为

$$\int_{\varGamma}\boldsymbol{F}(x,y,z)\cdot\mathrm{d}\boldsymbol{r}=\int_{\varGamma}P(x,y,z)\mathrm{d}x+Q(x,y,z)\mathrm{d}y+R(x,y,z)\mathrm{d}z．$$

第二类曲线积分的鲜明特征是曲线的**方向性**．对第二类曲线积分有

$$\int_{\overparen{AB}}P(x,y)\mathrm{d}x+Q(x,y)\mathrm{d}y=-\int_{\overparen{BA}}P(x,y)\mathrm{d}x+Q(x,y)\mathrm{d}y，$$

显然当曲线弧为 x 轴上的线段时，第二类曲线积分就是定积分.

注意：如果平面曲线 L（空间曲线 Γ）为封闭曲线，则第二类曲线积分记为 $\oint_L P(x,y)\mathrm{d}x + Q(x,y)\mathrm{d}y$（$\oint_\Gamma P(x,y,z)\mathrm{d}x + Q(x,y,z)\mathrm{d}y + \mathrm{R}(x,y,z)\mathrm{d}z$）.

3. 第二类曲线积分的性质

以平面曲线为例说明第二类曲线积分的性质.

性质 10.2.1 设 L 为有向曲线，$\int_L \boldsymbol{F}_1(x,y)\cdot\mathrm{d}\boldsymbol{r}$，$\int_L \boldsymbol{F}_2(x,y)\cdot\mathrm{d}\boldsymbol{r}$ 存在，则对任意的 $\alpha,\beta \in R$ 有

$$\int_L [\alpha\boldsymbol{F}_1(x,y) + \beta\boldsymbol{F}_2(x,y)]\cdot\mathrm{d}\boldsymbol{r} = \alpha\int_L \boldsymbol{F}_1(x,y)\cdot\mathrm{d}\boldsymbol{r} + \beta\int_L \boldsymbol{F}_2(x,y)\cdot\mathrm{d}\boldsymbol{r}.$$

性质 10.2.2 若有向曲线弧 $L = L_1 \bigcup L_2$，则

$$\int_L \boldsymbol{F}(x,y)\cdot\mathrm{d}\boldsymbol{r} = \int_{L_1} \boldsymbol{F}(x,y)\cdot\mathrm{d}\boldsymbol{r} + \int_{L_2} \boldsymbol{F}(x,y)\cdot\mathrm{d}\boldsymbol{r}.$$

性质 10.2.3 设 L^- 是 L 的反向曲线（即 L^- 和 L 方向相反），则

$$\int_L \boldsymbol{F}(x,y)\cdot\mathrm{d}\boldsymbol{r} = -\int_{L^-} \boldsymbol{F}(x,y)\cdot\mathrm{d}\boldsymbol{r},$$

第二类曲线积分与曲线的方向有关，第一类曲线积分与曲线 L 的方向无关，这是两种类型曲线积分的一个重要区别.

10.2.2 第二类曲线积分的计算

定理 10.2.1 设函数 $P(x,y)$，$Q(x,y)$ 在有向曲线 L 上有定义且连续，L 的参数方程为 $x = \varphi(t)$，$y = \psi(t)$. 当参数 t 单调地由 α 变到 β 时，点 $M(x,y)$ 从 L 的起点 A 沿 L 运动到终点 B，$\varphi(t)$，$\psi(t)$ 在以 α 及 β 为端点的闭区间上具有一阶连续导数，且 $\varphi'^2(t) + \psi'^2(t) \neq 0$，则曲线积分 $\int_L P(x,y)\mathrm{d}x + Q(x,y)\mathrm{d}y$ 存在，且

$$\int_L P(x,y)\mathrm{d}x + Q(x,y)\mathrm{d}y$$
$$= \int_\alpha^\beta \left[P(\varphi(t),\psi(t))\varphi'(t) + Q(\varphi(t),\psi(t))\psi'(t)\right]\mathrm{d}t. \tag{10.2.1}$$

这里必须注意，定积分的下限 α 对应于 L 的起点，上限 β 对应于 L 的终点.

如果曲线 L 的方程为 $y = \varphi(x)$，$x: a \to b$，则

$$\int_L P(x,y)\mathrm{d}x + Q(x,y)\mathrm{d}y = \int_a^b \left[P(x,\varphi(x)) + Q(x,\varphi(x))\varphi'(x)\right]\mathrm{d}x.$$

类似地，如果曲线 L 的方程为 $x = \varphi(y)$，$y: c \to d$，则

$$\int_L P(x,y)\mathrm{d}x + Q(x,y)\mathrm{d}y = \int_c^d \left[P(\varphi(y),y)\varphi'(y) + Q(\varphi(y),y)\right]\mathrm{d}y.$$

例 10.2.1 计算 $\int_L xy\mathrm{d}x + (y-x)\mathrm{d}y$，其中 L 分别沿以下路线从点 $A(1,1)$ 到点 $B(2,3)$（如图 10.3 所示）：

（1）直线 $\overline{AB}$；

（2）抛物线 $\overset{\frown}{ACB}$：$y = 2(x-1)^2 + 1$；

（3）有向折线 ADB ，其中点 $D(2,1)$.

解　（1）直线 AB 的参数方程：$\begin{cases} x=1+t, \\ y=1+2t, \end{cases} t:0\to 1$ ，故

$$\int_{\overline{AB}} xy\mathrm{d}x+(y-x)\mathrm{d}y = \int_0^1 [(1+t)(1+2t)+2t]\mathrm{d}t = \frac{25}{6} .$$

（2）抛物线 $\overparen{ACB}$ ：$y=2(x-1)^2+1$ ，$x:1\to 2$ ，

$$\int_{\overparen{ACB}} xy\mathrm{d}x+(y-x)\mathrm{d}y = \int_0^1 \left\{ x\left[2(x-1)^2+1 \right]+\left[2(x-1)^2+1-x \right]4(x-1) \right\}\mathrm{d}x = \frac{10}{3} .$$

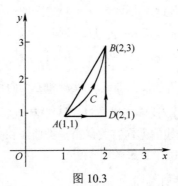

图 10.3

（3）直线段 AD：$y=1,x:1\to 2$ ；　DB：$x=2,y:1\to 3$ ，

$$\int_{ADB} xy\mathrm{d}x+(y-x)\mathrm{d}y = \int_{\overline{AD}} xy\mathrm{d}x+(y-x)\mathrm{d}y + \int_{\overline{DB}} xy\mathrm{d}x+(y-x)\mathrm{d}y$$

$$= \int_1^2 x\mathrm{d}x + \int_1^3 (y-2)\mathrm{d}y = \frac{3}{2}+0 = \frac{3}{2} .$$

例 10.2.2　计算 $\int_L x\mathrm{d}y+y\mathrm{d}x$ ，如图 10.4 所示，这里 L：

（1）沿抛物线 $y=2x^2$ 从 $O(0,0)$ 到 $B(1,2)$ ；

（2）沿直线段 $\overline{OB}$：$y=2x$ ；

（3）沿有向折线 OAB ，其中点 $A(1,0)$.

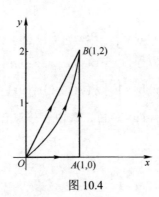

图 10.4

解　（1）沿抛物线 $y = 2x^2$ 从 O 到 B：

$$\int_L x\mathrm{d}y + y\mathrm{d}x = \int_0^1 \left[x(4x) + 2x^2 \right]\mathrm{d}x = 2 .$$

（2）沿直线段 $\overline{OB}$：

$$\int_L x\mathrm{d}y + y\mathrm{d}x = \int_0^1 [2x + 2x]\mathrm{d}x = 2 .$$

（3）直线段 $OA : y = 0, x : 0 \to 1$；$AB : x = 1, y : 0 \to 2$；

$$\int_{OAB} x\mathrm{d}y + y\mathrm{d}x = \int_{\overline{OA}} x\mathrm{d}y + y\mathrm{d}x + \int_{\overline{AB}} x\mathrm{d}y + y\mathrm{d}x = 0 + 2 = 2 .$$

公式（10.2.1）可推广到空间曲线，如果空间曲线 Γ 的参数方程为

$$x = \varphi(t) , \quad y = \psi(t) , \quad z = \omega(t) , \quad t : \alpha \to \beta ,$$

则 $\displaystyle\int_\Gamma P(x, y, z)\mathrm{d}x + Q(x, y, z)\mathrm{d}y + R(x, y, z)\mathrm{d}z$

$$= \int_\alpha^\beta \left[P\big(\varphi(t), \psi(t), \omega(t)\big)\varphi'(t) + Q\big(\varphi(t), \psi(t), \omega(t)\big)\psi'(t) + R\big(\varphi(t), \psi(t), \omega(t)\big)\omega'(t) \right]\mathrm{d}t ,$$

这里下限 α 对应于 Γ 的起点，上限 β 对应于 Γ 的终点.

例 10.2.3　计算第二类曲线积分 $\displaystyle\int_\Gamma xy\mathrm{d}x + (x + y)\mathrm{d}y + x^2\mathrm{d}z$，$\Gamma$ 是螺旋线：

$$x = a\cos t , \quad y = a\sin t , \quad z = bt \quad (a > 0)$$

上相应于 t 从 0 到 π 的一段弧.

解　$\displaystyle\int_\Gamma xy\mathrm{d}x + (x + y)\mathrm{d}y + x^2\mathrm{d}z$

$$= \int_0^\pi (-a^3\cos t\sin^2 t + a^2\cos^2 t + a^2\sin t\cos t + a^2 b\cos^2 t)\mathrm{d}t$$

$$= \frac{1}{2}a^2(1 + b)\pi .$$

例 10.2.4　如图 10.5 所示，求在力 $\boldsymbol{F} = (y, -x, x + y + z)$ 作用下：

（1）质点由 A 沿螺旋线 $L_1 : x = a\cos t$，$y = a\sin t$，$z = bt$，$t : 0 \to 2\pi$（$a > 0$）到 B 所做的功；

（2）质点由 A 沿直线 L_2 到 B 所做的功.

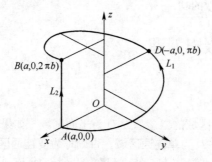

图 10.5

解 （1） $W = \int_{L_1} y\mathrm{d}x - x\mathrm{d}y + (x + y + z)\mathrm{d}z$

$$= \int_0^{2\pi} (-a^2 \sin^2 t - a^2 \cos^2 t + ab\cos t + ab\sin t + b^2 t)\mathrm{d}t = 2(\pi b^2 - a^2)\pi .$$

（2） $L_2 : x = a, y = 0, z = bt, t : 0 \to 2\pi$,

$$W = \int_{L_2} y\mathrm{d}x - x\mathrm{d}y + (x + y + z)\mathrm{d}z = b\int_0^{2\pi} (a + bt)\mathrm{d}t = 2\pi b(a + \pi b) .$$

习题 10.2

1．计算下列第二类曲线积分：

（1） $\int_L (x^2 - y^2)\mathrm{d}x$ ，其中 L 是抛物线 $y = x^2$ 从点 $(0,0)$ 到点 $(2,4)$ 的一段弧；

（2） $\oint_L xy\mathrm{d}x$ ，其中 L 是圆周 $(x - a)^2 + y^2 = a^2$ （ $a > 0$ ）及 x 轴所围成的在第一象限内的曲线的整个边界（按逆时针方向绕行）；

（3） $\int_L (x + y)\mathrm{d}x + xy\mathrm{d}y$ ，其中 L 是折线 $y = 1 - |1 - x|$ 上从点 $(0,0)$ 到点 $(2,0)$ 的一段；

（4） $\oint_L \dfrac{(x + y)\mathrm{d}x - (x - y)\mathrm{d}y}{x^2 + y^2}$ ，其中 L 是圆周 $x^2 + y^2 = a^2$ （按逆时针方向绕行）；

（5） $\int_\Gamma y\mathrm{d}x + z\mathrm{d}y + x\mathrm{d}z$ ，其中 Γ 是曲线 $x = 1 - \cos t$ ， $y = \sin t$ ， $z = t^3$ 上对应 $t = 0$ 到 $t = \pi$ 的一段弧；

（6） $\int_\Gamma x\mathrm{d}x + y\mathrm{d}y + z\mathrm{d}z$ ，其中 Γ 是从 $(1,1,1)$ 到 $(2,3,4)$ 的直线段.

2．设 L 为 xOy 面内直线 $x = a$ 上的一段，证明

$$\int_L P(x, y)\mathrm{d}x = 0 .$$

3．设质点受变力作用，力的反方向指向原点，大小与质点离原点的距离成正比．若质点由 $(a,0)$ 沿椭圆移动到 $(0,b)$ ，求变力所做的功.

4．设 z 轴与重力的方向一致，求质量为 m 的质点从位置 (x_1, y_1, z_1) 沿直线移动到 (x_2, y_2, z_2) 时重力所做的功.

10.3 格林公式及其应用

10.3.1 格林公式

先介绍平面单连通区域的概念．设 D 为平面区域，如果 D 内任一闭曲线所围的部分都属于 D ，则称 D 为**单连通区域**，否则称为**复连通区域**．通俗地讲，平面单连通区域就是不含有"洞"（包含点"洞"）的区域，复连通区域是含有"洞"（包含点"洞"）的区域．例如，平面上的圆形区域 $\{(x, y) \mid x^2 + y^2 < 1\}$ ，上半平面

$\{(x,y)\,|\,y>0\}$ 都是单连通区域，圆环形区域 $\{(x,y)\,|\,1<x^2+y^2<4\}$，$\{(x,\ y)$ $|\,0<x^2+y^2<1\}$ 都是复连通区域.

对平面区域 D 的边界曲线 L，我们规定 L 的正向如下：当观察者沿 L 的这个方向行走时，D 内距他最近的部分总在他的左边（如图 10.6 所示）. 为了明确起见，把 D 带有正向的边界曲线记为 ∂D^+，并称之为 D 的**正向边界**. L_1 的正向是逆时针方向，L_2 的正向是顺时针方向.

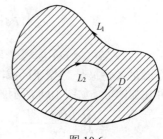

图 10.6

定理 10.3.1 若函数 $P(x,y)$，$Q(x,y)$ 在闭区域 D 上连续，且具有连续的一阶偏导数，则有

$$\oint_L P\mathrm{d}x+Q\mathrm{d}y=\iint_D\left(\frac{\partial Q}{\partial x}-\frac{\partial P}{\partial y}\right)\mathrm{d}\sigma\ .\qquad(10.3.1)$$

这里 L 是区域 D 的正向边界曲线. 公式（10.3.1）称为**格林公式**.

证明 按区域的形状分三种情况来证明.

（1）若区域 D 既是 X 型又是 Y 型区域（如图 10.7 所示）. 区域 D 表示为

$$\varphi_1(x)\leqslant y\leqslant\varphi_2(x),\ a\leqslant x\leqslant b,$$

又可表示为

$$\psi_1(y)\leqslant x\leqslant\psi_2(y),\ \alpha\leqslant y\leqslant\beta,$$

$$\iint_D\frac{\partial Q}{\partial x}\mathrm{d}\sigma=\int_\alpha^\beta\mathrm{d}y\int_{\psi_1(y)}^{\psi_2(y)}\frac{\partial Q}{\partial x}\mathrm{d}x=\int_\alpha^\beta[Q(\psi_2(y),y)-Q(\psi_1(y),y)]\mathrm{d}y$$

$$=\int_{\widehat{CBE}}Q(x,y)\mathrm{d}y-\int_{\widehat{CAE}}Q(x,y)\mathrm{d}y=\oint_L Q(x,y)\mathrm{d}y\ .$$

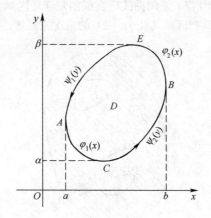

图 10.7

同理可证 $\displaystyle\iint_D -\frac{\partial P}{\partial y}\mathrm{d}\sigma = \oint_L P(x,y)\mathrm{d}x$ ．上述两式相加即得

$$\oint_L P\mathrm{d}x + Q\mathrm{d}y = \iint_D \left(\frac{\partial Q}{\partial x} - \frac{\partial P}{\partial y}\right)\mathrm{d}\sigma .$$

（2）若区域 D 由一条分段光滑的闭曲线围成，用几条光滑曲线将它分成有限个既是 X 型又是 Y 型子区域，然后逐块应用公式（10.3.1）得到它们的格林公式，并相加即可，如图 10.8 所示的情况，则有

$$\iint_D \left(\frac{\partial Q}{\partial x} - \frac{\partial P}{\partial y}\right)\mathrm{d}\sigma = \iint_{D_1} \left(\frac{\partial Q}{\partial x} - \frac{\partial P}{\partial y}\right)\mathrm{d}\sigma + \iint_{D_2} \left(\frac{\partial Q}{\partial x} - \frac{\partial P}{\partial y}\right)\mathrm{d}\sigma$$

$$= \oint_{\partial D_1^+} P\mathrm{d}x + Q\mathrm{d}y + \oint_{\partial D_2^+} P\mathrm{d}x + Q\mathrm{d}y$$

$$= \oint_L P\mathrm{d}x + Q\mathrm{d}y .$$

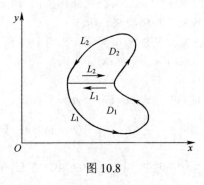

图 10.8

（3）若区域 D 为由若干条闭曲线所围成的复连通区域，如图 10.9 所示，可添加直线段 AB 和 EC ，把区域转化为（2）的情况来处理．

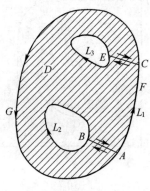

图 10.9

$$\iint_D \left(\frac{\partial Q}{\partial x} - \frac{\partial P}{\partial y} \right) \mathrm{d}\sigma = \left\{ \int_{\overline{AB}} + \int_{L_2} + \int_{\overline{BA}} + \int_{\overset{\frown}{AFC}} + \int_{\overline{CE}} + \int_{L_3} + \int_{\overline{EC}} + \int_{\overset{\frown}{CGA}} \right\} (P\mathrm{d}x + Q\mathrm{d}y)$$

$$= \left(\oint_{L_1} + \oint_{L_2} + \oint_{L_3} \right) (P\mathrm{d}x + Q\mathrm{d}y)$$

$$= \oint_L P\mathrm{d}x + Q\mathrm{d}y \ .$$

为方便记忆，格林公式可以写成下述形式：

$$\oint_L P\mathrm{d}x + Q\mathrm{d}y = \iint_D \begin{vmatrix} \dfrac{\partial}{\partial x} & \dfrac{\partial}{\partial y} \\ P & Q \end{vmatrix} \mathrm{d}\sigma \ .$$

其中把 $\dfrac{\partial}{\partial x}$ 与 Q 的"积"理解为 $\dfrac{\partial Q}{\partial x}$ ，$\dfrac{\partial}{\partial y}$ 与 P 的"积"理解为 $\dfrac{\partial P}{\partial y}$ 。

例 10.3.1 计算 $\oint_L (2x - y + 4)\mathrm{d}x + (5y + 3x - 6)\mathrm{d}y$ ，其中 L 是以点 $O(0,0)$ ，$A(1,1)$ $B(0,1)$ 为顶点的三角形正向边界（如图 10.10 所示）.

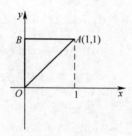

图 10.10

解 $P(x,y) = 2x - y + 4$ ，$Q(x,y) = 5y + 3x - 6$ ，从而

$$\frac{\partial P}{\partial y} = -1 \ , \quad \frac{\partial Q}{\partial x} = 3 \ ,$$

显然 $P(x,y), Q(x,y)$ 在整个坐标面内具有连续的一阶偏导数，则由格林公式得

$$\oint_L (2x - y + 4)\mathrm{d}x + (5y + 3x - 6)\mathrm{d}y = \iint_D 4\mathrm{d}x\mathrm{d}y = 2 \ .$$

例 10.3.2 计算 $I = \oint_L \dfrac{x\mathrm{d}y - y\mathrm{d}x}{x^2 + y^2}$ ，其中 L 为任一不包含原点的闭区域 D 的边界.

解 $P(x,y) = -\dfrac{y}{x^2 + y^2}$ ，$Q(x,y) = \dfrac{x}{x^2 + y^2}$ ，$\dfrac{\partial Q}{\partial x} = \dfrac{\partial P}{\partial y} = \dfrac{y^2 - x^2}{(x^2 + y^2)^2}$.

$P(x,y), Q(x,y)$ 在不包含原点的区域内具有连续的一阶偏导数，则由格林公式得

$$I = \oint_L \frac{x\mathrm{d}y - y\mathrm{d}x}{x^2 + y^2} = \pm \iint_D \left(\frac{\partial Q}{\partial x} - \frac{\partial P}{\partial y} \right) \mathrm{d}\sigma = \iint_D 0\mathrm{d}\sigma = 0 \ .$$

例 10.3.3 计算 $\int_L (x^2+3y)\,\mathrm{d}x+(y^2-x)\,\mathrm{d}y,$，其中 L 为沿上半圆周 $y=\sqrt{4x-x^2}$ 从 $O(0,0)$ 到 $A(4,0)$ 的一段圆弧（如图 10.11 所示）.

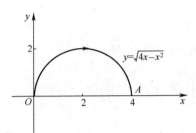

图 10.11

解 添加辅助线段 $\overline{AO}$：$y=0,x:4\to 0$，与 L 围成平面区域 D.

$$\int_L (x^2+3y)\,\mathrm{d}x+(y^2-x)\,\mathrm{d}y$$

$$=\oint_{L\cup\overline{AO}} (x^2+3y)\,\mathrm{d}x+(y^2-x)\,\mathrm{d}y-\int_{\overline{AO}}(x^2+3y)\,\mathrm{d}x+(y^2-x)\,\mathrm{d}y$$

利用格林公式得 $\oint_{L\cup\overline{AO}} (x^2+3y)\,\mathrm{d}x+(y^2-x)\,\mathrm{d}y=-\iint_D -4\mathrm{d}x\mathrm{d}y=8\pi$.

而 $$\int_{\overline{AO}}(x^2+3y)\,\mathrm{d}x+(y^2-x)\,\mathrm{d}y=\int_4^0 x^2\,\mathrm{d}x=-\frac{64}{3}.$$

所以 $$\int_L (x^2+3y)\,\mathrm{d}x+(y^2-x)\,\mathrm{d}y=8\pi+\frac{64}{3}.$$

注意：在格林公式中，如果 $P(x,y)=-y$，$Q(x,y)=x$，可得由闭曲线所围成的平面区域 D 的面积 A 的计算公式：

$$A=\frac{1}{2}\oint_L x\mathrm{d}y-y\mathrm{d}x .$$

例 10.3.4 求椭圆 $x=a\cos\theta,y=b\sin\theta$ 所围成图形的面积.

解 根据如上公式有

$$A=\frac{1}{2}\oint_L x\mathrm{d}y-y\mathrm{d}x=\frac{1}{2}\int_0^{2\pi}(ab\cos^2\theta+ab\sin^2\theta)\mathrm{d}\theta$$

$$=\frac{1}{2}ab\int_0^{2\pi}\mathrm{d}\theta=\pi ab .$$

10.3.2 曲线积分与路径的无关性

设 D 是一个区域，$P(x,y),Q(x,y)$ 在区域 D 内具有一阶连续偏导数. 如果在 D 内任取两点 A,B 以及在 D 内以 A 为起点，以 B 为终点的任意两条曲线 L_1,L_2（如图

10.12），都有等式 $\int_{L_1} P\mathrm{d}x + Q\mathrm{d}y = \int_{L_2} P\mathrm{d}x + Q\mathrm{d}y$ 恒成立，就称曲线积分 $\int_L P\mathrm{d}x + Q\mathrm{d}y$ 在 D 内与路径无关，否则就称**与路径有关**.

定理 10.3.2 设 D 是单连通闭区域，若函数 $P(x, y), Q(x, y)$ 在 D 内连续，且具有一阶连续偏导数，则以下四个条件等价：

（1）对于 D 内任一分段光滑的封闭曲线 L，有 $\oint_L P\mathrm{d}x + Q\mathrm{d}y = 0$；

（2）对于 D 内任一分段光滑的曲线 L，曲线积分 $\int_L P\mathrm{d}x + Q\mathrm{d}y$ 与路径无关，只与 L 的起点及终点有关；

（3）$P\mathrm{d}x + Q\mathrm{d}y$ 是 D 内某一函数 $u(x, y)$ 的全微分，即 $\mathrm{d}u = P\mathrm{d}x + Q\mathrm{d}y$；

（4）在 D 内 $\dfrac{\partial P}{\partial y} = \dfrac{\partial Q}{\partial x}$ 恒成立.

*证明 （1）$\Rightarrow$（2）如图 10.12 所示.

$$\int_{L_1} P\mathrm{d}x + Q\mathrm{d}y - \int_{L_2} P\mathrm{d}x + Q\mathrm{d}y = \int_{L_1} P\mathrm{d}x + Q\mathrm{d}y + \int_{L_2^-} P\mathrm{d}x + Q\mathrm{d}y$$

$$= \int_{L_1 + L_2^-} P\mathrm{d}x + Q\mathrm{d}y = 0 ,$$

所以 $$\int_{L_1} P\mathrm{d}x + Q\mathrm{d}y = \int_{L_2} P\mathrm{d}x + Q\mathrm{d}y .$$

（2）$\Rightarrow$（3）如图 10.13 所示，设 $M_0(x_0, y_0)$ 为 D 内一定点，$M(x, y)$ 为 D 内任意一点，由（2）知曲线积分 $\int_{\overparen{M_0M}} P\mathrm{d}x + Q\mathrm{d}y$ 与路线的选择无关，于是可把这个曲线积分记作 $\int_{M_0(x_0, y_0)}^{M(x, y)} P\mathrm{d}x + Q\mathrm{d}y$. 故当 $M(x, y)$ 在 D 内变动时，其积分值是 x, y 的函数，把这个函数记为 $u(x, y)$，即 $u(x, y) = \int_{M_0(x_0, y_0)}^{M(x, y)} P\mathrm{d}x + Q\mathrm{d}y$.

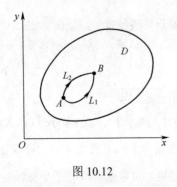

图 10.12

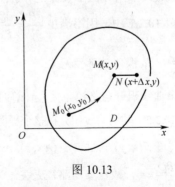

图 10.13

取 Δx 充分小，使 $N(x + \Delta x, y) \in D$，由于曲线积分与路线无关，故函数 $u(x, y)$ 对于 x 的偏增量

$$u(x+\Delta x,y)-u(x,y)=\int_{\widehat{M_0N}}P\mathrm{d}x+Q\mathrm{d}y-\int_{\widehat{M_0M}}P\mathrm{d}x+Q\mathrm{d}y=\int_{\overline{MN}}P\mathrm{d}x+Q\mathrm{d}y ,$$

其中直线段 MN 平行于 x 轴，由积分中值定理可得

$$\Delta u(x,y)=u(x+\Delta x,y)-u(x,y)=\int_{\overline{MN}}P\mathrm{d}x+Q\mathrm{d}y=\int_{x}^{x+\Delta x}P(x,y)\mathrm{d}x=P(x+\theta\Delta x,y)\Delta x ,$$

其中 $0<\theta<1$. 由 $P(x,y)$ 在 D 上的连续性可得

$$\frac{\partial u}{\partial x}=\lim_{\Delta x\to 0}\frac{\Delta u}{\Delta x}=\lim_{\Delta x\to 0}P(x+\theta\Delta x,y)=P(x,y) .$$

同理可证 $\dfrac{\partial u}{\partial y}=Q(x,y)$. 因此 $\mathrm{d}u=P\mathrm{d}x+Q\mathrm{d}y$.

（3）$\Rightarrow$（4）设存在 $u(x,y)$ ，使得 $\mathrm{d}u=P\mathrm{d}x+Q\mathrm{d}y$ ，所以

$$\frac{\partial u}{\partial x}=P(x,y) , \quad \frac{\partial u}{\partial y}=Q(x,y)\Rightarrow\frac{\partial P}{\partial y}=\frac{\partial^2 u}{\partial x\partial y} , \quad \frac{\partial Q}{\partial x}=\frac{\partial^2 u}{\partial y\partial x} ,$$

而 $P(x,y),Q(x,y)$ 在区域 D 内有连续的偏导数，因此

$$\frac{\partial P}{\partial y}=\frac{\partial^2 u}{\partial x\partial y}=\frac{\partial^2 u}{\partial y\partial x}=\frac{\partial Q}{\partial x} ,$$

从而在 D 内每一点处有 $\dfrac{\partial P}{\partial y}=\dfrac{\partial Q}{\partial x}$.

（4）$\Rightarrow$（1）设 L 为 D 内任一按段光滑封闭曲线，记 L 所围的区域为 D_1 . 由于 D 为单连通区域，所以区域 D_1 含在 D 内. 应用格林公式及在 D 内恒有 $\dfrac{\partial P}{\partial y}=\dfrac{\partial Q}{\partial x}$ 的条件，可得到

$$\oint_L P\mathrm{d}x+Q\mathrm{d}y=\iint_{D_1}\left(\frac{\partial Q}{\partial x}-\frac{\partial P}{\partial y}\right)\mathrm{d}\sigma=0 .$$

这就证明了所述四个条件是等价的.

在例 10.2.1 中，因不满足 $\dfrac{\partial P}{\partial y}=\dfrac{\partial Q}{\partial x}$ ，故积分与路径有关，而例 10.2.2 中满足 $\dfrac{\partial P}{\partial y}=\dfrac{\partial Q}{\partial x}$ ，故积分与路径无关.

如果曲线积分与路径无关，计算时可选择方便的积分路径.

例 10.3.5 利用曲线积分在整个平面内与路径无关求 $\int_{(1,1)}^{(2,3)}(x+y)\mathrm{d}x+(x-y)\mathrm{d}y$.

解 令 $P(x,y)=x+y$ ， $Q(x,y)=x-y$ ，在整个平面上有连续的一阶偏导数，且 $\dfrac{\partial P}{\partial y}=\dfrac{\partial Q}{\partial x}=1$ ，故积分与路径无关. 为简便起见，可以选择平行于坐标轴的直线段连成的折线作为积分路径（如图 10.14 所示），则

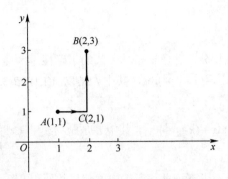

图 10.14

$$\int_{(1,1)}^{(2,3)}(x+y)\mathrm{d}x+(x-y)\mathrm{d}y=\int_1^2(x+1)\mathrm{d}x+\int_1^3(2-y)\mathrm{d}y$$

$$=\left[\frac{x^2}{2}+x\right]_1^2+\left[2y-\frac{y^2}{2}\right]_1^3=\frac{5}{2}.$$

若 $P(x,y)$，$Q(x,y)$ 满足定理 10.3.2 的条件，则 $P\mathrm{d}x+Q\mathrm{d}y$ 一定是某个二元函数 $u(x,y)$ 的全微分，由于积分与路径无关，可通过积分 $u(x,y)=\int_{(x_0,y_0)}^{(x,y)}P\mathrm{d}x+Q\mathrm{d}y$ 求出一个这样的二元函数，其中 (x_0,y_0) 是区域内的一个定点，(x,y) 是区域内的一动点. 与一元函数的原函数相仿，我们称 $u(x,y)$ 为 $P\mathrm{d}x+Q\mathrm{d}y$ 的一个**原函数**.

例 10.3.6　应用曲线积分求 $(2x+\sin y)\mathrm{d}x+x\cos y\mathrm{d}y$ 的原函数.

解　令 $P(x,y)=2x+\sin y$，$Q(x,y)=x\cos y$，在整个平面上有连续的一阶偏导数，且 $\dfrac{\partial P}{\partial y}=\dfrac{\partial Q}{\partial x}=\cos y$，故积分与路径无关. 取原点 $O(0,0)$ 为起点，$B(x,y)$ 为终点，取如图 10.15 所示的折线为积分路径，则有 $(2x+\sin y)\mathrm{d}x+x\cos y\mathrm{d}y$ 的原函数为

$$u(x,y)=\int_{O(0,0)}^{B(x,y)}(2x+\sin y)\mathrm{d}x+x\cos y\mathrm{d}y=\int_0^x 2t\mathrm{d}t+\int_0^y x\cos s\mathrm{d}s=x^2+x\sin y.$$

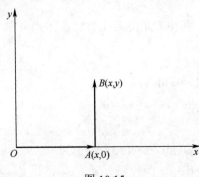

图 10.15

习题 10.3

1．计算下列曲线积分，并验证格林公式的正确性：

（1）$\oint_L (x+y)^2 \mathrm{d}x - (x^2+y^2)\mathrm{d}y$，其中 L 是以 $A(1,1)$，$B(3,2)$，$C(2,5)$ 为顶点的三角形的正向边界曲线；

（2）$\oint_L (2xy - x^2)\mathrm{d}x + (x+y^2)\mathrm{d}y$，其中 L 是抛物线 $y = x^2$ 和 $x = y^2$ 所围成的区域的正向边界曲线．

2．利用曲线积分，求下列曲线所围成的图形的面积：

（1）星形线 $x = a\cos^3 t$，$y = a\sin^3 t$；

（2）椭圆 $9x^2 + 16y^2 = 144$．

3．验证下列积分与路径无关，并求它们的值：

（1）$\int_{(0,0)}^{(1,1)} (x-y)(\mathrm{d}x - \mathrm{d}y)$； （2）$\int_{(0,0)}^{(2,1)} (x+y)\mathrm{d}x + x\mathrm{d}y$；

（3）$\int_{(2,1)}^{(1,2)} \dfrac{y\mathrm{d}x - x\mathrm{d}y}{x^2}$，沿在右半平面的路线．

4．为了使曲线积分

$$\int_L F(x,y)(y\mathrm{d}x + x\mathrm{d}y)$$

与积分路径无关，可微函数 $F(x,y)$ 应满足怎样的条件？

5．利用格林公式，计算下列曲线积分：

（1）$\int_L (2xy^3 - y^2\cos x)\mathrm{d}x + (1 - 2y\sin x + 3x^2y^2)\mathrm{d}y$，其中 L 是抛物线 $2x = \pi y^2$ 上由点 $(0,0)$ 到点 $(\dfrac{\pi}{2},1)$ 的一段弧；

（2）$\int_L (x^2 - y)\mathrm{d}x - (x + \sin^2 y)\mathrm{d}y$，其中 L 是在圆周 $y = \sqrt{2x - x^2}$ 上由点 $(0,0)$ 到点 $(1,1)$ 的一段弧；

（3）$\int_L \dfrac{x\mathrm{d}x + y\mathrm{d}y}{\sqrt{x^2 + y^2}}$，其中 L 是由点 $(1,0)$ 到点 $(6,8)$ 不通过原点的一段弧．

6．求下列全微分的原函数：

（1）$(x + 2y)\mathrm{d}x + (2x + y)\mathrm{d}y$；

（2）$(x^2 + 2xy - y^2)\mathrm{d}x + (x^2 - 2xy - y^2)\mathrm{d}y$；

（3）$2xy\mathrm{d}x + x^2\mathrm{d}y$；

（4）$(4\sin x\sin 3y\cos x)\mathrm{d}x - (3\cos 3y\cos 2x)\mathrm{d}y$．

7．设有一变力在坐标轴上的投影为 $X = x + y^2$，$Y = 2xy - 8$，这个变力确定了一个力场．证明质点在此场内移动时，场力所做的功与路径无关．

10.4 第一类曲面积分

10.4.1 第一类曲面积分的概念与性质

类似于第一类曲线积分，面密度函数为 $\mu(x, y, z)$ 的曲面 Σ（设 μ 在 Σ 上连续）的质量为

$$\lim_{\lambda \to 0} \sum_{i=1}^{n} \mu(\xi_i, \eta_i, \zeta_i) \Delta S_i,$$

其中 ΔS_i 表示将曲面分割后第 i 个小曲面的面积，(ξ_i, η_i, ζ_i) 为第 i 个小曲面上任意取定的一点，λ 表示小曲面直径的最大值.

定义 10.4.1 设 Σ 为光滑曲面，$f(x, y, z)$ 是定义在 Σ 上的有界函数. 用任意曲线网把 Σ 分成 n 个小曲面 ΔS_i $(i = 1, 2, \cdots, n)$，ΔS_i 也表示第 i 个小曲面的面积，λ 为 n 个小曲面直径的最大值，在 ΔS_i 上任取一点 (ξ_i, η_i, ζ_i)，做乘积 $f(\xi_i, \eta_i, \zeta_i) \Delta S_i$（$i = 1, 2, \cdots, n$）. 如果极限

$$\lim_{\lambda \to 0} \sum_{i=1}^{n} f(\xi_i, \eta_i, \zeta_i) \Delta S_i$$

总存在，则称此极限为 $f(x, y, z)$ 在 Σ 上的**对面积的曲面积分**，也叫做**第一类曲面积分**，记作

$$\iint_{\Sigma} f(x, y, z) \mathrm{d}S. \tag{10.4.1}$$

其中 $f(x, y, z)$ 叫做**被积函数**，$\mathrm{d}S$ 叫做**面积元素**，Σ 叫做**积分曲面**.

我们指出，当 $f(x, y, z)$ 在光滑曲面 Σ 上连续时，第一类曲面积分是存在的. 今后总假定 $f(x, y, z)$ 在曲面 Σ 上连续.

如果 Σ 为封闭曲面，那么函数 $f(x, y, z)$ 在闭曲面 Σ 上对面积的曲面积分记为

$$\oiint_{\Sigma} f(x, y, z) \mathrm{d}S.$$

根据上述定义，前面提到的曲面块的质量即为 $\iint_{\Sigma} \mu(x, y, z) \mathrm{d}S$.

特别地，当 $f(x, y, z) \equiv 1$ 时，曲面积分 $\iint_{\Sigma} \mathrm{d}S$ 就是曲面块 Σ 的面积.

第一类曲面积分的性质与第一类曲线积分的性质类似，读者可以仿照 10.1 节中的结论自行写出.

10.4.2 第一类曲面积分的计算

定理 10.4.1 设有光滑曲面 Σ：$z = z(x, y)$，$(x, y) \in D_{xy}$，D_{xy} 为 Σ 在 xOy 平面上的投影，函数 $f(x, y, z)$ 为定义在 Σ 上的连续函数，则

$$\iint_{\Sigma} f(x,y,z)\mathrm{d}S = \iint_{D_{xy}} f(x,y,z(x,y))\sqrt{1+z_x^2+z_y^2}\,\mathrm{d}x\mathrm{d}y\,. \qquad （10.4.2）$$

如果积分曲面 Σ 由方程 $x=x(y,z)$ 或 $y=y(z,x)$ 给出，也可类似地把对面积的曲面积分化为相应的二重积分.

例10.4.1 计算 $\iint_{\Sigma} \dfrac{\mathrm{d}S}{z}$，其中 Σ 是球面 $x^2+y^2+z^2=a^2$ 被平面 $z=h$（$0<h<a$）所截的顶部（如图 10.16 所示）.

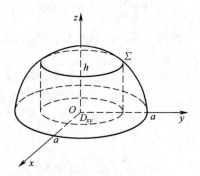

图 10.16

解 曲面 Σ 的方程为 $z=\sqrt{a^2-x^2-y^2}$，Σ 在 xOy 平面上的投影区域 D_{xy} 为圆形闭区域

$$D_{xy}=\left\{(x,y)\,|\,x^2+y^2\leqslant a^2-h^2\right\}.$$

又

$$\sqrt{1+z_x^2+z_y^2}=\frac{a}{\sqrt{a^2-x^2-y^2}},$$

根据公式（10.4.2），有

$$\iint_{\Sigma}\frac{\mathrm{d}S}{z}=\iint_{D_{xy}}\frac{1}{\sqrt{a^2-x^2-y^2}}\cdot\frac{a}{\sqrt{a^2-x^2-y^2}}\,\mathrm{d}x\mathrm{d}y=\iint_{D_{xy}}\frac{a}{a^2-x^2-y^2}\,\mathrm{d}x\mathrm{d}y$$

$$=\int_0^{2\pi}\mathrm{d}\theta\int_0^{\sqrt{a^2-h^2}}\frac{a}{a^2-\rho^2}\rho\mathrm{d}\rho=2a\pi\int_0^{\sqrt{a^2-h^2}}\frac{\rho}{a^2-\rho^2}\mathrm{d}\rho$$

$$=-\pi a\ln(a^2-\rho^2)\Big|_0^{\sqrt{a^2-h^2}}=2\pi a\ln\frac{a}{h}\,.$$

第一类曲面积分的对称性与三重积分类似：

设 Σ 关于 yOz 平面对称，则

（1）若 $f(x,y,z)$ 关于 x 为奇函数，则 $\iint_{\Sigma} f(x,y,z)\mathrm{d}S=0$；

（2）若 $f(x, y, z)$ 关于 x 为偶函数，则 $\iint\limits_{\Sigma} f(x, y, z)\mathrm{d}S = 2\iint\limits_{\Sigma_1} f(x, y, z)\mathrm{d}S$ ，其中 Σ_1

是 Σ 在 yOz 面前方的部分.

若 Σ 关于另两个坐标平面对称，有类似的结论，请读者自行给出.

例 10.4.2 计算 $\iint\limits_{\Sigma}\left[(x+y)^2 + z^2\right]\mathrm{d}S$ ，其中 Σ 是圆柱面 $x^2 + y^2 = R^2$ 介于

$0 \leqslant z \leqslant h$ 的部分.

解 原式 $= \iint\limits_{\Sigma}\left[x^2 + 2xy + y^2 + z^2\right]\mathrm{d}S = \iint\limits_{\Sigma}\left(x^2 + y^2\right)\mathrm{d}S + \iint\limits_{\Sigma} 2xy\mathrm{d}S + \iint\limits_{\Sigma} z^2\mathrm{d}S$

$= I_1 + I_2 + I_3$.

$I_1 = \iint\limits_{\Sigma}(x^2 + y^2)\mathrm{d}S = \iint\limits_{\Sigma} R^2\mathrm{d}S = 2\pi R^3 h$ （因为 $x^2 + y^2 = R^2$ ，直接代入）.

由于 Σ 关于 yOz 平面对称，而 $2xy$ 关于 x 为奇函数，从而

$$I_2 = \iint\limits_{\Sigma} 2xy\mathrm{d}S = 0 .$$

下面计算 $I_3 = \iint\limits_{\Sigma} z^2\mathrm{d}S$. 由于 Σ 关于 yOz 平面对称，而 z^2 关于 x 为偶函数，从而

$$I_3 = \iint\limits_{\Sigma} z^2\mathrm{d}S = 2\iint\limits_{\Sigma_1} z^2\mathrm{d}S ,$$

其中 Σ_1 ： $x = \sqrt{R^2 - y^2}$ 是 Σ 在 yOz 面前方的部分，在 yOz 面的投影区域为

$$D_{yz}： \quad 0 \leqslant z \leqslant h, \quad -R \leqslant y \leqslant R,$$

所以 $\quad I_3 = \iint\limits_{\Sigma} z^2\mathrm{d}S = 2\iint\limits_{\Sigma_1} z^2\mathrm{d}S = 2\iint\limits_{D_{yz}} z^2\frac{R}{\sqrt{R^2 - y^2}}\mathrm{d}y\mathrm{d}z$

$$= 2\int_0^h z^2\mathrm{d}z\int_{-R}^R \frac{R}{\sqrt{R^2 - y^2}}\mathrm{d}y = \frac{2}{3}\pi R h^3 .$$

因此，原式 $= I_1 + I_2 + I_3 = 2\pi R^3 h + \frac{2}{3}\pi R h^3$.

习题 10.4

1. 计算下列第一类曲面积分.

（1）$\iint\limits_{\Sigma}(x + y + z)\mathrm{d}S$ ，其中 Σ 是上半球面 $x^2 + y^2 + z^2 = a^2$ ， $z \geqslant 0$ ；

（2）$\iint\limits_{\Sigma}(x^2 + y^2)\mathrm{d}S$ ，其中 Σ 是立体 $\sqrt{x^2 + y^2} \leqslant z \leqslant 1$ 的边界曲面；

（3）$\iint\limits_{\Sigma}\frac{1}{x^2 + y^2}\mathrm{d}S$ ，其中 Σ 是柱面 $x^2 + y^2 = R^2$ 被 $z = 0$ ， $z = h$ 所截取的部分；

(4) $\iint\limits_{\Sigma}(z+2x+\dfrac{4}{3}y)\mathrm{d}S$，其中 Σ 是平面 $\dfrac{x}{2}+\dfrac{y}{3}+\dfrac{z}{4}=1$ 在第一卦限中的部分.

2. 计算曲面积分 $\iint\limits_{\Sigma}f(x,y,z)\mathrm{d}S$，其中 Σ 是抛物面 $z=2-(x^2+y^2)$ 在 xOy 面上方的部分，$f(x,y,z)$ 分别如下：

(1) $f(x,y,z)=1$；

(2) $f(x,y,z)=3z$.

3. 求均匀曲面 $x^2+y^2+z^2=a^2$，$x\geqslant 0$，$y\geqslant 0$，$z\geqslant 0$ 的质心.

4. 求密度为 ρ 的均匀半球壳 $x^2+y^2+z^2=a^2$（$x\geqslant 0$）对于 x 轴的转动惯量.

10.5 第二类曲面积分

10.5.1 第二类曲面积分的概念与性质

1. 曲面的侧

为了给曲面确定方向，先要阐明曲面的侧的概念.

我们通常遇到的曲面都是双侧曲面，可以用其法向量的指向来判断曲面的侧.

由 $z=z(x,y)$ 所表示的曲面有上侧和下侧之分，当曲面上法向量与 z 轴正向夹角 γ 成锐角时，这时称曲面取**上侧**；反之称曲面取**下侧**.

由 $x=x(y,z)$ 所表示的曲面有前侧和后侧之分，当曲面上法向量与 x 轴正向夹角 α 成锐角时，这时称曲面取**前侧**；反之称曲面取**后侧**.

由 $y=y(x,z)$ 所表示的曲面有左侧和右侧之分，当曲面上法向量与 y 轴正向夹角 β 成锐角时，这时称曲面取**右侧**；反之称曲面取**左侧**.

当 Σ 为封闭曲面时，曲面有**外侧**和**内侧**之分，类似地，也可以通过曲面上法向量的指向确定.

取定了侧的曲面称为**有向曲面**.

2. 有向曲面在坐标面上的投影

设 Σ 是有向曲面. 在 Σ 上取一小块曲面 ΔS，把 ΔS 投影到 xOy 面上得一投影区域，把这块投影区域的面积记为 $(\Delta\sigma)_{xy}$. 假设 ΔS 上各点处的法向量与 z 轴的夹角 γ 的余弦 $\cos\gamma$ 有相同的符号（即 $\cos\gamma$ 都是正的或都是负的）. 我们规定 ΔS 在 xOy 面上的投影 $(\Delta S)_{xy}$ 为

$$(\Delta S)_{xy}=\begin{cases}(\Delta\sigma)_{xy}, & \cos\gamma>0,\\ -(\Delta\sigma)_{xy}, & \cos\gamma<0,\\ 0, & \cos\gamma\equiv 0.\end{cases}$$

其中 $\cos\gamma\equiv 0$ 也就是 $(\Delta\sigma)_{xy}=0$ 的情形. 类似地，也可以定义 ΔS 在 yOz 面及 zOx 面

上的投影 $(\Delta S)_{yz}$ 及 $(\Delta S)_{zx}$．

3. 流向曲面一侧的流量

先观察一个流量的计算问题．设某流体（假设密度为 1）以一定的流速
$$\boldsymbol{v} = (P(x,y,z),Q(x,y,z),R(x,y,z))$$
流过曲面 Σ （如图 10.17 所示），其中 P，Q，R 为 Σ 上的连续函数，求单位时间内流向曲面 Σ 指定侧的流体的流量 Φ．

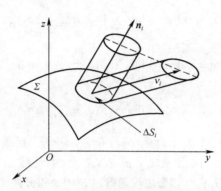

图 10.17

把 Σ 任意分成 n 个小曲面 ΔS_i（同时表示该小曲面面积）（$i=1,2,\cdots,n$），在 ΔS_i 上任意取定一点 (ξ_i,η_i,ζ_i)，其单位法向量记为
$$\boldsymbol{n}_i = (\cos\alpha_i,\cos\beta_i,\cos\gamma_i)．$$
则单位时间内流经小曲面 ΔS_i 的流量的近似值为
$$\boldsymbol{v}_i \cdot \boldsymbol{n}_i \Delta S_i = \left[P(\xi_i,\eta_i,\zeta_i)\cos\alpha_i + Q(\xi_i,\eta_i,\zeta_i)\cos\beta_i + R(\xi_i,\eta_i,\zeta_i)\cos\gamma_i \right]\Delta S_i$$
又 $\cos\alpha_i\Delta S_i,\cos\beta_i\Delta S_i,\cos\gamma_i\Delta S_i$ 分别是 ΔS_i 在坐标面 yOz,zOx 和 xOy 上的投影，分别记为 $(\Delta S_i)_{yz},(\Delta S_i)_{zx},(\Delta S_i)_{xy}$．于是单位时间内流过小曲面 ΔS_i 的流量的近似值为
$$P(\xi_i,\eta_i,\zeta_i)(\Delta S_i)_{yz} + Q(\xi_i,\eta_i,\zeta_i)(\Delta S_i)_{zx} + R(\xi_i,\eta_i,\zeta_i)(\Delta S_i)_{xy},$$
故单位时间流过曲面 Σ 的总流量
$$\Phi = \lim_{\lambda\to 0}\sum_{i=1}^{n}\left[P(\xi_i,\eta_i,\zeta_i)(\Delta S_i)_{yz} + Q(\xi_i,\eta_i,\zeta_i)(\Delta S_i)_{zx} + R(\xi_i,\eta_i,\zeta_i)(\Delta S_i)_{xy} \right],$$
其中 $\lambda = \max\limits_{1\le i\le n}\{\Delta S_i\text{的直径}\}$．这种与曲面的侧有关的和式极限就是所要讨论的第二类曲面积分．

4. 第二类曲面积分的定义

定义 10.5.1 设 Σ 为光滑的有向曲面，函数 $P(x,y,z),Q(x,y,z),R(x,y,z)$ 在 Σ 上有界．把曲面 Σ 任意分成 n 个小曲面 ΔS_i （$i=1,2,\cdots,n$），其面积也用 ΔS_i 表示，$\lambda = \max\limits_{1\le i\le n}\{\Delta S_i\text{的直径}\}$，$\Delta S_i$ 在三个坐标面上的投影分别为 $(\Delta S_i)_{yz}$，$(\Delta S_i)_{zx}$，$(\Delta S_i)_{xy}$．在第 i 个小曲面 ΔS_i 上任取一点 (ξ_i,η_i,ζ_i) （$i=1,2,\cdots,n$），如果极限

$$\lim_{\lambda \to 0} \sum_{i=1}^{n} P(\xi_i, \eta_i, \zeta_i)(\Delta S_i)_{yz} + \lim_{\lambda \to 0} \sum_{i=1}^{n} Q(\xi_i, \eta_i, \zeta_i)(\Delta S_i)_{zx} + \lim_{\lambda \to 0} \sum_{i=1}^{n} R(\xi_i, \eta_i, \zeta_i)(\Delta S_i)_{xy}$$

总存在，则称此极限为函数 $P(x, y, z)$，$Q(x, y, z)$，$R(x, y, z)$ 在曲面 Σ 上的**对坐标的曲面积分**，也叫做**第二类曲面积分**，记为

$$\iint\limits_{\Sigma} P(x, y, z)\mathrm{d}y\mathrm{d}z + Q(x, y, z)\mathrm{d}z\mathrm{d}x + R(x, y, z)\mathrm{d}x\mathrm{d}y , \qquad (10.5.1)$$

其中

$$\iint\limits_{\Sigma} P(x, y, z)\mathrm{d}y\mathrm{d}z = \lim_{\lambda \to 0} \sum_{i=1}^{n} P(\xi_i, \eta_i, \zeta_i)(\Delta\sigma_i)_{yz} ,$$

$$\iint\limits_{\Sigma} Q(x, y, z)\mathrm{d}z\mathrm{d}x = \lim_{\lambda \to 0} \sum_{i=1}^{n} Q(\xi_i, \eta_i, \zeta_i)(\Delta\sigma_i)_{zx} ,$$

$$\iint\limits_{\Sigma} R(x, y, z)\mathrm{d}x\mathrm{d}y = \lim_{\lambda \to 0} \sum_{i=1}^{n} R(\xi_i, \eta_i, \zeta_i)(\Delta\sigma_i)_{xy} ,$$

分别称为函数 $P(x, y, z)$ 在 Σ 上对坐标 y, z 的曲面积分；函数 $Q(x, y, z)$ 在 Σ 上对坐标 z, x 的曲面积分；函数 $R(x, y, z)$ 在 Σ 上对坐标 x, y 的曲面积分；而 $P(x, y, z), Q(x, y, z), R(x, y, z)$ 叫做**被积函数**，Σ 叫做**积分曲面**.

我们需要指出，当 $P(x, y, z), Q(x, y, z), R(x, y, z)$ 在有向光滑曲面 Σ 上连续时，对坐标的曲面积分都存在，以后总假定 P, Q, R 在 Σ 上连续.

根据上述定义，流向曲面 Σ 指定侧的流量 Φ 可表示为

$$\Phi = \iint\limits_{\Sigma} P(x, y, z)\mathrm{d}y\mathrm{d}z + Q(x, y, z)\mathrm{d}z\mathrm{d}x + R(x, y, z)\mathrm{d}x\mathrm{d}y .$$

5. 第二类曲面积分的性质

与第二类曲线积分类似，第二类曲面积分也有如下一些性质：

性质 10.5.1　设 Σ 为有向曲面，若

$$\iint\limits_{\Sigma} R_1(x, y, z)\mathrm{d}x\mathrm{d}y, \quad \iint\limits_{\Sigma} R_2(x, y, z)\mathrm{d}x\mathrm{d}y$$

都存在，则对于 $\forall \alpha, \beta \in R$ 有

$$\iint\limits_{\Sigma} [\alpha R_1(x, y, z) + \beta R_2(x, y, z)]\mathrm{d}x\mathrm{d}y = \alpha \iint\limits_{\Sigma} R_1(x, y, z)\mathrm{d}x\mathrm{d}y + \beta \iint\limits_{\Sigma} R_2(x, y, z)\mathrm{d}x\mathrm{d}y .$$

性质 10.5.2　若有向曲面 $\Sigma = \Sigma_1 \bigcup \Sigma_2$，

$$\iint\limits_{\Sigma} R(x, y, z)\mathrm{d}x\mathrm{d}y = \iint\limits_{\Sigma_1} R(x, y, z)\mathrm{d}x\mathrm{d}y + \iint\limits_{\Sigma_2} R(x, y, z)\mathrm{d}x\mathrm{d}y .$$

性质 10.5.3　设 Σ^- 是 Σ 的相反侧，则

$$\iint\limits_{\Sigma} R(x, y, z)\mathrm{d}x\mathrm{d}y = -\iint\limits_{\Sigma^-} R(x, y, z)\mathrm{d}x\mathrm{d}y . \qquad (10.5.2)$$

第二类曲面积分与曲面的侧有关，而第一类曲面积分与曲面的侧的无关，这是两类曲面积分的一个重要区别.

10.5.2　第二类曲面积分的计算

第二类曲面积分也可以化为二重积分来计算.

定理 10.5.1 设函数 $R(x,y,z)$ 是定义在光滑曲面 Σ 上的连续函数，Σ 的方程为 $z = z(x,y)$，Σ 在 xOy 面上的投影区域为 D_{xy}，则

$$\iint\limits_{\Sigma} R(x,y,z)\mathrm{d}x\mathrm{d}y = \pm\iint\limits_{D_{xy}} R(x,y,z(x,y))\mathrm{d}x\mathrm{d}y，\tag{10.5.3}$$

当 Σ 取上侧时，二重积分前取 + 号；当 Σ 取下侧时，二重积分前取 – 号.

类似地，如果 $P(x,y,z)$ 在光滑曲面

$$\Sigma : x = x(y,z)，$$

上连续，Σ 在 yOz 面上的投影区域为 D_{yz}，则

$$\iint\limits_{\Sigma} P(x,y,z)\mathrm{d}y\mathrm{d}z = \pm\iint\limits_{D_{yz}} P(x(y,z),y,z)\mathrm{d}y\mathrm{d}z，\tag{10.5.4}$$

当 Σ 取前侧时，二重积分前取 + 号；当 Σ 取后侧时，二重积分前取 – 号.

如果 $Q(x,y,z)$ 在光滑曲面

$$\Sigma : y = y(z,x)，$$

上连续，Σ 在 xOz 面上的投影区域为 D_{xz}，则

$$\iint\limits_{\Sigma} P(x,y,z)\mathrm{d}y\mathrm{d}z = \pm\iint\limits_{D_{xz}} Q(x,y(z,x),z)\mathrm{d}z\mathrm{d}x，\tag{10.5.5}$$

当 Σ 取右侧时，二重积分前取 + 号；当 Σ 取左侧时，二重积分前取 – 号.

例 10.5.1 计算曲面积分 $\iint\limits_{\Sigma} xyz\mathrm{d}x\mathrm{d}y$，其中 Σ 是球面 $x^2 + y^2 + z^2 = 1$ 的外侧在 $x \geqslant 0$，$y \geqslant 0$，$z \geqslant 0$ 的部分.

解 如图 10.18 所示，Σ 的方程为 $z = \sqrt{1-x^2-y^2}$，取上侧，

$$D_{xy}:\ x^2 + y^2 \leqslant 1，\ x \geqslant 0，\ y \geqslant 0.$$

则 $\iint\limits_{\Sigma} xyz\mathrm{d}x\mathrm{d}y = \iint\limits_{D_{xy}} xy\sqrt{1-x^2-y^2}\mathrm{d}x\mathrm{d}y = \int_0^{\frac{\pi}{2}} \mathrm{d}\theta \int_0^1 \rho^3 \cos\theta\sin\theta\sqrt{1-\rho^2}\mathrm{d}\rho = \dfrac{1}{15}$.

例 10.5.2 计算 $\oiint\limits_{\Sigma} (x+1)\mathrm{d}y\mathrm{d}z + y\mathrm{d}z\mathrm{d}x + \mathrm{d}x\mathrm{d}y$，其中 Σ 是由平面 $x+y+z = 1$ 及

三个坐标平面所围四面体的外侧（如图 10.19 所示）.

解 如图 10.19 所示，Σ 由以下四部分组成：

$\Sigma_1：z = 0$（$x+y \leqslant 1$，$x \geqslant 0$，$y \geqslant 0$），取下侧；

$\Sigma_2：y = 0$（$x+z \leqslant 1$，$x \geqslant 0$，$z \geqslant 0$），取左侧；

$\Sigma_3：x = 0$（$y+z \leqslant 1$，$y \geqslant 0$，$z \geqslant 0$），取后侧；

$\Sigma_4：x+y+z = 1$（$x \geqslant 0$，$y \geqslant 0$，$z \geqslant 0$），取上侧.

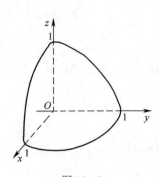

图 10.18　　　　　　　　　　　　图 10.19

由于

（1）在 Σ_1 上，$z = 0$，$\mathrm{d}y\mathrm{d}z = 0$，$\mathrm{d}z\mathrm{d}x = 0$；

（2）在 Σ_2 上，$y = 0$，$\mathrm{d}y\mathrm{d}z = 0$，$\mathrm{d}x\mathrm{d}y = 0$；

（3）在 Σ_3 上，$x = 0$，$\mathrm{d}z\mathrm{d}x = 0$，$\mathrm{d}x\mathrm{d}y = 0$.

所以

$$\oiint\limits_{\Sigma}(x+1)\mathrm{d}y\mathrm{d}z + y\mathrm{d}z\mathrm{d}x + \mathrm{d}x\mathrm{d}y$$

$$= \iint\limits_{\Sigma_1}\mathrm{d}x\mathrm{d}y + \iint\limits_{\Sigma_2}y\mathrm{d}z\mathrm{d}x + \iint\limits_{\Sigma_3}(x+1)\mathrm{d}y\mathrm{d}z + \iint\limits_{\Sigma_4}(x+1)\mathrm{d}y\mathrm{d}z + y\mathrm{d}z\mathrm{d}x + \mathrm{d}x\mathrm{d}y$$

$$= -\iint\limits_{D_{xy}}\mathrm{d}x\mathrm{d}y - \iint\limits_{D_{xz}}0\mathrm{d}z\mathrm{d}x - \iint\limits_{D_{yz}}(0+1)\mathrm{d}y\mathrm{d}z$$

$$+ \iint\limits_{D_{yz}}(1-y-z+1)\mathrm{d}y\mathrm{d}z + \iint\limits_{D_{xz}}(1-x-z)\mathrm{d}z\mathrm{d}x + \iint\limits_{D_{xy}}\mathrm{d}x\mathrm{d}y$$

$$= -\frac{1}{2} - 0 - \frac{1}{2} + \int_0^1\mathrm{d}y\int_0^{1-y}(2-y-z)\mathrm{d}z + \int_0^1\mathrm{d}x\int_0^{1-x}(1-x-z)\mathrm{d}z + \frac{1}{2}$$

$$= -\frac{1}{2} + \int_0^1\left(\frac{1}{2}y^2 - 2y + \frac{3}{2}\right)\mathrm{d}y + \frac{1}{2}\int_0^1(1-x)^2\mathrm{d}x = \frac{1}{3}.$$

根据上述例题，计算第二类曲面积分的步骤总结如下：

①写出 Σ 的显性方程，并求出 Σ 在相应坐标面上的投影区域；

②把曲面积分化为二重积分.

但要注意根据 Σ 的侧，正确确定二重积分前面的符号.

习题 10.5

1. 当 Σ 为 xOy 面内的一个闭区域时，曲面积分 $\iint\limits_{\Sigma}R(x, y, z)\mathrm{d}x\mathrm{d}y$ 与二重积分有

什么关系？

2．计算下列第二类曲面积分．

（1）$\iint\limits_{\Sigma} y(x-z)\mathrm{d}y\mathrm{d}z + x^2\mathrm{d}z\mathrm{d}x + (y^2+xz)\mathrm{d}x\mathrm{d}y$，其中 Σ 是由 $x=y=z=0$，$x=$
$y=z=a$ 六个面所围的立方体的表面外侧；

（2）$\iint\limits_{\Sigma} x^2y^2z\mathrm{d}x\mathrm{d}y$，其中 Σ 是球面 $x^2+y^2+z^2=R^2$ 下半部分取下侧；

（3）$\iint\limits_{\Sigma} xy\mathrm{d}y\mathrm{d}z + yz\mathrm{d}z\mathrm{d}x + xz\mathrm{d}x\mathrm{d}y$，其中 Σ 是由平面 $x=0$，$y=0$，$z=0$ 和
$x+y+z=1$ 所围四面体表面外侧；

（4）$\iint\limits_{\Sigma} x\mathrm{d}y\mathrm{d}z + y\mathrm{d}z\mathrm{d}x + z\mathrm{d}x\mathrm{d}y$，其中 Σ 是柱面 $x^2+y^2=1$ 被平面 $z=0$ 及 $z=3$
所截得的在第一卦限内的前侧部分．

3．设某流体的流速为 $\boldsymbol{v}=(k,y,0)$，求单位时间内从球面 $x^2+y^2+z^2=4$ 的内部流过球面的流量．

10.6　高斯公式与斯托克斯公式

10.6.1　高斯公式

格林公式表达了平面闭区域上的二重积分与其边界曲线上的曲线积分之间的关系，而高斯（Gauss）公式表达了空间闭区域上的三重积分与其边界曲面上的曲面积分之间的关系，这个关系可陈述如下：

定理 10.6.1　设空间闭区域 Ω 由光滑或者分片光滑的有向闭曲面 Σ 围成．若函数 $P(x,y,z)$，$Q(x,y,z)$，$R(x,y,z)$ 在 Ω 上具有一阶连续偏导数，则

$$\oiint\limits_{\Sigma} P(x,y,z)\mathrm{d}y\mathrm{d}z + Q(x,y,z)\mathrm{d}z\mathrm{d}x + R(x,y,z)\mathrm{d}x\mathrm{d}y$$

$$= \iiint\limits_{\Omega} \left(\frac{\partial P}{\partial x} + \frac{\partial Q}{\partial y} + \frac{\partial R}{\partial z} \right)\mathrm{d}x\mathrm{d}y\mathrm{d}z, \qquad (10.6.1)$$

其中 Σ 取外侧，公式（10.6.1）称为**高斯公式**．

在高斯公式中，如果 $P(x,y,z)=x$，$Q(x,y,z)=y$，$R(x,y,z)=z$，则有

$$\iiint\limits_{\Omega} (1+1+1)\mathrm{d}x\mathrm{d}y\mathrm{d}z = \oiint\limits_{\Sigma} x\mathrm{d}y\mathrm{d}z + y\mathrm{d}z\mathrm{d}x + z\mathrm{d}x\mathrm{d}y,$$

于是得到应用第二类曲面积分计算空间闭区域 Ω 的**体积公式**：

$$V = \frac{1}{3}\oiint\limits_{\Sigma} x\mathrm{d}y\mathrm{d}z + y\mathrm{d}z\mathrm{d}x + z\mathrm{d}x\mathrm{d}y.$$

例 10.6.1　计算 $\oiint\limits_{\Sigma} y(x-z)\mathrm{d}y\mathrm{d}z + x^2\mathrm{d}z\mathrm{d}x + (y^2+xz)\mathrm{d}x\mathrm{d}y$，其中 Σ 是边长为 a 的正方体（$0 \leqslant x \leqslant a$，$0 \leqslant y \leqslant a$，$0 \leqslant z \leqslant a$）的外侧表面．

解 应用高斯公式，把所求第二类曲面积分化为三重积分

$$\oiint_{\Sigma} y(x-z)\mathrm{d}y\mathrm{d}z + x^2\mathrm{d}z\mathrm{d}x + (y^2+xz)\mathrm{d}x\mathrm{d}y$$

$$= \iiint_{\Omega}\left(\frac{\partial P}{\partial x}+\frac{\partial Q}{\partial y}+\frac{\partial R}{\partial z}\right)\mathrm{d}x\mathrm{d}y\mathrm{d}z$$

$$= \iiint_{\Omega}\left(\frac{\partial}{\partial x}[y(x-z)]+\frac{\partial}{\partial y}x^2+\frac{\partial}{\partial z}(y^2+xz)\right)\mathrm{d}x\mathrm{d}y\mathrm{d}z$$

$$= \iiint_{\Omega}(y+x)\mathrm{d}x\mathrm{d}y\mathrm{d}z = \int_0^a\mathrm{d}z\int_0^a\mathrm{d}y\int_0^a(y+x)\mathrm{d}x$$

$$= a\int_0^a(ay+\frac{1}{2}a^2)\mathrm{d}y = a^4 .$$

例 10.6.2 利用高斯公式计算例 10.5.2.

解 如图 10.19 所示，Ω 是由三个坐标面与平面 $x+y+z=1$ 所围成的四面体，由高斯公式得

$$\oiint_{\Sigma}(x+1)\mathrm{d}y\mathrm{d}z + y\mathrm{d}z\mathrm{d}x + \mathrm{d}x\mathrm{d}y$$

$$= \iiint_{\Omega}\left(\frac{\partial P}{\partial x}+\frac{\partial Q}{\partial y}+\frac{\partial R}{\partial z}\right)\mathrm{d}x\mathrm{d}y\mathrm{d}z = \iiint_{\Omega}\left(\frac{\partial}{\partial x}(x+1)+\frac{\partial}{\partial y}y+\frac{\partial}{\partial z}1\right)\mathrm{d}x\mathrm{d}y\mathrm{d}z$$

$$= \iiint_{\Omega}2\mathrm{d}x\mathrm{d}y\mathrm{d}z = 2\times\frac{1}{6} = \frac{1}{3} .$$

例 10.6.3 计算曲面积分

$$\iint_{\Sigma} x^2\mathrm{d}y\mathrm{d}z + y^2\mathrm{d}z\mathrm{d}x + z^2\mathrm{d}x\mathrm{d}y ,$$

其中 Σ 为锥面 $x^2+y^2=z^2$ 介于平面 $z=0$ 及 $z=h$（$h>0$）之间部分的下侧（如图 10.20 所示）.

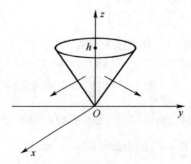

图 10.20

解 所给曲面 Σ 不是封闭的，不能直接利用高斯公式，记

$$\Sigma_1: z=h \quad (x^2+y^2\leqslant h^2),$$

且 Σ_1 取上侧，这样封闭曲面 $\Sigma + \Sigma_1$ 构成了所围圆锥体 Ω 的外侧. 由高斯公式得：

$$\oiint_{\Sigma+\Sigma_1} x^2 \mathrm{d}y\mathrm{d}z + y^2 \mathrm{d}z\mathrm{d}x + z^2 \mathrm{d}x\mathrm{d}y = \iiint_{\Omega} (2x + 2y + 2z)\mathrm{d}v,$$

注意到 $\iiint_{\Omega} 2x\mathrm{d}v = 0$，$\iiint_{\Omega} 2y\mathrm{d}v = 0$，并利用"截面法"计算 $\iiint_{\Omega} 2z\mathrm{d}v$ 可得

$$\iiint_{\Omega} (2x + 2y + 2z)\mathrm{d}v = \iiint_{\Omega} 2z\mathrm{d}v = \int_0^h \mathrm{d}z \iint_{D_z} 2z\mathrm{d}x\mathrm{d}y = \int_0^h 2\pi z^3 \mathrm{d}z = \frac{1}{2}\pi h^4.$$

而

$$\iint_{\Sigma_1} x^2 \mathrm{d}y\mathrm{d}z + y^2 \mathrm{d}z\mathrm{d}x + z^2 \mathrm{d}x\mathrm{d}y = \iint_{\Sigma_1} z^2 \mathrm{d}x\mathrm{d}y = \iint_{D_{xy}} h^2 \mathrm{d}x\mathrm{d}y = \pi h^4.$$

故

$$\iint_{\Sigma} x^2 \mathrm{d}y\mathrm{d}z + y^2 \mathrm{d}z\mathrm{d}x + z^2 \mathrm{d}x\mathrm{d}y = \frac{1}{2}\pi h^4 - \pi h^4 = -\frac{1}{2}\pi h^4.$$

10.6.2 斯托克斯公式

斯托克斯（Stokes）公式是格林公式的推广. 格林公式表达了平面闭区域上的二重积分与其边界曲线上的曲线积分间的关系，而斯托克斯公式则把曲面 Σ 上曲面积分与沿着 Σ 的边界曲线的曲线积分联系起来.

首先对有向曲面 Σ 的侧与其边界曲线 Γ 的方向作如下的规定：设有人站在 Σ 指定的一侧，若沿 Γ 行走，指定的一侧总在人的左方，则人前进的方向为边界曲线 Γ 的正向；若沿 Γ 行走，指定的侧总在人的右方，则人前进的方向为边界线 Γ 的负向，这个规定也称为**右手法则**，如图 10.21 所示.

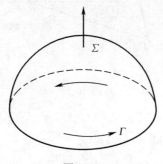

图 10.21

定理 10.6.2 设光滑曲面 Σ 的边界 Γ 是分段光滑的连续曲线. 若函数 P, Q, R 在 Σ（连同 Γ）上连续，且有一阶连续偏导数，则

$$\oint_{\Gamma} P(x,y,z)\mathrm{d}x + Q(x,y,z)\mathrm{d}y + R(x,y,z)\mathrm{d}z$$

$$= \iint_{\Sigma} \left(\frac{\partial R}{\partial y} - \frac{\partial Q}{\partial z}\right)\mathrm{d}y\mathrm{d}z + \left(\frac{\partial P}{\partial z} - \frac{\partial R}{\partial x}\right)\mathrm{d}z\mathrm{d}x + \left(\frac{\partial Q}{\partial x} - \frac{\partial P}{\partial y}\right)\mathrm{d}x\mathrm{d}y \quad (10.6.2)$$

其中 Σ 的侧与 Γ 的方向按右手法则确定.

公式（10.6.2）称为**斯托克斯公式**.

为了便于记忆，利用行列式记号把斯托克斯公式（10.6.2）可写成如下形式：

$$\oint_{\Gamma} P\mathrm{d}x + Q\mathrm{d}y + R\mathrm{d}z = \iint_{\Sigma} \begin{vmatrix} \mathrm{d}y\mathrm{d}z & \mathrm{d}z\mathrm{d}x & \mathrm{d}x\mathrm{d}y \\ \dfrac{\partial}{\partial x} & \dfrac{\partial}{\partial y} & \dfrac{\partial}{\partial z} \\ P & Q & R \end{vmatrix}.$$

把其中的行列式按第一行展开，并把 $\dfrac{\partial}{\partial y}$ 与 R 的"积"理解为 $\dfrac{\partial R}{\partial y}$ ，$\dfrac{\partial}{\partial z}$ 与 Q 的

"积"理解为 $\dfrac{\partial Q}{\partial z}$ ，等等.

例 10.6.4 计算 $\oint_{\Gamma}(2y+z)\mathrm{d}x + (x-z)\mathrm{d}y + (y-x)\mathrm{d}z$ ，其中 Γ 为平面 $x+y+z=1$ 与各坐标面的交线，沿逆时针方向（如图 10.22 所示）.

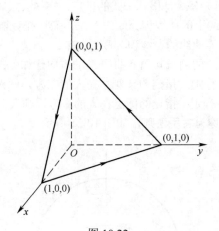

图 10.22

解 应用斯托克斯公式，则

$$\oint_{L}(2y+z)\mathrm{d}x + (x-z)\mathrm{d}y + (y-x)\mathrm{d}z$$

$$= \iint_{\Sigma}(1+1)\mathrm{d}y\mathrm{d}z + (1+1)\mathrm{d}z\mathrm{d}x + (1-2)\mathrm{d}x\mathrm{d}y$$

$$= \iint_{\Sigma} 2\mathrm{d}y\mathrm{d}z + 2\mathrm{d}z\mathrm{d}x - \mathrm{d}x\mathrm{d}y = 1 + 1 - \frac{1}{2} = \frac{3}{2}.$$

习题 10.6

1. 应用高斯公式计算下列曲面积分.

（1）$\oiint\limits_{\Sigma} x^2 \mathrm{d}y\mathrm{d}z + y^2 \mathrm{d}z\mathrm{d}x + z^2 \mathrm{d}x\mathrm{d}y$，其中 Σ 是由三个坐标面与平面 $x = a$，$y = a,\ z = a$ 所围的立方体的表面并取外侧为正向；

（2）$\oiint\limits_{\Sigma} x\mathrm{d}y\mathrm{d}z + y\mathrm{d}z\mathrm{d}x + z\mathrm{d}x\mathrm{d}y$，其中 Σ 是界于 $z = 0$ 和 $z = 3$ 之间圆柱体 $x^2 + y^2 \leqslant 9$ 的整个表面并取外侧为正向；

（3）$\iint\limits_{\Sigma} 2(1 - x^2)\mathrm{d}y\mathrm{d}z + 8xy\mathrm{d}z\mathrm{d}x - 4xz\mathrm{d}x\mathrm{d}y$，其中 Σ 是由 xOy 面上的弧段 $x = \mathrm{e}^y$（$0 \leqslant y \leqslant a$）绕 x 轴旋转所成的旋转面的凸的一侧.

2．应用斯托克斯公式计算下列曲线积分.

（1）$\oint_{\Gamma} (y^2 + z^2)\mathrm{d}x + (x^2 + z^2)\mathrm{d}y + (x^2 + y^2)\mathrm{d}z$，其中 Γ 是由 $x + y + z = 1$ 和三坐标面的交线，它的走向使所围平面区域上侧在曲线的左侧；

（2）$\oint_{\Gamma} 2y\mathrm{d}x + 3x\mathrm{d}y - z^2\mathrm{d}z$，其中 Γ 是圆周 $x^2 + y^2 + z^2 = 9$，$z = 0$，若从 z 轴正向看去，这圆周是取逆时针方向.

复习题 10

1．填空题：

（1）第一类曲线积分 $\int_L f(x, y)\mathrm{d}s$ 的积分弧 L 是_____的（定向、不定向）；利用 L 的参数方程将这个积分化为定积分时，下限 α 必须_____上限 β；

（2）第二类曲线积分 $\int_L P(x, y)\mathrm{d}x + Q(x, y)\mathrm{d}y$ 的积分弧 L 是_____的（定向、不定向）；利用 L 的参数方程将这个积分化为定积分时，下限 α 对应_____，上限 β 对应_____，α 未必小于 β；

（3）第一类曲面积分 $\iint\limits_{\Sigma} f(x, y, z)\mathrm{d}S$ 的积分曲面 Σ 是_____的（定向、不定向）；利用 Σ 的方程 $z = z(x, y)$ 将这个积分化为二重积分时，曲面面积元素 $\mathrm{d}S$ 与二重积分的面积元素 $\mathrm{d}\sigma$ 的关系是_____；

（4）第二类曲面积分 $\iint\limits_{\Sigma} P\mathrm{d}y\mathrm{d}z + Q\mathrm{d}z\mathrm{d}x + R\mathrm{d}x\mathrm{d}y$ 的积分曲面 Σ 是_____的（定向、不定向）；利用 Σ 的方程 $z = z(x, y)$ 将这个积分化为二重积分时，曲面面积投影元素 $\mathrm{d}x\mathrm{d}y$ 与二重积分的面积元素 $\mathrm{d}\sigma$ 的关系是_____；其中正负号根据_____来确定；

（5）设 $P(x, y)$，$Q(x, y)$ 均具有连续偏导数，则在平面_____区域内，曲线积分 $\int_L P(x, y)\mathrm{d}x + Q(x, y)\mathrm{d}y$ 与路径无关的条件是_____；

（6）设 C 是椭圆 $\dfrac{x^2}{2} + \dfrac{y^2}{3} = 1$，其周长记为 a，则 $\oint_C (xy + 3x^2 + 2y^2)\mathrm{d}s = $ _____；

（7）设曲面 Σ 为 $x^2 + y^2 + z^2 = a^2$（$z \geqslant 0$），Σ_1 为 Σ 在第一卦限中的部分，则下列选项正确的是 _____.

A. $\displaystyle\iint_{\Sigma} x\,\mathrm{d}S = 4\iint_{\Sigma_1} x\,\mathrm{d}S$；

B. $\displaystyle\iint_{\Sigma} y\,\mathrm{d}S = 4\iint_{\Sigma_1} x\,\mathrm{d}S$；

C. $\displaystyle\iint_{\Sigma} z\,\mathrm{d}S = 4\iint_{\Sigma_1} x\,\mathrm{d}S$；

D. $\displaystyle\iint_{\Sigma} xyz\,\mathrm{d}S = 4\iint_{\Sigma_1} xyz\,\mathrm{d}S$.

2．计算下列曲线积分：

（1）$\displaystyle\oint_L \sqrt{x^2 + y^2}\,\mathrm{d}s$，其中 L 为圆周 $x^2 + y^2 = ax$；

（2）$\displaystyle\int_{\Gamma} z\,\mathrm{d}s$，其中 Γ 为曲线 $x = t\cos t$，$y = t\sin t$，$z = t$（$0 \leqslant t \leqslant t_0$）；

（3）$\displaystyle\int_L (2a - y)\mathrm{d}x + x\mathrm{d}y$，其中 L 为摆线 $x = a(t - \sin t)$，$y = a(1 - \cos t)$ 上对应 t 从 0 到 2π 的一段弧；

（4）$\displaystyle\int_{\Gamma} (y^2 - z^2)\mathrm{d}x + 2yz\mathrm{d}y - x^2\mathrm{d}z$，其中 Γ 为曲线 $x = t$，$y = t^2$，$z = t^3$ 上对应 t 从 0 到 1 的一段弧；

（5）$\displaystyle\int_L (\mathrm{e}^x \sin y - 2y)\mathrm{d}x + (\mathrm{e}^x \cos y - 2)\mathrm{d}y$，其中 L 为上半圆周 $(x - a)^2 + y^2 = a^2$，$y \geqslant 0$ 沿逆时针方向.

3．计算下列曲面积分：

（1）$\displaystyle\iint_{\Sigma} \dfrac{\mathrm{d}S}{x^2 + y^2 + z^2}$，其中 Σ 是界于平面 $z = 0$ 及 $z = H$ 之间的圆柱面 $x^2 + y^2 = R^2$；

（2）$\displaystyle\iint_{\Sigma} (y^2 - z)\mathrm{d}y\mathrm{d}z + (z^2 - x)\mathrm{d}z\mathrm{d}x + (x^2 - y)\mathrm{d}x\mathrm{d}y$，其中 Σ 是锥面 $z = \sqrt{x^2 + y^2}$（$0 \leqslant z \leqslant h$）并取外侧为正方向；

（3）$\displaystyle\iint_{\Sigma} x\mathrm{d}y\mathrm{d}z + y\mathrm{d}z\mathrm{d}x + z\mathrm{d}x\mathrm{d}y$，其中 Σ 是半球面 $z = \sqrt{R^2 - x^2 - y^2}$ 并取上侧为正方向；

（4）$\displaystyle\iint_{\Sigma} xyz\mathrm{d}x\mathrm{d}y$，其中 Σ 是球面 $x^2 + y^2 + z^2 = 1$（$x \geqslant 0$，$y \geqslant 0$）并取上侧为正方向.

4．设 $Q(x, y)$ 在 xOy 面上有连续偏导数，已知曲线积分 $\displaystyle\int_L 2xy\mathrm{d}x + Q(x, y)\mathrm{d}y$ 与路径无关，并且对任意的 t 都有 $\displaystyle\int_{(0,0)}^{(t,1)} 2xy\mathrm{d}x + Q(x, y)\mathrm{d}y = \int_{(0,0)}^{(1,t)} 2xy\mathrm{d}x + Q(x, y)\mathrm{d}y$，试求 $Q(x, y)$.

5. 利用曲线积分计算柱面 $\dfrac{x^2}{5}+\dfrac{y^2}{9}=1$ 位于 $y \geqslant 0$，$z \geqslant 0$ 的部分被平面 $y=z$ 所截得一块的面积.

6. 设在半平面 $x > 0$ 内有力 $\boldsymbol{F} = -\dfrac{k}{\rho^3}(x\boldsymbol{i}+y\boldsymbol{j})$ 构成力场，其中 k 为常数，$\rho = \sqrt{x^2+y^2}$．证明在此力场中场力所做的功与所取的路径无关.

7. 设速度场 $\boldsymbol{v} = z\arctan y^2\boldsymbol{i} + z^3\ln(x^2+1)\boldsymbol{j} + z\boldsymbol{k}$，求 $\boldsymbol{v}$ 通过抛物面 $x^2+y^2+z=2$ 位于平面 $z=1$ 的上方的那一块流向上侧的流量.

8. 求均匀曲面 $z = \sqrt{a^2-x^2-y^2}$ 的质心坐标.

9. 求力 $\boldsymbol{F} = y\boldsymbol{i} + z\boldsymbol{j} + x\boldsymbol{k}$ 沿有向闭曲线 Γ 所做的功，其中 Γ 为平面 $x+y+z=a$ 被三个坐标面所截成的三角形的整个边界，从 z 轴正向看去，沿顺时针方向.

数学家简介——高斯

他的思想深入数学、空间、大自然的奥秘，他测量了星星的路径、地球的形状和自然力，他推动了数学的进展，直到下个世纪.

——摘自慕尼黑博物馆高斯画像下的诗句

数学是科学的皇后，数论是数学的皇后.

——高斯

高斯（Gauss，Garl Friedrich）是德国数学家、物理学家、天文学家. 1777 年 4 月 30 日生于布伦瑞克；1855 年 2 月 23 日卒于哥廷根.

高斯的祖父是农民，父亲是园丁兼泥瓦匠. 高斯幼年就显露出数学方面的非凡才华：他 10 岁时，发现了 $1+2+3+4+\ldots+97+98+99+100$ 的一个巧妙的求和方法；11 岁时，发现了二项式定理. 高斯的才华受到了布伦瑞克公爵卡尔·威廉（Karl Wilhelm）的赏识，亲自承担起对他的培养教育，先把他送到布伦瑞克的卡罗林学院学习（1792－1795 年），嗣后又推荐他去哥廷根大学深造（1795－1798 年）.

高斯在卡罗林学院认真研读了牛顿、欧拉、拉格朗日的著作. 在这时期他发现了素数定理（但未能给出证明）；发现了数据拟合中最为有用的最小二乘法；提出了概率论中的正态分布公式并用高斯曲线形象地予以说明. 进入哥廷根大学第二年，他证明了正 17 边形能用尺规作图，这是自欧几里得以来二千年悬而未决的问题，这一成功促使他毅然献身数学. 高斯 22 岁获黑尔姆斯泰特大学博士学位，

30 岁被聘为哥廷根大学数学和天文教授，并担任该校天文台的台长.

高斯的博士论文可以说是数学史上的一块里程碑. 他在这篇文章中第一次严格地证明了"每一个实系数或复系数的任意多项式方程存在实根或复根"，即所谓代数基本定理，从而开创了"存在性"证明的新时代.

高斯在数学世界"处处留芳"：他对数论、复变函数、椭圆函数、超几何级数、统计数学等各个领域都有卓越的贡献. 他是第一个成功地运用复数和复平面几何的数学家；他的《算术探究》一书奠定了近代数论的基础；他的《一般曲面论》是近代微分几何的开端；他是第一个领悟到存在非欧几何的数学家；是现代数学分析学的一位大师，1812 年发表的论文《无穷极数的一般研究》，引入了高斯级数的概念，对级数的收敛性作了第一次系统的研究，从而开创了关于级数收敛性研究的新时代，这项工作开辟了通往 19 世纪中叶分析学的严密化道路. 拉普拉斯认为："高斯是世界上最伟大的数学家."

在天文学方面，他研究了月球的运转规律，创立了一种可以计算星球椭圆轨道的方法，能准确地预测出行星在运行中所处的位置，他利用自己创造的最小二乘法算出了谷神星的轨道和发现了智神星的位置，阐述了星球的摄动理论和处理摄动的方法，这种方法导致海王星的发现. 他的《天体运动理论》是一本不朽的经典名著.

在物理学方面，他发明了"日光反射器". 与韦伯一道建立了电磁学中的高斯单位制，最早设计与制造了电磁电报机，发表了《地磁概论》，绘出了世界第一张地球磁场图，定出了磁南极和磁北极的位置.

高斯厚积薄发、治学严谨，一生发表了 150 多篇论文，但仍有大量发现没有公诸于世. 为了使自己的论著无懈可击，他的著作写得简单扼要、严密，不讲来龙去脉，有些语句几经琢磨提炼，以致简炼得使人读了十分费解，他论著中所深藏不露的内容几乎比他所表现的明确结论还要多得多. 阿贝尔对此曾说："他像只狐狸，用尾巴抹平了自己的沙地上走过的脚印." 对于这些批评，高斯回答说："凡有自尊心的建筑师，在瑰丽的大厦建成之后，决不会把脚手架留在那里." 不过他的著作过于精练、难于阅读也妨碍了他的思想更广泛的传播. 由于高斯过于谨慎，怕引起"庸人的叫喊"、长期不敢将自己关于非欧几何的观点公之于世. 另外他在对待波尔约（Bolyai）的非欧几何和阿贝尔的椭圆函数所采取的冷漠态度，也是数学史上遗憾的事件.

高斯勤奋好学，多才多艺，喜爱音乐，嗜好唱歌和吟诗，擅长欧洲语言，深谙多国文字，拥有六千多卷各种文字（包括希腊、拉丁、英、法、俄、丹、德）的藏书. 他在从事数学或科学工作之余，还广泛阅读当代欧洲文学和古代文学作品. 他对世界政治很关心，每天最少花一小时在博物馆看各种报纸. 对学习外语也很有兴趣，62 岁时，他在没有任何人帮助的情况下自学俄文，两年之后便能顺利地阅读俄文版的散文诗歌及小说. 高斯不爱旅游，除到柏林参加一次学术会议之外，终生都在哥廷根，以巨大的精力从事数学及其应用方面的研究.

高斯是近代数学的伟大奠基者之一，他在历史上的影响之大可以和阿基米德、牛顿、欧拉并列．高斯被誉为："能从九霄云外的高度按某种观点掌握星空和深奥数学的天才．"他的国家的人民为了缅怀、纪念高斯，特将他的故乡改名为高斯堡，并在他的母校哥廷根大学建立了一座以正 17 边形棱柱为底座的高斯雕像，墓碑朴实无华，仅镌刻"高斯"二字，平淡里深藏着隽永意蕴，无言中饱含着千秋业绩．

第 11 章   无穷级数

无穷级数是高等数学的重要组成部分，它是表示函数、研究函数的性质以及进行数值计算的一种工具．微积分的发展与无穷级数的研究密不可分，牛顿在研究微积分的时候就开始熟练地运用无穷级数．本章将首先讨论常数项级数，然后讨论函数项级数——幂级数及傅里叶（Fourier）级数．

11.1   常数项级数的概念与基本性质

11.1.1   常数项级数的概念

我们知道一些分数可以表示成循环小数，如 $\dfrac{1}{3} = 0.\dot{3}$，即

$$\frac{1}{3} = \frac{3}{10} + \frac{3}{100} + \cdots + \frac{3}{10^n} + \cdots.$$

上式右端是一个无穷多个数量相加的式子，我们称之为无穷级数．

定义 11.1.1   设给定数列 $\{u_n\}$ 为

$$u_1, u_2, \cdots, u_n, \cdots,$$

则式子

$$u_1 + u_2 + \cdots + u_n + \cdots$$

叫做**无穷级数**，记作 $\displaystyle\sum_{n=1}^{\infty} u_n$，其中 u_n 叫做级数的一般项，当 u_n 为常数时，$\displaystyle\sum_{n=1}^{\infty} u_n$ 称为**常数项级数**，u_n 为函数时，$\displaystyle\sum_{n=1}^{\infty} u_n$ 称为**函数项级数**．

如

$$a + aq + aq^2 + \cdots + aq^{n-1} + \cdots \quad (a \neq 0),$$

$$1 + \frac{1}{2} + \frac{1}{3} + \cdots + \frac{1}{n} + \cdots,$$

$$1 + \frac{1}{\sqrt{2}} + \frac{1}{\sqrt{3}} + \cdots + \frac{1}{\sqrt{n}} + \cdots,$$

都是常数项级数，它们的一般项分别为 $aq^{n-1}, \dfrac{1}{n}, \dfrac{1}{\sqrt{n}}$．

级数 $\displaystyle\sum_{n=1}^{\infty} u_n$ 的前 n 项的和称为它的**部分和**，记为 S_n，

$$S_n = u_1 + u_2 + \cdots + u_n = \sum_{k=1}^{n} u_k .$$

当 n 分别取 $1, 2, \cdots$ 时，则产生了对应的部分和数列

$$S_1, S_2, \cdots, S_n, \cdots,$$

由这个数列的收敛性，我们可以定义级数的收敛性.

定义 11.1.2 如果级数 $\displaystyle\sum_{n=1}^{\infty} u_n$ 的部分和数列 $\{S_n\}$ 有极限 S，即

$$\lim_{n \to \infty} S_n = S ,$$

则称无穷级数 $\displaystyle\sum_{n=1}^{\infty} u_n$ **收敛**，并称 S 为该级数的**和**，记作

$$\sum_{n=1}^{\infty} u_n = u_1 + u_2 + \cdots + u_n + \cdots = S ;$$

如果 $\{S_n\}$ 没有极限，则称无穷级数 $\displaystyle\sum_{n=1}^{\infty} u_n$ **发散**，发散的级数没有和.

例 11.1.1 讨论等比级数

$$\sum_{n=0}^{\infty} aq^n = a + aq + aq^2 + \cdots + aq^{n-1} + \cdots \quad (a \neq 0)$$

的收敛性.

解 当 $q \neq 1$ 时，

$$S_n = a + aq + aq^2 + \cdots + aq^{n-1} = \frac{a(1 - q^n)}{1 - q} ,$$

如果 $|q| < 1$，

$$\lim_{n \to \infty} S_n = \lim_{n \to \infty} \frac{a(1 - q^n)}{1 - q} = \frac{a}{1 - q} ;$$

如果 $|q| > 1$，

$$\lim_{n \to \infty} S_n = \lim_{n \to \infty} \frac{a(1 - q^n)}{1 - q} = \infty ;$$

当 $q = 1$ 时，

$$\lim_{n \to \infty} S_n = \lim_{n \to \infty} na = \infty ;$$

当 $q = -1$ 时，级数成为 $a - a + a - a + \cdots + (-1)^{n-1} a + \cdots$，此时

$$S_{2k} = 0 , \quad S_{2k+1} = a \quad (k = 1, 2, \cdots),$$

由于 $\{S_n\}$ 的两个子列收敛于不同的值，故 $\displaystyle\lim_{n \to \infty} S_n$ 不存在.

综上所述，当 $|q| < 1$ 时，等比级数收敛，其和为 $\dfrac{a}{1 - q}$，当 $|q| \geq 1$ 时，级数发散.

例 11.1.2 讨论级数

$$\frac{1}{1 \cdot 2} + \frac{1}{2 \cdot 3} + \cdots + \frac{1}{n(n+1)} + \cdots$$

的收敛性.

解 因为

$$u_n = \frac{1}{n(n+1)} = \frac{1}{n} - \frac{1}{n+1},$$

所以

$$S_n = \left(1 - \frac{1}{2}\right) + \left(\frac{1}{2} - \frac{1}{3}\right) + \cdots + \left(\frac{1}{n} - \frac{1}{n+1}\right) = 1 - \frac{1}{n+1},$$

$$\lim_{n\to\infty} S_n = \lim_{n\to\infty}\left(1 - \frac{1}{n+1}\right) = 1.$$

故级数收敛，且 $\sum_{n=1}^{\infty}\frac{1}{n(n+1)} = 1$.

例 11.1.3 讨论级数 $\sum_{n=1}^{\infty}\ln\frac{n+1}{n}$ 的收敛性.

解 因为

$$S_n = \ln\frac{2}{1} + \ln\frac{3}{2} + \cdots + \ln\frac{n+1}{n} = \ln\left(\frac{2}{1}\cdot\frac{3}{2}\cdots\cdots\frac{n+1}{n}\right) = \ln(n+1),$$

$$\lim_{n\to\infty} S_n = \lim_{n\to\infty}\ln(n+1) = \infty,$$

所以原级数发散.

当无穷级数 $\sum_{n=1}^{\infty} u_n$ 收敛时，其部分和 S_n 是级数和 S 的近似值，它们的差

$$r_n = S - S_n = u_{n+1} + u_{n+2} + \cdots$$

叫做级数的**余项**. 用 S_n 近似代替 S 所产生的误差即为该余项的绝对值 $|r_n|$.

11.1.2 收敛级数的性质

性质 11.1.1 若级数 $\sum_{n=1}^{\infty} u_n$ 收敛于 S，则级数 $\sum_{n=1}^{\infty} ku_n$（k 为常数）也收敛，其和为 kS；若级数 $\sum_{n=1}^{\infty} u_n$ 发散，则级数 $\sum_{n=1}^{\infty} ku_n$（k 为常数，且 $k \neq 0$）也发散.

证明 设级数 $\sum_{n=1}^{\infty} u_n$ 与级数 $\sum_{n=1}^{\infty} ku_n$ 的部分和分别为 S_n 和 σ_n，则

$$\sigma_n = ku_1 + ku_2 + \cdots + ku_n = kS_n,$$

若级数 $\sum_{n=1}^{\infty} u_n$ 收敛于 S，则有

$$\lim_{n\to\infty}\sigma_n = \lim_{n\to\infty} kS_n = k\lim_{n\to\infty} S_n = kS,$$

即级数 $\sum_{n=1}^{\infty} ku_n$ 收敛于 kS. 若级数 $\sum_{n=1}^{\infty} u_n$ 发散, $\lim_{n\to\infty} S_n$ 不存在, 则 $\lim_{n\to\infty} kS_n$ 也不存在,

即 $\sum_{n=1}^{\infty} ku_n$ （$k \neq 0$）发散.

性质 11.1.2 若级数 $\sum_{n=1}^{\infty} u_n$ 与 $\sum_{n=1}^{\infty} v_n$ 均收敛, 则级数 $\sum_{n=1}^{\infty} (u_n \pm v_n)$ 也收敛, 且

$$\sum_{n=1}^{\infty} (u_n \pm v_n) = \sum_{n=1}^{\infty} u_n \pm \sum_{n=1}^{\infty} v_n.$$

证明 设级数 $\sum_{n=1}^{\infty} u_n$ 与级数 $\sum_{n=1}^{\infty} v_n$ 的部分和分别为 S_n 和 σ_n, 则级数 $\sum_{n=1}^{\infty} (u_n \pm v_n)$

的部分和

$$\lambda_n = (u_1 \pm v_1) + (u_2 \pm v_2) + \cdots + (u_n \pm v_n)$$
$$= (u_1 + u_2 + \cdots + u_n) \pm (v_1 + v_2 + \cdots + v_n) = S_n \pm \sigma_n.$$

于是

$$\sum_{n=1}^{\infty} (u_n \pm v_n) = \lim_{n\to\infty} (S_n \pm \sigma_n) = \sum_{n=1}^{\infty} u_n \pm \sum_{n=1}^{\infty} v_n.$$

该性质可理解为：**两个收敛级数可以逐项相加减.**

性质 11.1.3 去掉、加上或改变级数的有限项, 不改变级数的敛散性.

证明 只需证明在级数的前面部分去掉、加上级数的有限项, 不改变级数的敛散性即可, 因为在级数中任意去掉、加上或改变级数有限项都可看成在级数的前面部分先去掉, 再加上级数的有限项.

设级数

$$\sum_{n=1}^{\infty} u_n = u_1 + u_2 + \cdots + u_k + u_{k+1} + \cdots + u_{k+n} + \cdots$$

的部分和为 S_n, 将其前 k 项去掉, 则得级数

$$u_{k+1} + u_{k+2} + \cdots + u_{k+n} + \cdots,$$

于是, 新级数的部分和为

$$\sigma_n = u_{k+1} + u_{k+2} + \cdots + u_{k+n} = S_{k+n} - S_k,$$

由于 S_k 为常数, 所以 σ_n 与 S_{k+n} 或者同时有极限或者同时没有极限, 即新旧级数敛散性相同, 因此去掉、加上级数的有限项, 不改变级数的敛散性.

性质 11.1.4 若 $\sum_{n=1}^{\infty} u_n$ 收敛, 则对该级数的项任意加括号所形成的级数

$$(u_1 + \cdots + u_{n_1}) + (u_{n_1+1} + \cdots + u_{n_2}) + \cdots + (u_{n_{k-1}+1} + \cdots + u_{n_k}) + \cdots$$

仍收敛, 其和不变.

证明从略.

性质 11.1.5（**级数收敛的必要条件**） 若 $\sum\limits_{n=1}^{\infty} u_n$ 收敛，则 $\lim\limits_{n\to\infty} u_n = 0$．

证明 设级数 $\sum\limits_{n=1}^{\infty} u_n$ 的部分和为 S_n，和为 S．则 $\lim\limits_{n\to\infty} S_n = S$，且 $\lim\limits_{n\to\infty} S_{n-1} = S$，所以

$$\lim_{n\to\infty} u_n = \lim_{n\to\infty}(S_n - S_{n-1}) = \lim_{n\to\infty} S_n - \lim_{n\to\infty} S_{n-1} = S - S = 0．$$

注 我们经常用该命题的逆否命题来判断级数发散，即：若 $\lim\limits_{n\to\infty} u_n \neq 0$，则 $\sum\limits_{n=1}^{\infty} u_n$ 发散．例如，因为 $\lim\limits_{n\to\infty}(-1)^n$ 不存在，所以级数 $\sum\limits_{n=1}^{\infty}(-1)^n$ 发散．

需要注意的是一般项趋于零只是级数收敛的必要条件，而非充分条件．

例 11.1.4 证明调和级数 $\sum\limits_{n=1}^{\infty} \dfrac{1}{n} = 1 + \dfrac{1}{2} + \dfrac{1}{3} + \cdots + \dfrac{1}{n} + \cdots$ 发散．

证明 （反证法）假设 $\sum\limits_{n=1}^{\infty} \dfrac{1}{n}$ 收敛，且和为 S，部分和为 S_n．所以 $\lim\limits_{n\to\infty} S_n = S$，则有 $\lim\limits_{n\to\infty} S_{2n} = S$，于是

$$S_{2n} - S_n \to S - S = 0 \quad (n \to \infty)．$$

但另一方面

$$S_{2n} - S_n = \frac{1}{n+1} + \frac{1}{n+2} + \cdots + \frac{1}{2n} > \underbrace{\frac{1}{2n} + \frac{1}{2n} + \cdots + \frac{1}{2n}}_{n\text{项}} = \frac{1}{2}，$$

故 $\lim\limits_{n\to\infty}(S_{2n} - S_n) \neq 0$，与假设矛盾，所以 $\sum\limits_{n=1}^{\infty} \dfrac{1}{n}$ 发散．

习题 11.1

1．写出下列级数的一般项：

（1） $1 - \dfrac{1}{3} + \dfrac{1}{5} - \dfrac{1}{7} + \cdots$；

（2） $\dfrac{1}{3} + \dfrac{2!}{5} + \dfrac{3!}{7} + \dfrac{4!}{9} + \cdots$；

（3） $\dfrac{1}{3} + \dfrac{1}{\sqrt{3}} + \dfrac{1}{\sqrt[3]{3}} + \dfrac{1}{\sqrt[4]{3}} + \cdots$；

（4） $\dfrac{1}{1\cdot 6} + \dfrac{1}{6\cdot 11} + \dfrac{1}{11\cdot 16} + \dfrac{1}{16\cdot 21} + \cdots$；

（5） $\dfrac{\sqrt{x}}{2} + \dfrac{x}{2\cdot 4} + \dfrac{x\sqrt{x}}{2\cdot 4\cdot 6} + \dfrac{x^2}{2\cdot 4\cdot 6\cdot 8} + \cdots$．

2．判断下列级数是否收敛，若收敛，求和：

（1） $\sum\limits_{n=1}^{\infty} \dfrac{1}{(2n-1)(2n+1)}$；

（2） $\sum\limits_{n=1}^{\infty} \left(\dfrac{1}{2^n} + \dfrac{1}{3^n} \right)$；

（3） $\sum\limits_{n=1}^{\infty} n$；

（4） $\sum\limits_{n=1}^{\infty} \left(\sqrt{n+1} - \sqrt{n} \right)$．

3．判断下列级数的敛散性：

（1）$\displaystyle\sum_{n=1}^{\infty}\frac{1}{5n}$；

（2）$\displaystyle\sum_{n=3}^{\infty}(-1)^{n-1}\frac{2^n}{3^n}$；

（3）$\displaystyle\sum_{n=1}^{\infty}\frac{2}{\left(1+\dfrac{1}{n}\right)^{\frac{1}{n}}}$；

（4）$\displaystyle\sum_{n=1}^{\infty}\left(\frac{1}{2^n}+\frac{1}{n}\right)$；

（5）$2+2^2+\cdots+2^{100}+\dfrac{1}{2}+\dfrac{1}{4}+\cdots+\dfrac{1}{2^n}+\cdots$．

11.2 正项级数及其审敛法

若级数 $\displaystyle\sum_{n=1}^{\infty}u_n$ 的每一项都满足 $u_n\geqslant0$ （ $n=1,2,\cdots$ ），则我们将该级数称为**正项级数**．本节将给出判定正项级数敛散性的方法，我们称之为**审敛法**．

11.2.1 正项级数收敛的充要条件

设 $\displaystyle\sum_{n=1}^{\infty}u_n$ 是一个正项级数，其部分和为 S_n ，则有

$$S_n=u_1+u_2+\cdots+u_{n-1}+u_n\geqslant u_1+u_2+\cdots+u_{n-1}=S_{n-1}\quad（n=2,3,\cdots），$$

即 $\{S_n\}$ 是一个单调增加数列．由单调有界数列必有极限知，如果 $\{S_n\}$ 有界，则其极限一定存在，从而正项级数 $\displaystyle\sum_{n=1}^{\infty}u_n$ 收敛；反之，若正项级数 $\displaystyle\sum_{n=1}^{\infty}u_n$ 收敛，即 $\{S_n\}$ 有极限，从而数列 $\{S_n\}$ 有界．因此，我们有如下定理．

定理 11.2.1 正项级数 $\displaystyle\sum_{n=1}^{\infty}u_n$ 收敛的充分必要条件是它的部分和数列 $\{S_n\}$ 有界．

例 11.2.1 证明 p 级数

$$1+\frac{1}{2^p}+\frac{1}{3^p}+\cdots+\frac{1}{n^p}+\cdots=\sum_{n=1}^{\infty}\frac{1}{n^p}\quad（p\text{ 为常数，}\ p>0）$$

当 $p>1$ 时收敛．

证明 因为当 $k-1\leqslant x\leqslant k$ 时，有 $\dfrac{1}{k^p}\leqslant\dfrac{1}{x^p}$ ，所以

$$\frac{1}{k^p}=\int_{k-1}^{k}\frac{1}{k^p}\mathrm{d}x\leqslant\int_{k-1}^{k}\frac{1}{x^p}\mathrm{d}x\quad（k=2,3,\cdots），$$

从而 p 级数的部分和

$$S_n = 1 + \frac{1}{2^p} + \frac{1}{3^p} + \cdots + \frac{1}{n^p} \leqslant 1 + \int_1^2 \frac{1}{x^p}dx + \int_2^3 \frac{1}{x^p}dx + \cdots + \int_{n-1}^n \frac{1}{x^p}dx$$

$$= 1 + \int_1^n \frac{1}{x^p}dx = 1 + \frac{1}{p-1}\left(1 - \frac{1}{n^{p-1}}\right) < 1 + \frac{1}{p-1} \quad (p > 1),$$

即数列 $\{S_n\}$ 有界，因而 $\sum\limits_{n=1}^{\infty} \frac{1}{n^p}$ 当 $p > 1$ 时收敛.

由正项级数收敛的充要条件，我们可得关于正项级数的一个基本的审敛法.

11.2.2　比较审敛法

定理 11.2.2（比较审敛法） 设 $\sum\limits_{n=1}^{\infty} u_n$ 和 $\sum\limits_{n=1}^{\infty} v_n$ 均为正项级数，且 $u_n \leqslant v_n$

（$n = 1, 2, \cdots$），则有：

（1）若级数 $\sum\limits_{n=1}^{\infty} v_n$ 收敛，则级数 $\sum\limits_{n=1}^{\infty} u_n$ 也收敛；

（2）若级数 $\sum\limits_{n=1}^{\infty} u_n$ 发散，则级数 $\sum\limits_{n=1}^{\infty} v_n$ 也发散.

证明　（1）设级数 $\sum\limits_{n=1}^{\infty} v_n$ 收敛于 σ，则 $\sum\limits_{n=1}^{\infty} u_n$ 的部分和

$$S_n = u_1 + u_2 + \cdots + u_n \leqslant v_1 + v_2 + \cdots + v_n \leqslant v_1 + v_2 + \cdots + v_n + \cdots = \sigma,$$

即 $\sum\limits_{n=1}^{\infty} u_n$ 的部分和数列 $\{S_n\}$ 有界，由定理 11.2.1 知 $\sum\limits_{n=1}^{\infty} u_n$ 收敛.

（2）用反证法. 假设级数 $\sum\limits_{n=1}^{\infty} v_n$ 收敛，由（1）可知 $\sum\limits_{n=1}^{\infty} u_n$ 也收敛，与题目条

件矛盾，所以 $\sum\limits_{n=1}^{\infty} v_n$ 发散.

例 11.2.2　证明 p 级数 $\sum\limits_{n=1}^{\infty} \frac{1}{n^p}$（$p$ 为常数，$p > 0$）当 $p \leqslant 1$ 时发散.

证明　因为当 $p \leqslant 1$ 时，$\frac{1}{n^p} \geqslant \frac{1}{n}$（$n = 1, 2, \cdots$），又调和级数 $\sum\limits_{n=1}^{\infty} \frac{1}{n}$ 发散，所以

原级数发散.

由例 11.2.1 与例 11.2.2 得到 p 级数 $\sum\limits_{n=1}^{\infty} \frac{1}{n^p}$（$p$ 为常数，$p > 0$）当 $p > 1$ 时收敛；

当 $p \leqslant 1$ 时发散.

应用比较审敛法时，需要适当选取一个已知收敛性的级数与待判断级数进行

比较，最常用的就是 p 级数和等比级数.

例 11.2.3 判断级数 $\sum\limits_{n=1}^{\infty} \dfrac{1+n}{1+n^3}$ 的收敛性.

解 因为 $\dfrac{1+n}{1+n^3} \leqslant \dfrac{2n}{n^3} = \dfrac{2}{n^2}$，而 $\sum\limits_{n=1}^{\infty} \dfrac{2}{n^2}$ 收敛，由比较审敛法知原级数收敛.

定理 11.2.3（比较审敛法的极限形式） 设 $\sum\limits_{n=1}^{\infty} u_n$ 和 $\sum\limits_{n=1}^{\infty} v_n$ 均为正项级数，且

$$\lim_{n \to \infty} \frac{u_n}{v_n} = l,$$

（1）若 $0 < l < +\infty$，则级数 $\sum\limits_{n=1}^{\infty} u_n$ 和级数 $\sum\limits_{n=1}^{\infty} v_n$ 的收敛性相同；

（2）若 $l = 0$，则当 $\sum\limits_{n=1}^{\infty} v_n$ 收敛时，级数 $\sum\limits_{n=1}^{\infty} u_n$ 也收敛；

（3）若 $l = +\infty$，则当 $\sum\limits_{n=1}^{\infty} v_n$ 发散时，级数 $\sum\limits_{n=1}^{\infty} u_n$ 也发散.

证明略.

定理 11.2.3 说明，在两个正项级数的一般项都是无穷小的情况下，实质上是比较它们的阶. 一般项是同阶无穷小的两个级数收敛性相同；一般项是高阶无穷小的级数如果发散，则一般项是低阶无穷小的级数必定发散；一般项是低阶无穷小的级数如果收敛，则一般项是高阶无穷小的级数必定收敛.

例 11.2.4 判断级数 $\sum\limits_{n=1}^{\infty} \dfrac{1}{\sqrt{n(2n+1)}}$ 的敛散性.

解 因为

$$\lim_{n \to \infty} \frac{\dfrac{1}{\sqrt{n(2n+1)}}}{\dfrac{1}{n}} = \lim_{n \to \infty} \frac{n}{\sqrt{n(2n+1)}} = \frac{1}{\sqrt{2}},$$

而 $\sum\limits_{n=1}^{\infty} \dfrac{1}{n}$ 发散，所以原级数发散.

例 11.2.5 判断级数 $\sum\limits_{n=2}^{\infty} \tan \dfrac{\pi}{2^n}$ 的敛散性.

解 因为

$$\lim_{n \to \infty} \frac{\tan \dfrac{\pi}{2^n}}{\dfrac{\pi}{2^n}} = 1,$$

而 $\sum\limits_{n=2}^{\infty}\dfrac{\pi}{2^n}$ 收敛（等比级数，公比 $q=\dfrac{1}{2}$），所以原级数收敛.

例 11.2.6 已知正项级数 $\sum\limits_{n=1}^{\infty}u_n$ 收敛，试判断级数 $\sum\limits_{n=1}^{\infty}u_n^{\,2}$ 的敛散性.

解 因为 $\sum\limits_{n=1}^{\infty}u_n$ 收敛，所以有 $\lim\limits_{n\to\infty}u_n=0$.

又 $\lim\limits_{n\to\infty}\dfrac{u_n^{\,2}}{u_n}=0$ ，且 $\sum\limits_{n=1}^{\infty}u_n$ 收敛，所以由定理 11.2.3 中结论（2）可知，$\sum\limits_{n=1}^{\infty}u_n^{\,2}$ 收敛.

11.2.3 比值审敛法

定理 11.2.4（比值审敛法） 设 $\sum\limits_{n=1}^{\infty}u_n$ 为正项级数，如果

$$\lim_{n\to\infty}\frac{u_{n+1}}{u_n}=\rho \quad (0\leqslant\rho\leqslant+\infty),$$

则 （1）当 $\rho<1$ 时，级数收敛；

（2）当 $\rho>1$ 或 $\rho=+\infty$ 时，级数发散；

（3）当 $\rho=1$ 时，级数可能收敛也可能发散，需用其他方法判断.

证明 （1）当 $\rho<1$ 时，取一个适当小的正数 ε ，使得 $\rho+\varepsilon=r<1$ ，$\lim\limits_{n\to\infty}\dfrac{u_{n+1}}{u_n}=\rho$ ，由极限定义，存在正整数 N ，当 $n>N$ 时，有

$$\frac{u_{n+1}}{u_n}<\rho+\varepsilon=r ,$$

因而

$$u_{N+2}<ru_{N+1},u_{N+3}<ru_{N+2}<r^2u_{N+1},\cdots,u_{N+k+1}<r^ku_{N+1} ,$$

而级数 $\sum\limits_{k=1}^{\infty}r^ku_{N+1}$ 收敛（公比 $r<1$ 的等比级数），则由比较审敛法可知 $\sum\limits_{n=N+2}^{\infty}u_n$ 收敛，从而 $\sum\limits_{n=1}^{\infty}u_n$ 也收敛.

（2）当 $\rho>1$ 时，取一个适当小的正数 ε ，使得 $\rho-\varepsilon>1$ ，$\lim\limits_{n\to\infty}\dfrac{u_{n+1}}{u_n}=\rho$ ，由极限的定义，存在正整数 N ，当 $n>N$ 时，有

$$\frac{u_{n+1}}{u_n}>\rho-\varepsilon>1 ,$$

即 $u_{n+1}>u_n$. 由此可见，从 N 项以后 u_n 是递增的，从而 $\lim\limits_{n\to\infty}u_n\neq0$ ，由级数收敛的

必要条件知 $\sum\limits_{n=1}^{\infty} u_n$ 发散.

（3）当 $\rho = 1$ 时，级数 $\sum\limits_{n=1}^{\infty} u_n$ 可能收敛也可能发散.

例如，p 级数 $\sum\limits_{n=1}^{\infty} \dfrac{1}{n^p}$ ，对任意的 p 都有

$$\lim_{n \to \infty} \frac{u_{n+1}}{u_n} = \lim_{n \to \infty} \frac{\dfrac{1}{(n+1)^p}}{\dfrac{1}{n^p}} = 1,$$

但我们知道，当 $p > 1$ 时收敛；当 $p \leqslant 1$ 时发散.

定理 11.2.4 适用于判断一般项中含有 $n!$ 或 a^n 形式的级数的收敛性.

例 11.2.7 判断级数 $\sum\limits_{n=1}^{\infty} \dfrac{n!}{2^n}$ 的敛散性.

解 因为

$$\lim_{n \to \infty} \frac{u_{n+1}}{u_n} = \lim_{n \to \infty} \frac{\dfrac{(n+1)!}{2^{n+1}}}{\dfrac{n!}{2^n}} = \lim_{n \to \infty} \frac{n+1}{2} = +\infty,$$

所以 $\sum\limits_{n=1}^{\infty} \dfrac{n!}{2^n}$ 发散.

例 11.2.8 利用级数收敛的必要条件，证明 $\lim\limits_{n \to \infty} \dfrac{n!}{n^n} = 0$.

证明 考虑级数 $\sum\limits_{n=1}^{\infty} \dfrac{n!}{n^n}$ ，由于

$$\lim_{n \to \infty} \frac{u_{n+1}}{u_n} = \lim_{n \to \infty} \frac{\dfrac{(n+1)!}{(n+1)^{n+1}}}{\dfrac{n!}{n^n}} = \lim_{n \to \infty} \frac{n^n}{(n+1)^n} = \lim_{n \to \infty} \frac{1}{\left(1+\dfrac{1}{n}\right)^n} = \frac{1}{e} < 1,$$

所以 $\sum\limits_{n=1}^{\infty} \dfrac{n!}{n^n}$ 收敛，由级数收敛的必要条件知，$\lim\limits_{n \to \infty} \dfrac{n!}{n^n} = 0$.

例 11.2.9 判断级数 $\sum\limits_{n=1}^{\infty} n! \left(\dfrac{x}{n}\right)^n$ （$x > 0$）的收敛性.

解 $\rho = \lim\limits_{n \to \infty} \dfrac{u_{n+1}}{u_n} = \lim\limits_{n \to \infty} \dfrac{(n+1)! \left(\dfrac{x}{n+1}\right)^{n+1}}{n! \left(\dfrac{x}{n}\right)^n} = \lim\limits_{n \to \infty} \dfrac{x}{\left(1+\dfrac{1}{n}\right)^n} = \dfrac{x}{e}$.

由比值审敛法可知，当 $0 < x < e$ 时，$\rho < 1$，原级数收敛；当 $x > e$ 时，$\rho > 1$，原级数发散；当 $x = e$ 时，$\rho = 1$，比值审敛法失效. 但由于 $\left(1+\dfrac{1}{n}\right)^n$ 单调递增趋于 e，所以 $\left(1+\dfrac{1}{n}\right)^n \leqslant e$. 所以当 $x = e$ 时，

$$\sum_{n=1}^{\infty} n!\left(\frac{x}{n}\right)^n = \sum_{n=1}^{\infty} n!\left(\frac{e}{n}\right)^n,$$

有

$$\frac{u_{n+1}}{u_n} = \frac{(n+1)!\left(\dfrac{e}{n+1}\right)^{n+1}}{n!\left(\dfrac{e}{n}\right)^n} = \frac{e}{\left(1+\dfrac{1}{n}\right)^n} \geqslant 1,$$

所以 u_n 是递增的，从而 $\lim\limits_{n\to\infty} u_n \neq 0$，由级数收敛的必要条件知 $\sum\limits_{n=1}^{\infty} u_n$ 发散.

习题 11.2

1. 用比较审敛法或比较审敛法的极限形式判断下列级数的收敛性：

（1）$\displaystyle\sum_{n=1}^{\infty} \frac{1}{3n+1}$；　　　　　　（2）$\displaystyle\sum_{n=1}^{\infty} \frac{1}{n^2+2}$；

（3）$\displaystyle\sum_{n=1}^{\infty} \sin\frac{\pi}{2^n}$；　　　　　　（4）$\displaystyle\sum_{n=1}^{\infty} \tan\frac{\pi}{2n^2}$；

（5）$\displaystyle\sum_{n=1}^{\infty} \frac{1}{1+a^n}$　（$a > 0$）.

2. 用比值审敛法判断下列级数的收敛性：

（1）$\displaystyle\sum_{n=1}^{\infty} \frac{n}{3^n}$；　　　　　　（2）$\displaystyle\sum_{n=1}^{\infty} \frac{n^n}{2^n n!}$；

（3）$\dfrac{2}{3} + 2\left(\dfrac{2}{3}\right)^2 + 3\left(\dfrac{2}{3}\right)^3 + \cdots + n\left(\dfrac{2}{3}\right)^n + \cdots$；

（4）$\dfrac{1!}{1^4} + \dfrac{2!}{2^4} + \dfrac{3!}{3^4} + \cdots + \dfrac{n!}{n^4} + \cdots$.

3. 判断下列级数的收敛性：

（1）$\displaystyle\sum_{n=1}^{\infty} n\tan\frac{\pi}{2^{n+1}}$；　　　　　　（2）$\displaystyle\sum_{n=1}^{\infty} \frac{n}{3^n}\sin^2\frac{n\pi}{3}$；

（3）$\dfrac{1}{a+b} + \dfrac{1}{a+2b} + \dfrac{1}{a+3b} + \cdots + \dfrac{1}{a+nb} + \cdots$　（$a > 0$，$b > 0$）.

11.3 交错级数和任意项级数

11.3.1 交错级数及其审敛法

如果一个级数的各项是正负交错的，即形如

$$\sum_{n=1}^{\infty}(-1)^{n-1}u_n = u_1 - u_2 + u_3 - u_4 + \cdots + (-1)^{n-1}u_n + \cdots \qquad (11.3.1)$$

或

$$\sum_{n=1}^{\infty}(-1)^{n}u_n = -u_1 + u_2 - u_3 + u_4 + \cdots + (-1)^{n}u_n + \cdots \qquad (11.3.2)$$

的级数，其中 $u_n > 0$（$n = 1, 2, \cdots$），则该级数称为**交错级数**.

因为 $\sum_{n=1}^{\infty}(-1)^{n-1}u_n = (-1)\sum_{n=1}^{\infty}(-1)^{n}u_n$，所以两类交错级数的收敛性相同，我们只

讨论 $\sum_{n=1}^{\infty}(-1)^{n-1}u_n$ 形式的交错级数.

定理 11.3.1（莱布尼茨定理） 如果交错级数 $\sum_{n=1}^{\infty}(-1)^{n-1}u_n$ 满足条件：

（1）$u_n \geqslant u_{n+1}$（$n = 1, 2, 3, \cdots$）；

（2）$\lim_{n \to \infty} u_n = 0$，

则级数 $\sum_{n=1}^{\infty}(-1)^{n-1}u_n$ 收敛，且其和 $S \leqslant u_1$，其余项的绝对值 $|r_n| \leqslant u_{n+1}$.

证明 首先，级数 $\sum_{n=1}^{\infty}(-1)^{n-1}u_n$ 的前 $2n$ 项的和为：

$$S_{2n} = (u_1 - u_2) + (u_3 - u_4) + \cdots + (u_{2n-1} - u_{2n}),$$

由条件（1）知所有括号内的差均为非负的，因而数列 $\{S_{2n}\}$ 是单调递增的. 另一方面，S_{2n} 也可以写成：

$$S_{2n} = u_1 - (u_2 - u_3) - (u_4 - u_5) + \cdots + (u_{2n-2} - u_{2n-1}) - u_{2n},$$

同样由条件（1）知所有括号内的差均为非负的，因而 $S_{2n} \leqslant u_1$，即 $\{S_{2n}\}$ 有界. 于是，根据单调有界数列必有极限的准则可知，当 $n \to \infty$ 时，$\{S_{2n}\}$ 有极限 S，且 $S \leqslant u_1$，即：

$$\lim_{n \to \infty} S_{2n} = S \leqslant u_1.$$

其次，级数 $\sum_{n=1}^{\infty}(-1)^{n-1}u_n$ 的前 $2n+1$ 项的和为：

$$S_{2n+1} = S_{2n} + u_{2n+1},$$

由条件（2）知 $\lim\limits_{n\to\infty}u_{2n+1}=0$ ，因而

$$\lim_{n\to\infty}S_{2n+1}=\lim_{n\to\infty}(S_{2n}+u_{2n+1})=S.$$

由于级数的前 $2n$ 项部分和与前 $2n+1$ 项部分和趋于同一极限 S ，故级数的部分和 S_n 有极限 S . 即级数 $\sum\limits_{n=1}^{\infty}(-1)^{n-1}u_n$ 收敛于和 S ，且 $S\leqslant u_1$.

由于余项 r_n 可以写成

$$r_n=\pm(u_{n+1}-u_{n+2}+\cdots),$$

其绝对值

$$|r_n|=(u_{n+1}-u_{n+2}+\cdots),$$

也是一个交错级数，它也满足收敛的两个条件，所以它的和小于级数的第一项，即

$$|r_n|\leqslant u_{n+1}.$$

如交错级数

$$1-\frac{1}{2}+\frac{1}{3}-\frac{1}{4}+\cdots+(-1)^{n-1}\frac{1}{n}+\cdots$$

满足条件：

（1） $u_n=\dfrac{1}{n}\geqslant\dfrac{1}{n+1}=u_{n+1}$ （ $n=1,2,\cdots$ ），

（2） $\lim\limits_{n\to\infty}u_n=\lim\limits_{n\to\infty}\dfrac{1}{n}=0$ ，

所以它是收敛的，且其和 $S<1$. 如果取级数的前 n 项的和

$$1-\frac{1}{2}+\frac{1}{3}-\frac{1}{4}+\cdots+(-1)^{n-1}\frac{1}{n}$$

作为 S 的近似值，所产生的误差 $|r_n|\leqslant\dfrac{1}{n+1}=u_{n+1}$.

例 11.3.1 判断级数 $\sum\limits_{n=1}^{\infty}(-1)^{n-1}\dfrac{\sqrt{n}}{n+1}$ 的收敛性.

解 取 $u_n=\dfrac{\sqrt{n}}{n+1}$ ，令 $f(x)=\dfrac{\sqrt{x}}{x+1}$ ，由于

$$f'(x)=\frac{1-x}{2\sqrt{x}(x+1)^2}<0 \quad （x>1），$$

故 $f(x)$ 当 $x\geqslant1$ 时单调递减，所以 $f(n)=u_n$ 单调递减，即

$$u_n\geqslant u_{n+1} \quad （n=1,2,3,\cdots）;$$

且 $\lim\limits_{n\to\infty}u_n=\lim\limits_{n\to\infty}\dfrac{\sqrt{n}}{n+1}=0$. 所以由莱布尼茨定理，级数 $\sum\limits_{n=1}^{\infty}(-1)^{n-1}\dfrac{\sqrt{n}}{n+1}$ 收敛.

11.3.2　任意项级数与绝对收敛、条件收敛

现在我们讨论任意项级数

$$\sum_{n=1}^{\infty} u_n = u_1 + u_2 + \cdots + u_n + \cdots,$$

它的各项是任意实数，可以是正数，也可以为负数或零．

如果将任意项级数 $\sum\limits_{n=1}^{\infty} u_n$ 的各项取绝对值，就得到正项级数 $\sum\limits_{n=1}^{\infty} |u_n|$，可用正项级数审敛法判断其收敛性．

这里我们有一个问题：$\sum\limits_{n=1}^{\infty} |u_n|$ 收敛与 $\sum\limits_{n=1}^{\infty} u_n$ 收敛有什么关系？

定理 11.3.2　如果级数 $\sum\limits_{n=1}^{\infty} |u_n|$ 收敛，则级数 $\sum\limits_{n=1}^{\infty} u_n$ 必收敛．

证明　令

$$v_n = \frac{1}{2}(u_n + |u_n|) \quad (n = 1, 2, \cdots).$$

显然 $v_n \geqslant 0$ 且 $v_n \leqslant |u_n|$（$n = 1, 2, \cdots$），由于 $\sum\limits_{n=1}^{\infty} |u_n|$ 收敛，由比较审敛法知，级数 $\sum\limits_{n=1}^{\infty} v_n$ 收敛．又因为 $u_n = 2v_n - |u_n|$，由收敛级数的基本性质可知：

$$\sum_{n=1}^{\infty} u_n = 2\sum_{n=1}^{\infty} v_n - \sum_{n=1}^{\infty} |u_n|,$$

所以级数 $\sum\limits_{n=1}^{\infty} u_n$ 收敛．

反之，如果级数 $\sum\limits_{n=1}^{\infty} u_n$ 收敛，级数 $\sum\limits_{n=1}^{\infty} |u_n|$ 一定收敛吗？答案是否定的．例如 $\sum\limits_{n=1}^{\infty} (-1)^{n-1} \frac{1}{n}$ 收敛，但 $\sum\limits_{n=1}^{\infty} \left| (-1)^{n-1} \frac{1}{n} \right| = \sum\limits_{n=1}^{\infty} \frac{1}{n}$ 发散．

定义 11.3.1　如果级数 $\sum\limits_{n=1}^{\infty} |u_n|$ 收敛，则称级数 $\sum\limits_{n=1}^{\infty} u_n$ **绝对收敛**；若级数 $\sum\limits_{n=1}^{\infty} |u_n|$ 发散，而级数 $\sum\limits_{n=1}^{\infty} u_n$ 收敛，则称级数 $\sum\limits_{n=1}^{\infty} u_n$ **条件收敛**．

一般来说，如果级数 $\sum\limits_{n=1}^{\infty} |u_n|$ 发散，不能判定级数 $\sum\limits_{n=1}^{\infty} u_n$ 也发散．但是，如果是用比值审敛法根据 $\lim\limits_{n \to \infty} \frac{|u_{n+1}|}{|u_n|} = \rho > 1$ 判定级数 $\sum\limits_{n=1}^{\infty} |u_n|$ 发散，可得级数 $\sum\limits_{n=1}^{\infty} u_n$ 一定发

散. 这是因为 $\rho > 1$ 时，$\lim\limits_{n \to \infty} |u_n| \neq 0$，从而 $\lim\limits_{n \to \infty} u_n \neq 0$，因此级数 $\sum\limits_{n=1}^{\infty} u_n$ 是发散的.

判断任意项级数 $\sum\limits_{n=1}^{\infty} u_n$ 收敛的一般步骤：用正项级数审敛法判断 $\sum\limits_{n=1}^{\infty} |u_n|$ 是否收

敛. 如果收敛，则 $\sum\limits_{n=1}^{\infty} u_n$ 绝对收敛；如果发散，再判断 $\sum\limits_{n=1}^{\infty} u_n$ 是否收敛，如果收敛，

则 $\sum\limits_{n=1}^{\infty} u_n$ 条件收敛，如果发散，则 $\sum\limits_{n=1}^{\infty} u_n$ 发散.

例 11.3.2 判断下列级数是否收敛？如果收敛，是绝对收敛还是条件收敛？

（1）$\sum\limits_{n=1}^{\infty} \dfrac{n \sin n}{2^n}$；

（2）$\sum\limits_{n=1}^{\infty} (-1)^{n-1} \dfrac{3^n}{n^3}$；

（3）交错 p 级数 $\sum\limits_{n=1}^{\infty} (-1)^n \dfrac{1}{n^p}$（$p > 0$）.

解　（1）因为 $|u_n| = \left| \dfrac{n \sin n}{2^n} \right| \leqslant \dfrac{n}{2^n}$，记 $\dfrac{n}{2^n} = v_n$，则

$$\lim_{n \to \infty} \frac{v_{n+1}}{v_n} = \lim_{n \to \infty} \frac{\dfrac{n+1}{2^{n+1}}}{\dfrac{n}{2^n}} = \frac{1}{2} < 1,$$

故 $\sum\limits_{n=1}^{\infty} v_n$ 收敛. 又由比较审敛法知，$\sum\limits_{n=1}^{\infty} |u_n|$ 收敛，所以 $\sum\limits_{n=1}^{\infty} \dfrac{n \sin n}{2^n}$ 绝对收敛.

（2）因为 $|u_n| = \left| (-1)^{n-1} \dfrac{3^n}{n^3} \right| = \dfrac{3^n}{n^3}$，而

$$\lim_{n \to \infty} \frac{|u_{n+1}|}{|u_n|} = \lim_{n \to \infty} \frac{\dfrac{3^{n+1}}{(n+1)^3}}{\dfrac{3^n}{n^3}} = \lim_{n \to \infty} 3 \left(\frac{n}{n+1} \right)^3 = 3 > 1,$$

所以 $\sum\limits_{n=1}^{\infty} |u_n|$ 发散. 由于我们是根据比值审敛法得到 $\sum\limits_{n=1}^{\infty} |u_n|$ 发散，所以原级数

$\sum\limits_{n=1}^{\infty} (-1)^{n-1} \dfrac{3^n}{n^3}$ 发散.

（3）由于 $\sum\limits_{n=1}^{\infty} \left| (-1)^n \dfrac{1}{n^p} \right| = \sum\limits_{n=1}^{\infty} \dfrac{1}{n^p}$.

当 $p>1$ 时，$\sum\limits_{n=1}^{\infty}\dfrac{1}{n^p}$ 收敛，从而 $\sum\limits_{n=1}^{\infty}(-1)^n\dfrac{1}{n^p}$ 绝对收敛；

当 $0<p\leqslant 1$ 时，$\sum\limits_{n=1}^{\infty}\dfrac{1}{n^p}$ 发散，另一方面 $\dfrac{1}{n^p}>\dfrac{1}{(n+1)^p}$ 且 $\lim\limits_{n\to\infty}\dfrac{1}{n^p}=0$，由莱布尼

茨定理，$\sum\limits_{n=1}^{\infty}(-1)^n\dfrac{1}{n^p}$ 收敛，所以 $\sum\limits_{n=1}^{\infty}(-1)^n\dfrac{1}{n^p}$ 条件收敛.

例 11.3.3 讨论级数 $\sum\limits_{n=1}^{\infty}\dfrac{x^n}{n^p}$ 的收敛性（$p>0$，x 为任意实数）.

解 对于级数 $\sum\limits_{n=1}^{\infty}\left|\dfrac{x^n}{n^p}\right|$ 应用比值审敛法，由于

$$\lim_{n\to\infty}\frac{\left|\dfrac{x^{n+1}}{(n+1)^p}\right|}{\left|\dfrac{x^n}{n^p}\right|}=\lim_{n\to\infty}\left(\frac{n}{n+1}\right)^p|x|=|x|,$$

因而可知，当 $|x|<1$，$p\in(-\infty,+\infty)$，级数是绝对收敛的；当 $|x|>1$，$p\in(-\infty,+\infty)$，级数是发散的；当 $|x|=1$ 时，我们有：

当 $x=1$ 时，原级数为 $\sum\limits_{n=1}^{\infty}\dfrac{1}{n^p}$，当 $p>1$ 时，原级数收敛，当 $0<p<1$ 时，原级数发散；

当 $x=-1$ 时，原级数为 $\sum\limits_{n=1}^{\infty}(-1)^n\dfrac{1}{n^p}$，当 $p>1$ 时，原级数绝对收敛，当 $0<p<1$ 时，原级数条件收敛.

习题 11.3

1. 判断下列级数是否收敛？如果收敛，是绝对收敛还是条件收敛？

（1）$\sum\limits_{n=1}^{\infty}\dfrac{\sin n}{n^2}$；
（2）$\sum\limits_{n=1}^{\infty}(-1)^{n-1}\dfrac{1}{\sqrt{n}}$；

（3）$\sum\limits_{n=1}^{\infty}(-1)^n\dfrac{2^{n^2}}{n!}$；
（4）$\sum\limits_{n=1}^{\infty}(-1)^{n-1}(\sqrt{n+1}-\sqrt{n-1})$.

2. 已知级数 $\sum\limits_{n=1}^{\infty}u_n^{\,2}$ 收敛，试证明 $\sum\limits_{n=1}^{\infty}\dfrac{u_n}{n}$ 绝对收敛.

3. 证明：若级数 $\sum\limits_{n=1}^{\infty}u_n$ 绝对收敛，则 $\sum\limits_{n=1}^{\infty}u_n^{\,2}$ 收敛；举例说明对于条件收敛，则结论未必成立.

11.4 幂 级 数

11.4.1 函数项级数的概念

如果给定一个定义在区间 I 上的函数列

$$u_1(x), u_2(x), \cdots, u_n(x), \cdots,$$

则由这列函数构成的表达式

$$u_1(x) + u_2(x) + \cdots + u_n(x) + \cdots \tag{11.4.1}$$

称为定义在 I 上的**函数项级数**，记为 $\sum\limits_{n=1}^{\infty} u_n(x)$.

对于区间 I 上的任意一个值 x_0 ，函数项级数（11.4.1）成为常数项级数

$$u_1(x_0) + u_2(x_0) + \cdots + u_n(x_0) + \cdots, \tag{11.4.2}$$

该级数可能收敛，也可能发散．如果级数（11.4.2）收敛，则称点 x_0 为函数项级数（11.4.1）的**收敛点**；如果级数（11.4.2）发散，则称点 x_0 为函数项级数（11.4.1）的**发散点**．收敛点的全体被称为函数项级数（11.4.1）的**收敛域**；发散点的全体被称为它的**发散域**．

对应于收敛域内的任意一点 x ，函数项级数成为一个收敛的常数项级数，因而它有一个确定的和 S ．这样，在收敛域内，函数项级数的和是 x 的函数，被称为函数项级数的**和函数**，通常记为 $S(x)$ ．即

$$S(x) = \sum_{n=1}^{\infty} u_n(x) = u_1(x) + u_2(x) + \cdots + u_n(x) + \cdots.$$

显然，函数项级数和函数的定义域即为它的收敛域．将函数项级数（11.4.1）的前 n 项的部分和记作 $S_n(x)$ ，则在收敛域上有

$$\lim_{n \to \infty} S_n(x) = S(x).$$

在函数项级数的收敛域上，令 $r_n(x) = S(x) - S_n(x)$ ，则称 $r_n(x)$ 为函数项级数的**余项**，并且 $\lim\limits_{n \to \infty} r_n(x) = 0$.

下面我们讨论函数项级数中最简单且应用较多的一类——幂级数．

11.4.2 幂级数及其收敛域

形如

$$\sum_{n=0}^{\infty} a_n x^n = a_0 + a_1 x + a_2 x^2 + \cdots + a_n x^n + \cdots \tag{11.4.3}$$

或者

$$\sum_{n=0}^{\infty} a_n (x - x_0)^n = a_0 + a_1(x - x_0) + a_2(x - x_0)^2 + \cdots + a_n(x - x_0)^n + \cdots \tag{11.4.4}$$

的函数项级数称为**幂级数**，其中常数 $a_0, a_1, \cdots, a_n, \cdots$ 称为**幂级数的系数**.

我们只研究形如（11.4.3）的幂级数. 因为经过变换 $t = x - x_0$，幂级数（11.4.4）就可化成幂级数（11.4.3）的形式，并不影响一般性.

对于幂级数的收敛域，我们先来看一个简单的例子. 考察幂级数

$$1 + x + x^2 + \cdots + x^n + \cdots$$

的收敛性. 这既是一个幂级数，又是一个等比级数，所以当 $|x| < 1$ 时，该级数收敛于和 $\dfrac{1}{1-x}$；当 $|x| \geqslant 1$ 时，该级数发散. 因此，这个幂级数的收敛域为开区间 $(-1, 1)$，发散域为 $(-\infty, -1]$ 及 $[1, +\infty)$ 并有

$$\frac{1}{1-x} = 1 + x + x^2 + \cdots + x^n + \cdots \quad (-1 < x < 1).$$

上述幂级数的收敛域是一个区间，这不是偶然的. 对一般幂级数，有如下定理.

定理 11.4.1（阿贝尔定理） 若幂级数 $\displaystyle\sum_{n=0}^{\infty} a_n x^n$ 在 $x = x_0$（$x_0 \neq 0$）处收敛，则对于 $(-|x_0|, |x_0|)$ 内的一切 x，幂级数 $\displaystyle\sum_{n=0}^{\infty} a_n x^n$ 都绝对收敛；反之，若幂级数 $\displaystyle\sum_{n=0}^{\infty} a_n x^n$ 在 $x = x_0$ 处发散，则对于 $(-|x_0|, |x_0|)$ 外的一切 x，幂级数 $\displaystyle\sum_{n=0}^{\infty} a_n x^n$ 都发散.

证明 设幂级数 $\displaystyle\sum_{n=0}^{\infty} a_n x^n$ 在 $x = x_0$ 处收敛，即级数 $\displaystyle\sum_{n=0}^{\infty} a_n x_0^n$ 收敛. 由级数收敛的必要条件可知

$$\lim_{n \to \infty} a_n x_0^n = 0.$$

因为收敛数列是有界的，故存在常数 M，使得

$$|a_n x_0^n| \leqslant M \quad (n = 1, 2, \cdots).$$

这样幂级数 $\displaystyle\sum_{n=0}^{\infty} a_n x^n$ 的一般项的绝对值

$$|a_n x^n| \leqslant |a_n x_0^n| \left| \frac{x}{x_0} \right|^n \leqslant M \left| \frac{x}{x_0} \right|^n.$$

因为当 $x \in (-|x_0|, |x_0|)$ 时，$|x| < |x_0|$，$\left| \dfrac{x}{x_0} \right| < 1$，故等比级数 $\displaystyle\sum_{n=0}^{\infty} M \left| \frac{x}{x_0} \right|^n$ 收敛，由比较审敛法，$\displaystyle\sum_{n=0}^{\infty} |a_n x^n|$ 收敛，所以 $\displaystyle\sum_{n=0}^{\infty} a_n x^n$ 绝对收敛.

定理的第二部分可用反证法证明. 假设 $(-|x_0|, |x_0|)$ 外存在一点 x_1，使得级数

$\sum\limits_{n=0}^{\infty} a_n x_1^{\ n}$ 收敛，则显然 $x_0 \in (-|x_1|, |x_1|)$，由定理的前半部分，知幂级数 $\sum\limits_{n=0}^{\infty} a_n x^n$ 在

$x = x_0$ 处收敛. 这与假设矛盾，定理得证.

定理 11.4.1 指出：如果幂级数 $\sum\limits_{n=0}^{\infty} a_n x^n$ 不是仅在 $x = 0$ 一点收敛，也不是在整个

数轴上收敛，则必存在一个确定的实数 R，当 $|x| < R$ 时，幂级数绝对收敛；当 $|x| > R$

时，幂级数发散；当 $x = \pm R$ 时，幂级数可能收敛也可能发散.

我们通常称 R 为幂级数 $\sum\limits_{n=0}^{\infty} a_n x^n$ 的**收敛半径**. 如果幂级数 $\sum\limits_{n=0}^{\infty} a_n x^n$ 仅在 $x = 0$ 一

点收敛，则其收敛半径 $R = 0$，如果幂级数 $\sum\limits_{n=0}^{\infty} a_n x^n$ 对于一切 x 都收敛，则规定其

收敛半径 $R = +\infty$.

开区间 $(-R, R)$ 称为幂级数 $\sum\limits_{n=0}^{\infty} a_n x^n$ 的**收敛区间**. 根据幂级数在端点 $x = \pm R$ 处

的收敛性，可以确定其收敛域为下述四种区间之一：

$$(-R, R), \quad [-R, R), \quad (-R, R], \quad [-R, R].$$

如果 $R = +\infty$，则幂级数 $\sum\limits_{n=0}^{\infty} a_n x^n$ 收敛域为 $(-\infty, +\infty)$.

对于幂级数的收敛半径 R，有以下简单的求法.

定理 11.4.2 给定幂级数 $\sum\limits_{n=0}^{\infty} a_n x^n$，设

$$\lim_{n \to \infty} \left| \frac{a_{n+1}}{a_n} \right| = \rho,$$

则幂级数的收敛半径 R 可以确定如下：

（1）若 $0 < \rho < +\infty$，则 $R = \dfrac{1}{\rho}$；

（2）若 $\rho = 0$，则 $R = +\infty$；

（3）若 $\rho = +\infty$，则 $R = 0$.

证明 考虑正项级数 $\sum\limits_{n=0}^{\infty} |a_n x^n|$，对于 $x \neq 0$，有

$$\lim_{n \to \infty} \left| \frac{a_{n+1} x^{n+1}}{a_n x^n} \right| = \lim_{n \to \infty} \left| \frac{a_{n+1}}{a_n} \right| |x| = \rho |x|.$$

（1）当 $0 < \rho < +\infty$ 时，由比值审敛法，则当 $\rho |x| < 1$ 时，即 $|x| < \dfrac{1}{\rho}$ 时，$\sum\limits_{n=0}^{\infty} |a_n x^n|$

收敛，从而幂级数 $\sum\limits_{n=0}^{\infty} a_n x^n$ 绝对收敛；当 $\rho|x|>1$ 时，即 $|x|>\dfrac{1}{\rho}$，我们由比值审敛

法可得 $\sum\limits_{n=0}^{\infty}|a_n x^n|$ 发散，从而幂级数 $\sum\limits_{n=0}^{\infty} a_n x^n$ 发散. 所以幂级数收敛半径为 $R=\dfrac{1}{\rho}$.

（2）如果 $\rho=0$，则对任意 $x\neq0$，有

$$\lim_{n\to\infty}\left|\frac{a_{n+1}x^{n+1}}{a_n x^n}\right|=\lim_{n\to\infty}\left|\frac{a_{n+1}}{a_n}\right||x|=0<1,$$

所以对任意 x，幂级数 $\sum\limits_{n=0}^{\infty} a_n x^n$ 都绝对收敛，从而幂级数收敛半径 $R=+\infty$.

（3）如果 $\rho=+\infty$，则对一切 $x\neq0$，有

$$\lim_{n\to\infty}\left|\frac{a_{n+1}x^{n+1}}{a_n x^n}\right|=\lim_{n\to\infty}\left|\frac{a_{n+1}}{a_n}\right||x|=+\infty,$$

可得 $\lim\limits_{n\to\infty} a_n x^n\neq0$，所以 $\sum\limits_{n=0}^{\infty} a_n x^n$ 发散. 因此 $R=0$.

例 11.4.1 求幂级数 $\sum\limits_{n=0}^{\infty}\dfrac{x^n}{n!}$ 的收敛域.

解 因为

$$\rho=\lim_{n\to\infty}\left|\frac{a_{n+1}}{a_n}\right|=\lim_{n\to\infty}\frac{\dfrac{1}{(n+1)!}}{\dfrac{1}{n!}}=\lim_{n\to\infty}\frac{1}{n+1}=0,$$

所以 $R=+\infty$，收敛域为 $(-\infty,+\infty)$.

例 11.4.2 求幂级数 $\sum\limits_{n=1}^{\infty}\dfrac{1}{5n}(x-2)^n$ 的收敛域.

解 因为

$$\rho=\lim_{n\to\infty}\left|\frac{a_{n+1}}{a_n}\right|=\lim_{n\to\infty}\frac{\dfrac{1}{5(n+1)}}{\dfrac{1}{5n}}=1,$$

所以 $R=1$，即 $|x-2|<1$ 时，级数绝对收敛，此时收敛区间为 $x\in(1,3)$.

当 $x=1$ 时，级数为 $\sum\limits_{n=1}^{\infty}\dfrac{(-1)^n}{5n}$，是收敛的（莱布尼茨定理）；当 $x=3$ 时，级数

为 $\sum\limits_{n=1}^{\infty}\dfrac{1}{5n}$，是发散的.

所以收敛域为 $[1,3)$.

例 11.4.3 求幂级数 $\sum\limits_{n=1}^{\infty} \dfrac{x^{2n-1}}{n\cdot 3^n}$ 的收敛域.

解 该级数缺少偶次幂的项，定理 11.4.2 不能直接应用. 我们根据比值审敛法来求收敛半径.

$$\lim_{n\to\infty}\left|\frac{\dfrac{x^{2n+1}}{(n+1)3^{n+1}}}{\dfrac{x^{2n-1}}{n3^n}}\right|=\lim_{n\to\infty}\frac{n}{3(n+1)}x^2=\frac{x^2}{3},$$

当 $\dfrac{x^2}{3}<1$ 即 $|x|<\sqrt{3}$ 时，级数收敛；当 $\dfrac{x^2}{3}>1$ 即 $|x|>\sqrt{3}$ 时，级数发散. 所以收敛半径 $R=\sqrt{3}$.

当 $x=\sqrt{3}$ 时，级数为 $\sum\limits_{n=0}^{\infty}\dfrac{1}{\sqrt{3}n}$ 发散；当 $x=-\sqrt{3}$ 时，级数 $\sum\limits_{n=0}^{\infty}\dfrac{-1}{\sqrt{3}n}$ 发散. 所以收敛域为 $(-\sqrt{3},\sqrt{3})$.

11.4.3 幂级数的性质及运算

设幂级数

$$\sum_{n=0}^{\infty}a_nx^n=a_0+a_1x+a_2x^2+\cdots+a_nx^n+\cdots$$

及

$$\sum_{n=0}^{\infty}b_nx^n=b_0+b_1x+b_2x^2+\cdots+b_nx^n+\cdots$$

的收敛半径分别为 R_1 和 R_2，则两个幂级数可以进行下列四则运算：

加、减法

$$\left(\sum_{n=0}^{\infty}a_nx^n\right)\pm\left(\sum_{n=0}^{\infty}b_nx^n\right)$$

$$=(a_0+a_1x+a_2x^2+\cdots+a_nx^n+\cdots)\pm(b_0+b_1x+b_2x^2+\cdots+b_nx^n+\cdots)$$

$$=(a_0\pm b_0)+(a_1\pm b_1)x+(a_2\pm b_2)x^2+\cdots+(a_n\pm b_n)x^n+\cdots$$

$$=\sum_{n=0}^{\infty}(a_n\pm b_n)x^n.$$

且新幂级数的收敛半径 $R=\min\{R_1,R_2\}$.

乘法

$$\left(\sum_{n=0}^{\infty}a_nx^n\right)\cdot\left(\sum_{n=0}^{\infty}b_nx^n\right)$$

$$=(a_0+a_1x+a_2x^2+\cdots+a_nx^n+\cdots)\cdot(b_0+b_1x+b_2x^2+\cdots+b_nx^n+\cdots)$$

$$= a_0b_0 + (a_0b_1 + a_1b_0)x + (a_0b_2 + a_1b_1 + a_2b_0)x^2 + \cdots$$
$$+ (a_0b_n + a_1b_{n-1} + \cdots + a_{n-1}b_1 + a_nb_0)x^n + \cdots.$$

且新幂级数的收敛半径 $R = \min\{R_1, R_2\}$.

除法

$$\frac{\sum\limits_{n=0}^{\infty} a_n x^n}{\sum\limits_{n=0}^{\infty} b_n x^n} = \sum_{n=0}^{\infty} c_n x^n,$$

这里假设 $b_0 \neq 0$. 为了决定系数 $c_0, c_1, \cdots, c_n, \cdots$，可以通过乘法

$$\sum_{n=0}^{\infty} a_n x^n = \left(\sum_{n=0}^{\infty} b_n x^n\right) \cdot \left(\sum_{n=0}^{\infty} c_n x^n\right),$$

让等式两端同次幂系数相等而依次求出. 但需要注意的是新幂级数的收敛半径比 R_1，R_2 要小得多.

关于幂级数的和函数有下列重要性质（证明从略）：

性质 11.4.1 幂级数 $\sum\limits_{n=0}^{\infty} a_n x^n$ 的和函数 $S(x)$ 在其收敛域 I 上连续.

性质 11.4.2 幂级数 $\sum\limits_{n=0}^{\infty} a_n x^n$ 的和函数 $S(x)$ 在其收敛域 I 上可积, 且有逐项积分公式

$$\int_0^x S(x)\mathrm{d}x = \int_0^x \left(\sum_{n=0}^{\infty} a_n x^n\right)\mathrm{d}x = \sum_{n=0}^{\infty} \int_0^x a_n x^n \mathrm{d}x = \sum_{n=0}^{\infty} \frac{a_n}{n+1} x^{n+1},$$

逐项积分后所得的幂级数与原幂级数有相同的收敛半径，但端点处的收敛性可能会改变.

性质 11.4.3 幂级数 $\sum\limits_{n=0}^{\infty} a_n x^n$ 的和函数 $S(x)$ 在其收敛区间 $(-R, +R)$ 内可导，且有逐项求导公式

$$S'(x) = \left(\sum_{n=0}^{\infty} a_n x^n\right)' = \sum_{n=0}^{\infty} (a_n x^n)' = \sum_{n=1}^{\infty} n a_n x^{n-1},$$

逐项求导后所得的幂级数与原幂级数有相同的收敛半径，但端点处的收敛性可能会改变.

例 11.4.4 求 $\sum\limits_{n=0}^{\infty} (-1)^n \dfrac{x^{2n+1}}{2n+1}$ 在 $[-1, 1]$ 上的和函数，并求级数 $\sum\limits_{n=0}^{\infty} \dfrac{(-1)^n}{(2n+1)3^n}$ 的和.

解 此类题目基本上是逐项求导，再积分或逐项积分再求导，目的是将级数转化为等比级数，再求和.

由题中给出收敛域为 $[-1,1]$，在收敛域上，设 $S(x)=\sum_{n=0}^{\infty}(-1)^n\dfrac{x^{2n+1}}{2n+1}$ ，

则

$$S'(x)=\left[\sum_{n=0}^{\infty}(-1)^n\frac{x^{2n+1}}{2n+1}\right]'=\sum_{n=0}^{\infty}\left[(-1)^n\frac{x^{2n+1}}{2n+1}\right]'$$

$$=\sum_{n=0}^{\infty}(-1)^n x^{2n}=\sum_{n=0}^{\infty}(-x^2)^n=\frac{1}{1+x^2} .$$

所以

$$S(x)=\int_0^x\frac{1}{1+x^2}\mathrm{d}x=\arctan x , \quad -1\leqslant x\leqslant 1 .$$

由上式可知

$$\sum_{n=0}^{\infty}(-1)^n\frac{1}{(2n+1)3^n}=\sum_{n=0}^{\infty}(-1)^n\frac{1}{(2n+1)(\sqrt{3})^{2n}}$$

$$=\sum_{n=0}^{\infty}(-1)^n\frac{\sqrt{3}}{(2n+1)(\sqrt{3})^{2n+1}}$$

$$=\sqrt{3}\sum_{n=0}^{\infty}(-1)^n\frac{1}{(2n+1)}\left(\frac{1}{\sqrt{3}}\right)^{2n+1}$$

$$=\sqrt{3}\arctan\left(\frac{1}{\sqrt{3}}\right)=\frac{\sqrt{3}}{6}\pi .$$

习题 11.4

1. 求下列幂级数的收敛域：

（1）$\displaystyle\sum_{n=1}^{\infty}nx^n$ ；

（2）$\displaystyle\sum_{n=1}^{\infty}\frac{x^n}{3^n}$ ；

（3）$\displaystyle\sum_{n=1}^{\infty}\frac{n!}{2n+1}x^n$ ；

（4）$\displaystyle\sum_{n=1}^{\infty}\frac{(x-5)^n}{\sqrt{n}}$ ；

（5）$\displaystyle\sum_{n=1}^{\infty}\frac{3^n+(-2)^n}{n}(x+1)^n$ ；

（6）$\displaystyle\sum_{n=1}^{\infty}(-1)^{n-1}\frac{x^{2n+1}}{2n+1}$ ；

（7）$\displaystyle\sum_{n=2}^{\infty}\frac{(2x)^n}{n(n-1)}$.

2. 求下列幂级数的收敛域及和函数：

（1）$\displaystyle\sum_{n=1}^{\infty}nx^{n-1}$ ；

（2）$\displaystyle\sum_{n=1}^{\infty}\frac{x^{n-1}}{n2^{n-1}}$ ；

（3）$\displaystyle\sum_{n=0}^{\infty}(n+1)(n+2)x^n$.

11.5 函数展开成幂级数

11.5.1 泰勒公式与泰勒级数

由上一节我们看到，幂级数在收敛域内可以表示一个函数. 由于幂级数有许多优越的性质，这使我们很自然地想到，能否把一个函数 $f(x)$ 表示为幂级数呢？下面我们将讨论这个问题.

如果函数 $f(x)$ 在点 x_0 的某一邻域内能表达成为 $(x - x_0)$ 的幂级数，即

$$f(x) = a_0 + a_1(x - x_0) + a_2(x - x_0)^2 + \cdots + a_n(x - x_0)^n + \cdots.$$

假设函数 $f(x)$ 在点 x_0 的某一邻域内有任意阶导数，则可以计算系数如下：

由于

$$f'(x) = a_1 + 2a_2(x - x_0) + 3a_3(x - x_0)^2 + \cdots + na_n(x - x_0)^{n-1} + \cdots,$$

$$f''(x) = 2!a_2 + 3 \cdot 2a_3(x - x_0) + \cdots + n(n-1)a_n(x - x_0)^{n-2} + \cdots,$$

......

$$f^{(n)}(x) = n!a_n + (n+1)n \cdots 2a_{n+1}(x - x_0) + \cdots,$$

......

在以上各式两端令 $x = x_0$，可得

$$f(x_0) = a_0, \quad f'(x_0) = a_1, \quad f''(x_0) = 2!a_2, \quad \cdots, \quad f^{(n)}(x_0) = n!a_n, \quad \cdots.$$

所以有

$$a_0 = f(x_0), \quad a_1 = f'(x_0), \quad a_2 = \frac{f''(x_0)}{2!}, \quad \cdots, \quad a_n = \frac{f^{(n)}(x_0)}{n!}, \quad \cdots.$$

这样我们就给出了幂级数系数的表示式，也说明了幂级数展开式是唯一的. 将上述系数带入幂级数，我们称级数

$$f(x_0) + f'(x_0)(x - x_0) + \frac{f''(x_0)}{2!}(x - x_0)^2 + \cdots + \frac{f^{(n)}(x_0)}{n!}(x - x_0)^n + \cdots \quad (11.5.1)$$

为 $f(x)$ 在点 x_0 处的**泰勒级数**. 如果将泰勒级数的前 $n+1$ 项的和记为 $S_n(x)$，则称 $R_n(x) = f(x) - S_n(x)$ 为泰勒级数的**余项**.

在泰勒级数中，取 $x_0 = 0$，得

$$f(0) + f'(0)x + \frac{f''(0)}{2!}x^2 + \cdots + \frac{f^{(n)}(0)}{n!}x^n + \cdots, \quad (11.5.2)$$

该级数称为 $f(x)$ 的**麦克劳林级数**.

显然，当 $x = x_0$ 时，$f(x)$ 的泰勒级数收敛于 $f(x_0)$，但除了 $x = x_0$ 外，它是否收敛？如果收敛，它是否一定收敛于 $f(x)$（此时称函数 $f(x)$ 展开成泰勒级数）？对于这些问题，有下述定理.

定理 11.5.1（泰勒中值定理） 如果函数 $f(x)$ 在含有 x_0 的某个开区间 (a,b) 内

具有直到 $(n+1)$ 阶的导数，则对任意 $x \in (a,b)$ ，有

$$f(x) = f(x_0) + f'(x_0)(x-x_0) + \frac{f''(x_0)}{2!}(x-x_0)^2 + \cdots$$
$$+ \frac{f^{(n)}(x_0)}{n!}(x-x_0)^n + R_n(x), \tag{11.5.3}$$

其中

$$R_n(x) = \frac{f^{(n+1)}(\xi)}{(n+1)!}(x-x_0)^{n+1}, \tag{11.5.4}$$

这里的 ξ 是介于 x_0 与 x 之间的某个值.

证明从略.

泰勒中值定理是第三章拉格朗日中值定理的推广.

公式 $(11.5.3)$ 称为按 $(x-x_0)$ 的幂展开的 **n 阶泰勒公式**，公式 $(11.5.4)$ 中的 $R_n(x)$ 称为**拉格朗日型余项**.

在泰勒公式中令 $x_0 = 0$ ，则

$$f(x) = f(0) + f'(0)x + \frac{f''(0)}{2!}x^2 + \cdots + \frac{f^{(n)}(0)}{n!}x^n + \frac{f^{(n+1)}(\xi)}{(n+1)!}x^{n+1}, \tag{11.5.5}$$

其中 ξ 介于 0 与 x 之间，称为**麦克劳林公式**.

定理 11.5.2 如果函数 $f(x)$ 在点 x_0 的某一邻域 $U(x_0)$ 内具有任意阶导数，则在该邻域内 $f(x)$ 在点 x_0 处可以展开为泰勒级数的充要条件是在该邻域内 $f(x)$ 的泰勒公式中的余项 $R_n(x)$ 当 $n \to \infty$ 时的极限为零，即

$$\lim_{n\to\infty} R_n(x) = 0, \quad x \in U(x_0).$$

证明 先证必要性. 由于

$$S_n(x) = f(x_0) + f'(x_0)(x-x_0) + \frac{f''(x_0)}{2!}(x-x_0)^2 + \cdots + \frac{f^{(n)}(x_0)}{n!}(x-x_0)^n,$$

$R_n(x) = f(x) - S_n(x)$. 如果 $f(x)$ 在点 x_0 处可以展开为泰勒级数，即

$$f(x) = f(x_0) + f'(x_0)(x-x_0) + \frac{f''(x_0)}{2!}(x-x_0)^2 + \cdots + \frac{f^{(n)}(x_0)}{n!}(x-x_0)^n + \cdots,$$

则

$$\lim_{n\to\infty} S_n(x) = f(x),$$

所以

$$\lim_{n\to\infty} R_n(x) = \lim_{n\to\infty}[f(x) - S_n(x)] = 0.$$

再证充分性. 设 $\lim_{n\to\infty} R_n(x) = 0$ 对一切 $x \in U(x_0)$ 成立. 由 $f(x)$ 的 n 阶泰勒公式有

$$S_n(x) = f(x) - R_n(x),$$

令 $n \to \infty$ 上式取极限，得

$$\lim_{n\to\infty} S_n(x) = \lim_{n\to\infty}[f(x) - R_n(x)] = f(x),$$

即 $f(x)$ 的泰勒级数在 $x \in U(x_0)$ 内收敛，并且收敛于 $f(x)$．

由上所述，为了讨论 $f(x)$ 的泰勒级数的收敛性，就要讨论级数余项 $R_n(x)$ 的极限，从而需要知道 $R_n(x)$ 的表达式．泰勒中值定理就解决了这个问题．

11.5.2 直接展开与间接展开

如果 $f(x)$ 在 $(-R, R)$ 内能展开成 x 的幂级数，则其展开式唯一，必为麦克劳林级数．即

$$f(x) = f(0) + f'(0)x + \frac{f''(0)}{2!}x^2 + \cdots + \frac{f^{(n)}(0)}{n!}x^n + \cdots \quad (|x| < R).$$

要把函数 $f(x)$ 展开成 x 的幂级数，可以按照下列步骤进行：

（1）求出 $f(x)$ 的各阶导数；

（2）求出 $f(x)$ 及其各阶导数在 $x = 0$ 处的值；

（3）写出幂级数

$$f(0) + f'(0)x + \frac{f''(0)}{2!}x^2 + \cdots + \frac{f^{(n)}(0)}{n!}x^n + \cdots,$$

并求出收敛半径；

（4）考察当 $x \in (-R, R)$ 时，余项

$$R_n(x) = \frac{f^{(n+1)}(\theta x)}{(n+1)!}x^{n+1} \quad (0 < \theta < 1)$$

极限是否为零，若 $\lim\limits_{n \to \infty} R_n(x) = 0$，则有

$$f(x) = f(0) + f'(0)x + \frac{f''(0)}{2!}x^2 + \cdots + \frac{f^{(n)}(0)}{n!}x^n + \cdots, \quad x \in (-R, R).$$

上述方法我们称为**直接展开法**．

例 11.5.1 将函数 $f(x) = \mathrm{e}^x$ 展开成 x 的幂级数．

解 因为 $f'(x) = \mathrm{e}^x$，$f''(x) = \mathrm{e}^x$，$\cdots$，$f^{(n)}(x) = \mathrm{e}^x$，$\cdots$，

从而 $f(0) = 1$，$f'(0) = 1$，$f''(0) = 1$，$\cdots$，$f^{(n)}(0) = 1$，$\cdots$．于是得级数

$$1 + x + \frac{1}{2!}x^2 + \cdots + \frac{1}{n!}x^n + \cdots,$$

其收敛半径 $R = +\infty$．

对任意的实数 x，余项的绝对值

$$|R_n(x)| = \left| \frac{f^{(n+1)}(\theta x)}{(n+1)!}x^{n+1} \right| = \left| \frac{\mathrm{e}^{\theta x}}{(n+1)!}x^{n+1} \right| \leqslant \mathrm{e}^{|x|}\frac{|x|^{n+!}}{(n+1)!},$$

考虑级数 $\sum\limits_{n=0}^{\infty} \mathrm{e}^{|x|}\frac{|x|^{n+!}}{(n+1)!}$，由比值审敛法可知其收敛，再由级数收敛的必要条件知其

一般项的极限为零，于是对于 $(-\infty,+\infty)$ 内的一切 x，有

$$\lim_{n\to\infty} R_n(x) = 0.$$

所以得展开式

$$e^x = 1 + x + \frac{1}{2!}x^2 + \cdots + \frac{1}{n!}x^n + \cdots \quad (-\infty < x < +\infty). \tag{11.5.6}$$

例 11.5.2 将函数 $f(x) = \sin x$ 展开成 x 的幂级数.

解 因为 $f^{(n)}(x) = \sin\left(x + \frac{n}{2}\pi\right)$，从而

$$f(0) = 0, \quad f'(0) = 1, \quad f''(0) = 0, \quad f'''(0) = -1, \quad \cdots,$$

$f^{(n)}(0)$ 依次循环地取 $0, 1, 0, -1$（$n = 0,1,2,\cdots$），于是得级数

$$x - \frac{x^3}{3!} + \frac{x^5}{5!} - \frac{x^7}{7!} + \cdots + (-1)^k \frac{x^{2k+1}}{(2k+1)!} + \cdots,$$

其收敛半径 $R = +\infty$.

对任意的实数 x，余项的绝对值

$$\left|R_n(x)\right| = \left| \frac{\sin\left[\theta x + \frac{(n+1)\pi}{2}\right]}{(n+1)!} x^{n+1} \right| \leqslant \frac{|x|^{n+1}}{(n+1)!} \to 0 \quad (n \to \infty).$$

因此得展开式

$$\sin x = x - \frac{x^3}{3!} + \frac{x^5}{5!} - \frac{x^7}{7!} + \cdots + (-1)^k \frac{x^{2k+1}}{(2k+1)!} + \cdots \quad (-\infty < x < +\infty). \tag{11.5.7}$$

例 11.5.3 将函数 $f(x) = \cos x$ 展开成 x 的幂级数.

解 因为 $(\sin x)' = \cos x$，故对（11.5.7）逐项求导可得到 $\cos x$ 的展开式，即

$$\cos x = (\sin x)' = \left(x - \frac{x^3}{3!} + \frac{x^5}{5!} - \frac{x^7}{7!} + \cdots + (-1)^k \frac{x^{2k+1}}{(2k+1)!} + \cdots \right)'$$

$$= 1 - \frac{x^2}{2!} + \frac{x^4}{4!} - \frac{x^6}{6!} + \cdots + (-1)^k \frac{x^{2k}}{(2k)!} + \cdots,$$

由幂级数和函数的性质可知，上式的收敛半径 $R = +\infty$，因此得到

$$\cos x = 1 - \frac{x^2}{2!} + \frac{x^4}{4!} - \frac{x^6}{6!} + \cdots + (-1)^k \frac{x^{2k}}{(2k)!} + \cdots \quad (-\infty < x < +\infty). \tag{11.5.8}$$

例 11.5.3 所采用的展开法我们称为**间接展开法**，即利用已知函数的幂级数展开式，通过适当的变量代换及幂级数的运算技巧，可以较简单地将一些函数展开成幂级数.

前面已经求出几个常用的幂级数的展开式：

$$\mathrm{e}^x = \sum_{n=0}^{\infty} \frac{1}{n!} x^n \quad (-\infty < x < +\infty), \tag{11.5.6}$$

$$\sin x = \sum_{n=0}^{\infty} (-1)^n \frac{x^{2n+1}}{(2n+1)!} \quad (-\infty < x < +\infty), \tag{11.5.7}$$

$$\cos x = \sum_{n=0}^{\infty} (-1)^n \frac{x^{2n}}{(2n)!} \quad (-\infty < x < +\infty), \tag{11.5.8}$$

$$\frac{1}{1-x} = \sum_{n=0}^{\infty} x^n \quad (-1 < x < 1), \tag{11.5.9}$$

此外，还可以得到：

$$\ln(1+x) = \sum_{n=0}^{\infty} \frac{(-1)^n}{n+1} x^{n+1} \quad (-1 < x \leqslant 1), \tag{11.5.10}$$

$$(1+x)^m = 1 + \sum_{n=1}^{\infty} \frac{m(m-1)\cdots(m-n+1)}{n!} x^n \quad (-1 < x < 1). \tag{11.5.11}$$

其中公式（11.5.11）在端点处展开式是否成立要看 m 的具体数值而定.

例 11.5.4 将函数 $f(x) = \dfrac{x}{1+x^2}$ 展开成 x 的幂级数.

解 将公式（11.5.9）中的 x 换为 $-x^2$，可得

$$\frac{1}{1+x^2} = \sum_{n=0}^{\infty} (-x^2)^n = 1 - x^2 + x^4 - \cdots + (-1)^n x^{2n} + \cdots \quad (-1 < x < 1).$$

故

$$f(x) = \frac{x}{1+x^2} = x - x^3 + x^5 - \cdots + (-1)^n x^{2n+1} + \cdots \quad (-1 < x < 1).$$

例 11.5.5 将函数 $f(x) = \dfrac{1}{x^2+4x+3}$ 展开成 x 的幂级数.

解 由于 $\dfrac{1}{x^2+4x+3} = \dfrac{1}{(x+1)(x+3)} = \dfrac{1}{2} \cdot \dfrac{1}{1+x} - \dfrac{1}{2} \cdot \dfrac{1}{3+x}$，

其中

$$\frac{1}{1+x} = \sum_{n=0}^{\infty} (-x)^n = \sum_{n=0}^{\infty} (-1)^n x^n \quad (-1 < x < 1),$$

$$\frac{1}{3+x} = \frac{1}{3} \cdot \frac{1}{1+\frac{x}{3}} = \frac{1}{3} \sum_{n=0}^{\infty} \left(-\frac{x}{3}\right)^n = \sum_{n=0}^{\infty} (-1)^n \frac{1}{3^{n+1}} x^n \quad (-3 < x < 3).$$

故

$$f(x) = \frac{1}{x^2+4x+3} = \frac{1}{2} \sum_{n=0}^{\infty} (-1)^n x^n - \frac{1}{2} \sum_{n=0}^{\infty} (-1)^n \frac{1}{3^{n+1}} x^n$$

$$= \sum_{n=0}^{\infty} \left[\frac{1}{2}(-1)^n - \frac{1}{2}(-1)^n \frac{1}{3^{n+1}} \right] x^n \quad (-1 < x < 1).$$

这里 $(-1,1)$ 是两个幂级数的公共收敛区间.

例 11.5.6 将函数 $f(x) = \ln x$ 展开成 $x - 2$ 的幂级数.

解 由于

$$f(x) = \ln x = \ln(2 + x - 2) = \ln 2 \left(1 + \frac{x-2}{2} \right) = \ln 2 + \ln \left(1 + \frac{x-2}{2} \right),$$

将公式（11.5.10）中的 x 换为 $\frac{x-2}{2}$，可得，

$$f(x) = \ln x = \ln 2 + \sum_{n=0}^{\infty} \frac{(-1)^n}{n+1} \left(\frac{x-2}{2} \right)^{n+1} = \ln 2 + \sum_{n=0}^{\infty} \frac{(-1)^n}{(n+1)2^{n+1}} (x-2)^{n+1},$$

其中 $-1 < \frac{x-2}{2} \leqslant 1$，即 $0 < x \leqslant 4$.

例 11.5.7 将函数 $f(x) = \arctan x$ 展开成 x 的幂级数.

解 由于

$$f(x) = \arctan x = \int_0^x \frac{1}{1+x^2} \, dx,$$

而由公式（11.5.9）可得

$$\frac{1}{1+x^2} = \sum_{n=0}^{\infty} (-x^2)^n = 1 - x^2 + x^4 - \cdots + (-1)^n x^{2n} + \cdots \quad (-1 < x < 1),$$

将此等式两端在区间 $[0, x]$ 上积分，得

$$f(x) = \arctan x = x - \frac{1}{3} x^3 + \frac{1}{5} x^5 - \cdots + (-1)^n \frac{1}{2n+1} x^{2n+1} + \cdots \quad (-1 \leqslant x \leqslant 1).$$

最后，当 $x = \pm 1$ 时级数收敛，而 $f(x) = \arctan x$ 在 $x = \pm 1$ 处连续，故上式在 $[-1,1]$ 上成立.

例 11.5.7 由于利用了逐项积分，就有可能会改变收敛域端点处的收敛性，所以要注意判断其收敛性.

习题 11.5

1. 将下列函数展开成 x 的幂级数，并求展开式成立的区间.

（1）a^x；

（2）$\cos^2 x$；

（3）$\sin\left(x + \dfrac{\pi}{4} \right)$；

（4）$\ln \sqrt{\dfrac{1+x}{1-x}}$；

（5）$(1+x)\ln(1+x)$.

2. 将函数 $f(x) = \dfrac{1}{2+x}$ 展开成 $(x-1)$ 的幂级数，并求展开式成立的区间.

3. 将函数 $f(x) = \ln x$ 展开成 $(x-2)$ 的幂级数，并求展开式成立的区间.

4. 将函数 $f(x) = \cos x$ 展开成 $\left(x + \dfrac{\pi}{3}\right)$ 的幂级数，并求展开式成立的区间.

11.6　傅立叶级数

本节将讨论另一类在理论和应用上都很重要的函数项级数，即三角级数，其通项由三角函数组成，它在研究周期性物理现象如机械振动和电子线路中周期信号的放大等问题中特别有用.

11.6.1　三角函数系与三角级数

我们称
$$1, \cos x, \sin x, \cos 2x, \sin 2x, \cdots, \cos nx, \sin nx, \cdots$$
为一个三角函数系.

三角函数系的**正交性**是指在三角函数系中任取两个不同函数，它们的乘积在区间 $[-\pi, \pi]$ 上的积分为零，即有以下 5 个等式：

$$\int_{-\pi}^{\pi} \cos nx\,\mathrm{d}x = 0 \quad (n = 1, 2, 3, \cdots),$$

$$\int_{-\pi}^{\pi} \sin nx\,\mathrm{d}x = 0 \quad (n = 1, 2, 3, \cdots),$$

$$\int_{-\pi}^{\pi} \sin kx \cos nx\,\mathrm{d}x = 0 \quad (k, n = 1, 2, 3, \cdots),$$

$$\int_{-\pi}^{\pi} \cos kx \cos nx\,\mathrm{d}x = 0 \quad (k, n = 1, 2, 3, \cdots, \ k \neq n),$$

$$\int_{-\pi}^{\pi} \sin kx \sin nx\,\mathrm{d}x = 0 \quad (k, n = 1, 2, 3, \cdots, \ k \neq n).$$

以上等式第一式与第二式可直接积分验证，第三、四、五式利用三角函数中积化和差公式可验证，如第四式验证如下.

$$\cos kx \cos nx = \frac{1}{2}\big[\cos(k+n)x + \cos(k-n)x\big],$$

当 $k \neq n$ 时，有

$$\int_{-\pi}^{\pi} \cos kx \cos nx\,\mathrm{d}x = \frac{1}{2}\int_{-\pi}^{\pi}\big[\cos(k+n)x + \cos(k-n)x\big]\mathrm{d}x$$

$$= \frac{1}{2}\left[\frac{\sin(k+n)x}{k+n} + \frac{\sin(k-n)x}{k-n}\right]_{-\pi}^{\pi}$$

$$= 0 \quad (k, n = 1, 2, 3, \cdots, \ k \neq n).$$

需要注意的是：在三角函数系中，两个相同函数的乘积在区间 $[-\pi, \pi]$ 上的积分不等于零. 例如，$\int_{-\pi}^{\pi} 1^2\,\mathrm{d}x = 2\pi$，$\int_{-\pi}^{\pi} \sin^2 nx\,\mathrm{d}x = \pi$，$\int_{-\pi}^{\pi} \cos^2 nx\,\mathrm{d}x = \pi$（$n = 1, 2, 3, \cdots$）.

设 $a_0, a_1, b_1, \cdots, a_n, b_n, \cdots$ 为常数，则称表达式

$$\frac{a_0}{2} + \sum_{n=1}^{\infty}(a_n\cos nx + b_n\sin nx)$$

为三角级数.

11.6.2　$f(x)$ 的傅立叶级数

对于三角级数，我们需要解决以下三个问题：

（1）$f(x)$ 满足什么条件可以展开成三角级数？

（2）如果 $f(x)$ 可以展开成三角级数，系数 a_0, a_n, b_n（$n=1,2,3,\cdots$）如何确定？

（3）$f(x)$ 的三角级数的收敛性如何？

第一个问题和第三个问题可由狄利克雷充分条件给出答案，现在我们利用三角函数系的正交性解决第二个的问题.

设 $f(x)$ 可以展开成三角级数，即

$$f(x) = \frac{a_0}{2} + \sum_{n=1}^{\infty}(a_n\cos nx + b_n\sin nx). \tag{11.6.1}$$

对上式两边从 $-\pi$ 到 π 积分（三角级数可逐项积分），则有

$$\int_{-\pi}^{\pi}f(x)\mathrm{d}x = \int_{-\pi}^{\pi}\frac{a_0}{2}\mathrm{d}x + \sum_{n=1}^{\infty}\left[a_n\int_{-\pi}^{\pi}\cos nx\mathrm{d}x + b_n\int_{-\pi}^{\pi}\sin nx\mathrm{d}x\right] = \frac{a_0}{2}\cdot 2\pi = \pi a_0,$$

所以

$$a_0 = \frac{1}{\pi}\int_{-\pi}^{\pi}f(x)\mathrm{d}x.$$

公式（11.6.1）两边同乘以 $\cos kx$，再从 $-\pi$ 到 π 积分，我们得到

$$\int_{-\pi}^{\pi}f(x)\cos kx\mathrm{d}x$$

$$= \frac{a_0}{2}\int_{-\pi}^{\pi}\cos kx\mathrm{d}x + \sum_{n=1}^{\infty}\left[a_n\int_{-\pi}^{\pi}\cos kx\cos nx\mathrm{d}x + b_n\int_{-\pi}^{\pi}\cos kx\sin nx\mathrm{d}x\right].$$

由三角函数系的正交性，等式右端除 $n=k$ 项外，其余项均为零，所以

$$\int_{-\pi}^{\pi}f(x)\cos kx\mathrm{d}x = a_k\int_{-\pi}^{\pi}\cos^2 kx\mathrm{d}x = a_k\pi,$$

于是得

$$a_n = \frac{1}{\pi}\int_{-\pi}^{\pi}f(x)\cos nx\mathrm{d}x \quad (n=1,2,3,\cdots).$$

类似地，在公式（11.6.1）两边同乘以 $\sin kx$，再从 $-\pi$ 到 π 积分，可得到

$$b_n = \frac{1}{\pi}\int_{-\pi}^{\pi}f(x)\sin nx\mathrm{d}x \quad (n=1,2,3,\cdots).$$

综合以上结果，我们有

$$\begin{cases} a_n = \dfrac{1}{\pi} \displaystyle\int_{-\pi}^{\pi} f(x)\cos nx\mathrm{d}x \ (n=0,1,2,\cdots), \\[3mm] b_n = \dfrac{1}{\pi} \displaystyle\int_{-\pi}^{\pi} f(x)\sin nx\mathrm{d}x \ (n=1,2,3,\cdots). \end{cases} \tag{11.6.2}$$

如果公式（11.6.2）的积分都存在，这时所确定的系数 a_0，a_1，b_1，$\cdots$叫做函数 $f(x)$ 的**傅里叶（Fourier）系数**，将这些系数代入三角级数，所得级数

$$f(x) = \frac{a_0}{2} + \sum_{n=1}^{\infty}(a_n\cos nx + b_n\sin nx)$$

称为 $f(x)$ 的**傅里叶级数**.

定理 11.6.1（收敛定理，狄利克雷（Dirichlet）充分条件）　设 $f(x)$ 是周期为 2π 的周期函数，且 $f(x)$ 在 $[-\pi,\pi]$ 上满足：

（1）连续或仅有有限个第一类间断点；

（2）至多只有有限个极值点，

则 $f(x)$ 的傅里叶级数收敛，并且

当 x 是 $f(x)$ 的连续点时，级数收敛于 $f(x)$；

当 x 是 $f(x)$ 的间断点时，级数收敛于 $\dfrac{1}{2}\Big[f(x^-)+f(x^+)\Big]$.

证明从略.

例 11.6.1　设 $f(x)$ 是周期为 2π 的周期函数，且

$$f(x)=\begin{cases} 0, & -\pi \leqslant x \leqslant 0, \\ x, & 0 < x < \pi. \end{cases}$$

将 $f(x)$ 展开成傅里叶级数.

解　所给函数满足狄利克雷充分条件，它在点 $x=(2k+1)\pi$（$k=0,\pm1,\pm2,\cdots$）处不连续. 因此，$f(x)$ 的傅里叶级数在 $x=(2k+1)\pi$ 处收敛于

$$\frac{1}{2}\Big[f(\pi^-)+f(\pi^+)\Big] = \frac{\pi+0}{2} = \frac{\pi}{2}.$$

在 $f(x)$ 的连续点 x（$x \neq (2k+1)\pi$）处级数收敛于 $f(x)$. 且由公式（11.6.2），傅里叶系数计算如下：

$$a_0 = \frac{1}{\pi}\int_{-\pi}^{\pi} f(x)\mathrm{d}x = \frac{1}{\pi}\left[\int_{-\pi}^{0}0\cdot\mathrm{d}x + \int_{0}^{\pi}x\mathrm{d}x\right] = \frac{1}{\pi}\cdot\frac{\pi^2}{2} = \frac{\pi}{2},$$

$$a_n = \frac{1}{\pi}\int_{-\pi}^{\pi}f(x)\cos nx\mathrm{d}x = \frac{1}{\pi}\int_{0}^{\pi}x\cos nx\mathrm{d}x = \frac{1}{\pi}\left[\frac{x\sin nx}{n}\Big|_{0}^{\pi} - \frac{1}{n}\int_{0}^{\pi}\sin nx\mathrm{d}x\right]$$

$$= \frac{1}{n\pi}\cdot\frac{\cos nx}{n}\Big|_{0}^{\pi} = \begin{cases} -\dfrac{2}{n^2\pi}, & n=1,3,5,\cdots, \\[3mm] 0, & n=2,4,6,\cdots, \end{cases}$$

$$b_n = \frac{1}{\pi}\int_{-\pi}^{\pi} f(x)\sin nx\,dx = \frac{1}{\pi}\int_0^{\pi} x\sin nx\,dx = \frac{1}{\pi}\left[-\frac{x\cos nx}{n}\bigg|_0^{\pi} + \frac{1}{n}\int_0^{\pi}\cos nx\,dx\right]$$

$$= -\frac{1}{n}\cos n\pi = \begin{cases} \dfrac{1}{n}, & n = 1,3,5,\cdots, \\[2mm] -\dfrac{1}{n}, & n = 2,4,6,\cdots. \end{cases}$$

将所求系数代入（11.6.1），可以得到 $f(x)$ 的傅里叶级数展开式：

$$f(x) = \frac{\pi}{4} - \frac{2}{\pi}\left(\frac{\cos x}{1^2} + \frac{\cos 3x}{3^2} + \frac{\cos 5x}{5^2} + \cdots\right) + \left(\sin x - \frac{1}{2}\sin 2x + \frac{1}{3}\sin 3x - \frac{1}{4}\sin 4x + \cdots\right)$$

$$(-\infty < x < +\infty;\ x \neq \pm\pi, \pm 3\pi, \cdots).$$

由上式，当 $x = \pm\pi$ 时，可得

$$\frac{\pi}{4} - \frac{2}{\pi}\left(-\frac{1}{1^2} - \frac{1}{3^2} - \frac{1}{5^2} - \cdots\right) = \frac{\pi}{2}.$$

由常数项级数收敛性的判断，我们只能得出 $\displaystyle\sum_{n=1}^{\infty}\frac{1}{(2n-1)^2}$ 收敛，现在利用傅里叶级数，我们可以求出其和

$$\sum_{n=1}^{\infty}\frac{1}{(2n-1)^2} = \frac{1}{1^2} + \frac{1}{3^2} + \frac{1}{5^2} + \cdots = \frac{\pi^2}{8}.$$

需要注意的是：如果函数 $f(x)$ 仅在 $[-\pi, \pi]$ 上有定义，并且满足收敛定理的条件，则 $f(x)$ 也可以展开为傅里叶级数．实际上，我们可以在 $[-\pi, \pi)$ 或 $(-\pi, \pi]$ 外补充定义，使其拓展成周期为 2π 的周期函数 $F(x)$．我们称此过程为**周期性延拓**．再将 $F(x)$ 展开成傅里叶级数，注意到 $F(x) \equiv f(x)$，$x \in (-\pi, \pi)$，将展开式中的 x 限定在区间 $(-\pi, \pi)$ 上，这样就可以得到 $f(x)$ 的傅里叶级数展开式．最后根据收敛定理，在区间端点 $x = \pm\pi$ 处，级数收敛于 $\dfrac{f(\pi^-) + f(-\pi^+)}{2}$．

11.6.3 正弦级数和余弦级数

如果 $f(x)$ 是奇函数，则 $f(x)\cos nx$ 为奇函数，$f(x)\sin nx$ 为偶函数．于是傅里叶系数为：

$$a_n = \frac{1}{\pi}\int_{-\pi}^{\pi} f(x)\cos nx\,dx = 0 \quad (n = 0,1,2,\cdots),$$

$$b_n = \frac{1}{\pi}\int_{-\pi}^{\pi} f(x)\sin nx\,dx = \frac{2}{\pi}\int_0^{\pi} f(x)\sin nx\,dx \quad (n = 1,2,3,\cdots).$$

则傅里叶级数

$$\sum_{n=1}^{\infty} b_n \sin nx \tag{11.6.3}$$

称为**正弦级数**.

如果 $f(x)$ 是偶函数,则 $f(x)\cos nx$ 为偶函数,$f(x)\sin nx$ 为奇函数. 于是傅里叶系数为:

$$a_n = \frac{1}{\pi}\int_{-\pi}^{\pi} f(x)\cos nx\mathrm{d}x = \frac{2}{\pi}\int_0^{\pi} f(x)\cos nx\mathrm{d}x \quad (n = 0,1,2,\cdots),$$

$$b_n = \frac{1}{\pi}\int_{-\pi}^{\pi} f(x)\sin nx\mathrm{d}x = 0 \quad (n = 1,2,3,\cdots).$$

则傅里叶级数

$$f(x) = \frac{a_0}{2} + \sum_{n=1}^{\infty} a_n\cos nx \tag{11.6.4}$$

称为**余弦级数**.

在实际应用中,有时需要将定义在区间 $[0,\pi]$ 上的函数 $f(x)$ 展开成正弦级数或余弦级数. 对于此类问题,首先需要在开区间 $(-\pi,0)$ 内按要求补充定义,使其成为区间 $(-\pi,\pi)$ 上的奇函数或偶函数,此时称为**奇延拓**或**偶延拓**. 然后再进行周期性延拓,才能展开成傅里叶级数,从而得到正弦级数或余弦级数.

例 11.6.2 将函数 $f(x) = x$ 在 $[0,\pi]$ 上分别展开成正弦级数和余弦级数.

解 先求正弦级数. 对函数 $f(x) = x$ 作奇延拓,再进行周期性延拓,如图 11.1 所示. 计算傅里叶系数如下:

$$b_n = \frac{2}{\pi}\int_0^{\pi} f(x)\sin nx\mathrm{d}x = \frac{2}{\pi}\int_0^{\pi} x\sin nx\mathrm{d}x = \frac{2}{n}(-1)^{n+1} \quad (n = 1,2,3,\cdots).$$

故得正弦级数

$$x = \sum_{n=1}^{\infty} (-1)^{n+1}\frac{2}{n}\sin nx, \quad x \in [0,\pi).$$

再求余弦级数. 对函数 $f(x) = x$ 作偶延拓,再进行周期性延拓,如图 11.2 所示. 计算傅里叶系数如下:

$$a_0 = \frac{2}{\pi}\int_0^{\pi} x\mathrm{d}x = \pi,$$

$$a_n = \frac{2}{\pi}\int_0^{\pi} x\cos nx\mathrm{d}x = \frac{2}{n^2\pi}\left[(-1)^n - 1\right]$$

$$= \begin{cases} 0, & n = 2,4,6,\cdots, \\ -\dfrac{4}{n^2\pi}, & n = 1,3,5,\cdots. \end{cases}$$

故得余弦级数

$$x = \frac{\pi}{2} - \frac{4}{\pi}\sum_{n=1}^{\infty} \frac{1}{(2n-1)^2}\cos(2n-1)x, \quad x \in [0,\pi].$$

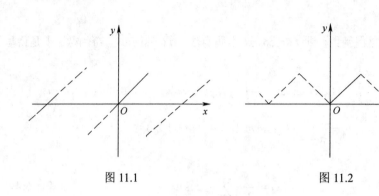

图 11.1　　　　　　　　　图 11.2

11.6.4　一般周期函数的傅里叶级数

前面我们讨论周期为 2π 的周期函数的傅里叶级数. 在实际问题中许多函数的周期不是 2π，而是 $2l$，l 为任意正数. 我们该如何处理？实际上，对周期为 $2l$ 的函数 $f(x)$ 有类似的傅里叶级数展开式.

定理 11.6.2　设 $f(x)$ 是周期为 $2l$ 的函数，且满足收敛定理的条件，则它的傅里叶展开式为

$$\frac{a_0}{2}+\sum_{n=1}^{\infty}\left(a_n\cos\frac{n\pi x}{l}+b_n\sin\frac{n\pi x}{l}\right),\qquad(11.6.5)$$

其中系数 a_n,b_n 分别为

$$\begin{cases}a_n=\dfrac{1}{l}\displaystyle\int_{-l}^{l}f(x)\cos\dfrac{n\pi x}{l}\mathrm{d}x\ (n=0,1,2,\cdots),\\[3mm]b_n=\dfrac{1}{l}\displaystyle\int_{-l}^{l}f(x)\sin\dfrac{n\pi x}{l}\mathrm{d}x\ (n=1,2,3,\cdots).\end{cases}\qquad(11.6.6)$$

并且在 $f(x)$ 的连续点处，级数收敛于 $f(x)$，在间断点处，级数收敛于 $\dfrac{f(x^-)+f(x^+)}{2}$.

例 11.6.3　设函数 $f(x)=\begin{cases}1,-1\leqslant x<0,\\2,0\leqslant x<1,\end{cases}$ 试将其展开成傅里叶级数.

解　在区间 $[-1,1)$ 内函数 $f(x)$ 满足收敛定理的条件，按公式（11.6.6）计算傅里叶系数（这里 $l=1$）：

$$a_0=\int_{-1}^{1}f(x)\mathrm{d}x=\int_{-1}^{0}\mathrm{d}x+\int_{0}^{1}2\mathrm{d}x=3,$$

$$a_n=\int_{-1}^{1}f(x)\cos n\pi x\mathrm{d}x=\int_{-1}^{0}\cos n\pi x\mathrm{d}x+\int_{0}^{1}2\cos n\pi x\mathrm{d}x$$

$$=\left(\frac{1}{n\pi}\sin n\pi x\right)\Big|_{-1}^{0}+\left(\frac{2}{n\pi}\sin n\pi x\right)\Big|_{0}^{1}=0,$$

$$b_n=\int_{-1}^{1}f(x)\sin n\pi x\mathrm{d}x=\int_{-1}^{0}\sin n\pi x\mathrm{d}x+\int_{0}^{1}2\sin n\pi x\mathrm{d}x$$

$$= \left(-\frac{1}{n\pi} \cos n\pi x \right) \bigg|_{-1}^{0} + \left(-\frac{2}{n\pi} \cos n\pi x \right) \bigg|_{0}^{1} = \frac{1}{n\pi} \left[1 - (-1)^n \right] = \begin{cases} \dfrac{2}{n\pi}, & n = 1, 3, 5, \cdots, \\ 0, & n = 2, 4, 6, \cdots. \end{cases}$$

所以，

$$f(x) = \frac{3}{2} + \frac{2}{\pi} \left(\sin \pi x + \frac{1}{3} \sin 3\pi x + \frac{1}{5} \sin 5\pi x + \cdots \right), x \in (-1, 0) \bigcup (0, 1).$$

而在点 $x = 0$ 及 $x = \pm 1$ ，级数收敛于 $\dfrac{3}{2}$.

习题 11.6

1．下列函数 $f(x)$ 是周期为 2π 的周期函数，试将 $f(x)$ 展开为傅里叶级数，其中 $f(x)$ 在 $[-\pi, \pi)$ 上的表达式为：

（1）$f(x) = x^3$ （ $-\pi \leqslant x < \pi$ ）；

（2）$f(x) = 2\sin \dfrac{x}{3}$ （ $-\pi \leqslant x < \pi$ ）.

2．将下列函数展开为傅里叶级数：

（1）$f(x) = \mathrm{e}^x + 1$ （ $-\pi \leqslant x \leqslant \pi$ ）；

（2）$f(x) = \begin{cases} -x, & -\pi < x < 0, \\ 2x, & 0 \leqslant x < \pi; \end{cases}$

（3）$f(x) = \begin{cases} \mathrm{e}^x, & -\pi \leqslant x < 0, \\ 1, & 0 \leqslant x \leqslant \pi. \end{cases}$

3．将函数 $f(x) = -\sin \dfrac{x}{2} + 1$ （ $0 \leqslant x \leqslant \pi$ ）展开为正弦级数.

4．将函数 $f(x) = \begin{cases} 1, & 0 \leqslant x \leqslant \dfrac{\pi}{2}, \\ x + 1, & \dfrac{\pi}{2} < x \leqslant \pi \end{cases}$ 展开为余弦级数.

5．将函数 $f(x) = \begin{cases} 2x + 1, & -3 \leqslant x \leqslant 0, \\ x, & 0 < x \leqslant 3 \end{cases}$ 展开为傅里叶级数.

复习题 11

1．选择题：

（1）下列说法正确的是（　　）.

A．如果 $\{u_n\}$ 收敛，则 $\displaystyle\sum_{n=1}^{\infty} u_n$ 收敛；

B. 如果 $\lim\limits_{n\to\infty}u_n=0$，则 $\sum\limits_{n=1}^{\infty}u_n$ 收敛；

C. 如果 $\sum\limits_{n=1}^{\infty}u_n$ 收敛，则 $\{u_n\}$ 收敛；

D. 以上说法都不对.

（2）设级数 $\sum\limits_{n=1}^{\infty}u_n$ 收敛，则以下级数必定收敛的是（　　）.

A. $\sum\limits_{n=1}^{\infty}\dfrac{1}{u_n}$；

B. $\sum\limits_{n=1}^{\infty}u_n^{\,2}$；

C. $\sum\limits_{n=1}^{\infty}(-1)^n u_n$；

D. $\sum\limits_{n=1}^{\infty}(u_n+u_{n+1})$.

（3）如果 $\sum\limits_{n=1}^{\infty}a_n(x-1)^n$ 在 $x=-1$ 处收敛，则此级数在 $x=2$ 处（　　）.

A. 条件收敛；

B. 绝对收敛；

C. 发散；

D. 敛散性不能确定.

2. 判断下列级数的收敛性：

（1）$\sum\limits_{n=1}^{\infty}\ln\left(1+\dfrac{1}{n^2}\right)$；　（2）$\sum\limits_{n=1}^{\infty}\dfrac{(n!)^2}{2n^2}$；　（3）$\sum\limits_{n=1}^{\infty}\dfrac{1}{n}\left(\sqrt{n+1}-\sqrt{n-1}\right)$；

（4）$\sum\limits_{n=1}^{\infty}\dfrac{3^n}{n!}\cos^2\dfrac{n\pi}{3}$.

3. 判断下列级数的收敛性，若收敛，指出条件收敛还是绝对收敛：

（1）$\sum\limits_{n=1}^{\infty}\dfrac{\cos(n\pi)}{n}$；　（2）$\sum\limits_{n=1}^{\infty}(-1)^{n-1}\dfrac{\sqrt{n}}{n+100}$；　（3）$\sum\limits_{n=1}^{\infty}\dfrac{(-1)^n}{\sqrt{n(n+2)}}$；

（4）$\sum\limits_{n=1}^{\infty}(-1)^n\dfrac{\ln n}{n}$.

4. 求下列幂级数的收敛域：

（1）$\sum\limits_{n=1}^{\infty}(-1)^n\dfrac{2^n}{\sqrt{n}}x^n$；　（2）$\sum\limits_{n=1}^{\infty}\dfrac{n!}{2n+1}x^n$；　（3）$\sum\limits_{n=1}^{\infty}\dfrac{x^{2n+1}}{3^n}$；

（4）$\sum\limits_{n=1}^{\infty}\dfrac{\ln(n+1)}{n+1}(x-1)^n$.

5. 试求 $\sum\limits_{n=0}^{\infty}\dfrac{2n+1}{n!}x^{2n}$ 的收敛域及和函数，并求级数 $\sum\limits_{n=0}^{\infty}\dfrac{2n+1}{n!}$ 的和.

6. 将下列函数展开成 x 的幂级数：

（1）xe^{-x^2}；

（2）$\ln\left(x+\sqrt{x^2+1}\right)$.

7. 将函数 $f(x) = \dfrac{1}{x^2}$ 展开成 $(x-3)$ 的幂级数，并指出其成立的范围．

8. 将函数 $f(x) = \begin{cases} x, & -\pi < x < 0, \\ 2x, & 0 \leqslant x \leqslant \pi \end{cases}$ 展开为傅里叶级数．

9. 将函数 $f(x) = \begin{cases} 1, & 0 \leqslant x \leqslant h, \\ 0, & h < x \leqslant \pi \end{cases}$ 分别展开成正弦级数和余弦级数．

数学家简介——阿贝尔

阿贝尔（Abel，Niels Henrik）是挪威数学家．1802 年 8 月 5 日生于芬岛（另一说克里斯蒂安桑）；1829 年 4 月 6 日卒于弗鲁兰．

阿贝尔的父亲是村子里的基督教牧师，家庭贫困．阿贝尔中学时代，得到一位很有才华的数学教师霍尔姆博（Holmböe）的教诲，引导他走上了数学研究的道路．从 16 岁开始，就自学了牛顿、欧拉、拉格朗日、勒让德等人的数学著作，被同学称为"数学迷"．阿贝尔 18 岁时，父亲便去世了，本来就贫苦的家庭又失去了唯一的经济支持，全靠几位教授和邻居的资助维持生计．在 19 岁那年，阿贝尔进入了奥斯陆大学学习．

阿贝尔有惊人的智慧．当他还是一个中学生的时候，就按照高斯对二项式方程的处理方法探讨高次方程的可解性问题．起初，他认为自己用根式已经解决了一般的五次方程，但很快就发现了自己的错误．进大学后他继续研究这一问题，终于在 1824 年证明了一般五次方程是不能像低次方程那样用根式求解，从而解决了使数学家困惑 300 年之久的一个难题，这时他年仅 22 岁．他自己出资印发了这个证明．另外，在 1823 年还发表了其他一些论文，其中包括用积分方程解古典的等时线问题，可以说它是这类方程的第一个解法，为积分方程在 19 世纪末 20 世纪初的全面发展开辟了道路．

阿贝尔深刻的数学思想超出了挪威数学界所能理解的水平，因此他渴望出访德、法等国．在朋友和教授们的支持下，经过和政府的多次交涉，才获取了一笔不大的出国奖学金．

在柏林期间，他接受了高斯、柯西学派注重严格推导的学风，对分析中逻辑混乱、概念不清以及证明中的有失严格深为不满．他曾尖锐地指出："人们在分析中确实发现了惊人的含糊不清之处．这样一个完全没有计划和体系的分析，竟那么多人研究过它，真是奇怪．最坏的是，从来没有严格地对待过分析．"他给出了二项式定理对于所有复指数都是正确的证明，从而奠定了幂级数收敛的一般理论，也是第一次给出这种级数展开式成立的可靠证明，从而解决了在实数和复数范围内分别求幂级数的收敛区间和收敛半径的问题．他还纠正了柯西关于连续函数的一个收敛级数的和一定连续的错误，并给出了具体的例子．他还利用一致收敛的思想，正确地证明了"连续函数为项的一个一致收敛级数的和，在收敛域内是连续的"，可惜他当时未能从中把一致收敛的性质抽象概括出来，形成普遍的概念．阿贝尔的这些工作有力地推进了分析学的严格化．

阿贝尔在柏林结识了一位热情的业余爱好者克莱尔（Crelle），克莱尔对阿贝尔的才华十分敬佩．阿贝尔则鼓励克莱尔创办《纯粹与应用数学学报》，这是世界上专载数学研究的第一个学术刊物．该刊物前 3 期便登载了阿贝尔 22 篇文章，他的《五次方程代数解法不可能存在的证明》就发表在创刊号上．阿贝尔把他关于五次方程的小册子寄给哥廷根大学的高斯，想借此作为晋谒高斯的通行证．但不知什么原因高斯根本未看（因为在高斯死后 30 年，人们发现其遗物中的这本小册子还没有启封），阿贝尔觉得受到冷遇，决心不再见高斯而径自去巴黎．

在巴黎他会见了柯西、勒让德、狄利克雷等人，但人们并没有真正认识到他是天才．在巴黎期间他完成了论著《论一类广泛的超越函数的一般性质》．在这一论著中研究了后来我们所知的阿贝尔积分．阿贝尔当时把该论著呈给法国科学院，但不幸稿件被柯西带回家时，不知放在什么地方了，完全把它忘记了．阿贝尔空等了一段时间，终因旅资用尽而不得不返回柏林．

在柏林他完成了关于椭圆函数的一篇开创性论文后就回到了挪威．他原希望回国后能被聘为大学教授，但希望又一次落空．在艰苦的条件下，他仍坚持搞科研工作，主要研究椭圆函数论，并开创这一数学分支．不幸的是在 1829 年他染上肺病，不久在贫病交加中去世，终年不足 27 岁．死后的第三天柏林大学给他的数学教授聘书才寄到挪威，这也是常使后世数学家无不为之深深惋惜的事情——"迟到的聘书"．

阿贝尔短促的一生，却在数学史上留下了光辉的篇章．2002 年阿贝尔诞辰 200 周年时，为纪念挪威这位杰出数学家，挪威政府设立了以他的名字命名的这项国际性大奖——阿贝尔奖（The Abel Prize），阿贝尔奖是一个奖励数学领域杰出成就的国际奖项，被视为数学界最高荣誉之一，其宗旨在于提高数学在社会中的地位，同时激励青少年学习数学的兴趣．获奖者没有年龄的限制．该奖自 2003 年开始每年颁发一次，奖金额为 600 万挪威克朗，颁奖典礼于每年 6 月在奥斯陆举行．

附录　习题参考答案

第 7 章

习题 7.1

1.（1）$a \perp b$；（2）a 与 b 同向；（3）a 与 b 反向；（4）a 与 b 同向.

2. $7a - 8b + 5c$.

3. $\overrightarrow{AB} = \dfrac{1}{2}(a-b)$，$\overrightarrow{CD} = \dfrac{1}{2}(b-a)$，$\overrightarrow{BC} = \dfrac{1}{2}(a+b)$，$\overrightarrow{DA} = \dfrac{1}{2}(b+a)$.

4. 略.

习题 7.2

1. A，B，C，D 依次在第 IV，V，VIII，III 卦限.

2. A，B，C，D 依次在 xOy 面上，yOz 面上，x 轴上，y 轴上.

3. $\overrightarrow{AB} = (6,-5,1)$，$\overrightarrow{BC} = (-3,4,2)$，$\overrightarrow{CA} = (-3,1,-3)$.

4. $a - b = i + 4j - 12k$，$3a + 2b = 13i + 17j + 4k$.

5. $\pm\left(\dfrac{6}{11}, \dfrac{7}{11}, -\dfrac{6}{11}\right)$.

6. $\left|\overrightarrow{M_1 M_2}\right| = 2$；$\cos\alpha = -\dfrac{1}{2}$，$\cos\beta = -\dfrac{\sqrt{2}}{2}$，$\cos\gamma = \dfrac{1}{2}$；$\alpha = \dfrac{2\pi}{3}$，$\beta = \dfrac{3\pi}{4}$，$\gamma = \dfrac{\pi}{3}$.

7. $a = (0,0,-3)$.

8. $\sqrt{21}$；$\cos\alpha = \dfrac{2}{\sqrt{21}}$，$\cos\beta = \dfrac{1}{\sqrt{21}}$，$\cos\gamma = \dfrac{4}{\sqrt{21}}$.

习题 7.3

1.（1）9；（2）30；（3）$-8i - 5j + k$；（4）$\dfrac{9}{\sqrt{154}}$.

2. 10（J）.

3. $\pm\left(\dfrac{3}{\sqrt{17}}, \dfrac{-2}{\sqrt{17}}, \dfrac{-2}{\sqrt{17}}\right)$.

4. 2.

5. $b = \dfrac{4}{3}(1,2,2)$.

6．略.

7．$\dfrac{3\sqrt{2}}{2}$.

8．$\sqrt{6}$.

习题 7.4

1．$(x-3)^2+(y+2)^2+(z-5)^2=9$.

2．以 $(1,-2,0)$ 为球心，半径为 $\sqrt{5}$ 的球面.

3．$2x-6y+2z-7=0$.

4．$z=4(x^2+y^2)$.

5．$y^2+z^2=4x^2$.

6．

方程	平面解析几何	空间解析几何
$y=0$	平面上的 x 轴	空间中的 xOz 坐标面
$y=2x+1$	斜率为 2 的直线	平行于 z 轴的平面
$x^2+y^2=9$	圆心在原点，半径为 3 的圆	母线平行于 z 轴的圆柱面
$x^2-y^2=4$	双曲线	母线平行于 z 轴的双曲柱面

7．（1）xOy 面上的椭圆 $\dfrac{x^2}{4}+\dfrac{y^2}{9}=1$ 绕 x 轴旋转一周，或者 xOz 面上的椭圆

$\dfrac{x^2}{4}+\dfrac{z^2}{9}=1$ 绕 x 轴旋转一周；

（2）xOy 面上的双曲线 $x^2-\dfrac{y^2}{4}=1$ 绕 y 轴旋转一周，或者 yOz 面上的双曲线

$z^2-\dfrac{y^2}{4}=1$ 绕 y 轴旋转一周；

（3）xOy 面上的双曲线 $x^2-y^2=1$ 绕 x 轴旋转一周，或者 xOz 面上的双曲线

$x^2-z^2=1$ 绕 x 轴旋转一周.

8．略.

习题 7.5

1．（1）在平面解析几何中，方程组表示两直线的交点；在空间解析几何中表示两

平面的交线；（2）在平面解析几何中，方程组表示椭圆 $\dfrac{x^2}{9}+\dfrac{y^2}{4}=1$ 与直线 $x=3$ 的

交点；在空间解析几何中表示椭圆柱面 $\dfrac{x^2}{9}+\dfrac{y^2}{4}=1$ 与平面 $x=3$ 的交线.

2. 略.

3. 母线平行于 x 轴的柱面方程：$3y^2-z^2=16$；母线平行于 y 轴的柱面方程：$3x^2+2z^2=16$.

4. $\begin{cases} 2x^2+y^2-2x-8=0, \\ z=0. \end{cases}$

5. $\begin{cases} x=\sqrt{2}\cos t, \\ y=\sqrt{2}\cos t\ (0\leqslant t\leqslant 2\pi), \\ z=2\sin t. \end{cases}$

6. xOy 面：$\begin{cases} x^2+y^2\leqslant 4, \\ z=0; \end{cases}$ yOz 面：$\begin{cases} y^2\leqslant z\leqslant 4, \\ x=0; \end{cases}$ xOz 面：$\begin{cases} x^2\leqslant z\leqslant 4, \\ y=0. \end{cases}$

7. $\begin{cases} x^2+y^2\leqslant 2, \\ z=0. \end{cases}$

习题 7.6

1. （1）平行于 yOz 面；（2）平行于 xOz 面；（3）平行于 z 轴；（4）过原点.

2. $14x+9y-z-15=0$.

3. $2x+3y-5z-7=0$.

4. $x+y-z-1=0$.

5. （1）$x-1=0$；（2）$x+3z=0$；（3）$9y-z-2=0$.

6. $x+y-3z-4=0$.

7. （1）$k=1$；（2）$k=-\dfrac{7}{3}$；（3）$k=-3$.

8. $\sqrt{3}$.

习题 7.7

1. $\dfrac{x-2}{3}=\dfrac{y-3}{2}=\dfrac{z}{-2}$.

2. $\dfrac{x-2}{3}=\dfrac{y+1}{1}=\dfrac{z-4}{2}$.

3. $\dfrac{x-1}{4}=\dfrac{y}{-1}=\dfrac{z+2}{-3}$；$\begin{cases} x=1+4t, \\ y=-t, \\ z=-2-3t. \end{cases}$

4. $16x-14y-11z-65=0$.

5. $\cos\varphi = 0$.

6. $\dfrac{x+3}{4} = \dfrac{y-2}{3} = \dfrac{z-5}{1}$.

7. （1）平行；（2）垂直；（3）直线在平面上.

8. $\begin{cases} y-z-1=0, \\ x+y+z=0. \end{cases}$

复习题 7

1. $-\dfrac{3}{2}$.

2. 略.

3. $(2,-4,6)$.

4. $\lambda = 40$.

5. 绕 x 轴：$4x^2 - 9y^2 - 9z^2 = 36$；

   绕 y 轴：$4x^2 - 9y^2 + 4z^2 = 36$.

6. $x - 7y - 5z + 28 = 0$.

7. $\dfrac{x+1}{16} = \dfrac{y}{19} = \dfrac{z-4}{28}$.

8. $\begin{cases} (x-1)^2 + y^2 \leqslant 1, \\ z = 0. \end{cases}$

第 8 章

习题 8.1

1. （1）开集，无界集；　（2）既非开集又非闭集，有界集；

   （3）开集，区域，无界集.

2. （1）$x^2 + y^2 + 2xy - \dfrac{y^2}{x^2}$；　　（2）$\dfrac{x^2(1-y^2)}{(1+y)^2}$.

3. （1）$\left\{(x,y)\,\middle|\,4x^2 + y^2 \geqslant 1\right\}$；　　（2）$\left\{(x,y)\,\middle|\,xy > 0\right\}$；

   （3）$\left\{(x,y,z)\,\middle|\,x^2 + y^2 \geqslant z^2,\text{且}\,x^2 + y^2 \neq 0\right\}$；

   （4）$\left\{(x,y,z)\,\middle|\,x^2 + y^2 + 1 < z^2\right\}$.

4. （1）1；　　（2）$-\dfrac{1}{4}$；　　（3）e；　　（4）0；　　（5）$\dfrac{1}{6}$.

5. 略.

6.（1）连续；（2）不连续.

习题 8.2

1.（1）$\dfrac{\partial z}{\partial x} = 3x^2 y + 6xy^2 - y^3$，$\dfrac{\partial z}{\partial y} = x^3 + 6x^2 y - 3xy^2$；

（2）$\dfrac{\partial z}{\partial x} = y\mathrm{e}^{xy} + 2xy$，$\dfrac{\partial z}{\partial y} = x\mathrm{e}^{xy} + x^2$；

（3）$\dfrac{\partial z}{\partial x} = \cos x \cos y\, \mathrm{e}^{\sin x}$，$\dfrac{\partial z}{\partial y} = -\sin y\, \mathrm{e}^{\sin x}$；

（4）$\dfrac{\partial z}{\partial x} = \dfrac{1}{x + \ln y}$，$\dfrac{\partial z}{\partial y} = \dfrac{1}{y(x + \ln y)}$.

2. 1.

3. $f_x(0,0) = 0$，$f_y(0,0)$ 不存在.

4.（1）$\dfrac{\partial^2 z}{\partial x^2} = 12x^2 - 8y^2$，$\dfrac{\partial^2 z}{\partial y^2} = 12y^2 - 8x^2$，$\dfrac{\partial^2 z}{\partial x \partial y} = -16xy$；

（2）$\dfrac{\partial^2 z}{\partial x^2} = \dfrac{2xy}{(x^2 + y^2)^2}$，$\dfrac{\partial^2 z}{\partial y^2} = -\dfrac{2xy}{(x^2 + y^2)^2}$，$\dfrac{\partial^2 z}{\partial x \partial y} = \dfrac{y^2 - x^2}{(x^2 + y^2)^2}$；

（3）$\dfrac{\partial^2 z}{\partial x^2} = 2y(2y-1)x^{2y-2}$，$\dfrac{\partial^2 z}{\partial y^2} = 4x^{2y}(\ln x)^2$，$\dfrac{\partial^2 z}{\partial x \partial y} = 2x^{2y-1}(1 + 2y\ln x)$.

5. $f_{xx}(0,0,1) = 2$，$f_{xz}(1,0,2) = 2$，$f_{yz}(0,-1,0) = 0$，$f_{zzx}(2,0,1) = 0$.

6. 略.

习题 8.3

1.（1）$\mathrm{d}z = \dfrac{y\mathrm{d}x + x\mathrm{d}y}{1 + x^2 y^2}$； （2）$\mathrm{d}z = (6xy + \dfrac{1}{y})\mathrm{d}x + (3x^2 - \dfrac{x}{y^2})\mathrm{d}y$；

（3）$\mathrm{d}z = (3\mathrm{e}^{-y} - \dfrac{1}{\sqrt{x}})\mathrm{d}x - 3x\mathrm{e}^{-y}\mathrm{d}y$.

2. $\dfrac{4}{7}\mathrm{d}x + \dfrac{2}{7}\mathrm{d}y$.

3. -0.125.

4. A.

5. 1.021.

6. 2.97.

7. 约 $14.8\mathrm{m}^3$，$13.632\mathrm{m}^3$.

习题 8.4

1. （1）$\dfrac{3-12t^2}{1+(3t-4t^3)^2}$；　（2）$(\cos t-6t^2)e^{\sin t-2t^3}$.

2. （1）$\dfrac{\partial z}{\partial u}=\dfrac{2u}{v^2}\ln(3u-2v)+\dfrac{3u^2}{v^2(3u-2v)}$，$\dfrac{\partial z}{\partial v}=-\dfrac{2u^2}{v^3}\ln(3u-2v)-\dfrac{2u^2}{v^2(3u-2v)}$；

　（2）$\dfrac{\partial z}{\partial x}=2xf_1'+ye^{xy}f_2'$，$\dfrac{\partial z}{\partial y}=-2yf_1'+xe^{xy}f_2'$；

　（3）$\dfrac{\partial u}{\partial x}=f_1'+yf_2'+yzf_3'$，$\dfrac{\partial u}{\partial y}=xf_2'+xzf_3'$，$\dfrac{\partial u}{\partial z}=xyf_3'$.

3. 略.

4. $\dfrac{\partial^2 z}{\partial x^2}=2f'+4x^2f''$，$\dfrac{\partial^2 z}{\partial y^2}=2f'+4y^2f''$，$\dfrac{\partial^2 z}{\partial x\partial y}=4xyf''$.

5. （1）$\dfrac{\partial^2 z}{\partial x^2}=y^2f_{11}''$，$\dfrac{\partial^2 z}{\partial y^2}=x^2f_{11}''+2xf_{12}''+f_{22}''$，$\dfrac{\partial^2 z}{\partial x\partial y}=f_1'+y(xf_{11}''+f_{12}'')$；

　（2）$\dfrac{\partial^2 z}{\partial x^2}=\dfrac{1}{y^2}f_{11}''+4xf_{12}''+2yf_2'+4x^2y^2f_{22}''$，

　　$\dfrac{\partial^2 z}{\partial y^2}=\dfrac{2x}{y^3}f_1'+\dfrac{x^2}{y^4}f_{11}''-\dfrac{2x^3}{y^2}f_{12}''+x^4f_{22}''$，

　　$\dfrac{\partial^2 z}{\partial x\partial y}=-\dfrac{1}{y^2}f_1''-\dfrac{x}{y^3}f_{11}''-\dfrac{x^2}{y}f_{12}''+2xf_2'+2x^3yf_{22}''$.

习题 8.5

1. （1）$\dfrac{x+y}{x-y}$；　（2）$\dfrac{e^y-1}{1-xe^y}$.

2. （1）$\dfrac{\partial z}{\partial x}=\dfrac{2z}{3z^2-2x}$，$\dfrac{\partial z}{\partial y}=\dfrac{-1}{3z^2-2x}$；　（2）$\dfrac{\partial z}{\partial x}=\dfrac{z}{z+x}$，$\dfrac{\partial z}{\partial y}=\dfrac{z^2}{y(z+x)}$；

　（3）$\dfrac{\partial z}{\partial x}=\dfrac{yz}{e^z-xy}$，$\dfrac{\partial z}{\partial y}=\dfrac{xz}{e^z-xy}$；　（4）$\dfrac{\partial z}{\partial x}=\dfrac{yz-\sqrt{xyz}}{\sqrt{xyz}-xy}$，$\dfrac{\partial z}{\partial y}=\dfrac{xz-2\sqrt{xyz}}{\sqrt{xyz}-xy}$.

3. 略.

4. $\dfrac{\partial^2 z}{\partial x^2}=\dfrac{2y^2ze^z-2xy^3z-y^2z^2e^z}{(e^z-xy)^3}$.

5. $\dfrac{\partial^2 z}{\partial x^2}=\dfrac{-16xz}{(3z^2-2x)^3}$，$\dfrac{\partial^2 z}{\partial y^2}=\dfrac{-6z}{(3z^2-2x)^3}$.

6．（1）$\dfrac{\mathrm{d}y}{\mathrm{d}x}=-\dfrac{x(6z+1)}{2y(3z+1)}$，$\dfrac{\mathrm{d}z}{\mathrm{d}x}=\dfrac{x}{3z+1}$；　　（2）$\dfrac{\mathrm{d}x}{\mathrm{d}z}=\dfrac{y-z}{x-y}$，$\dfrac{\mathrm{d}y}{\mathrm{d}z}=\dfrac{z-x}{x-y}$；

（3）$\dfrac{\partial u}{\partial x}=\dfrac{\sin v}{\mathrm{e}^u(\sin v-\cos v)+1}$，$\dfrac{\partial u}{\partial y}=\dfrac{-\cos v}{\mathrm{e}^u(\sin v-\cos v)+1}$，

$\dfrac{\partial v}{\partial x}=\dfrac{\cos v-\mathrm{e}^u}{u\left[\mathrm{e}^u(\sin v-\cos v)+1\right]}$，$\dfrac{\partial v}{\partial y}=\dfrac{\sin v+\mathrm{e}^u}{u\left[\mathrm{e}^u(\sin v-\cos v)+1\right]}$．

习题 8.6

1．切线方程：$\dfrac{x-1}{1}=\dfrac{y-0}{1}=\dfrac{z-1}{1}$，法平面方程：$x+y+z-2=0$．

2．切线方程：$\dfrac{x-x_0}{1}=\dfrac{y-y_0}{\dfrac{m}{y_0}}=\dfrac{z-z_0}{-\dfrac{1}{2z_0}}$，

法平面方程：$(x-x_0)+\dfrac{m}{y_0}(y-y_0)-\dfrac{1}{2z_0}(z-z_0)=0$．

3．切线方程：$\dfrac{x-1}{16}=\dfrac{y-1}{9}=\dfrac{z-1}{-1}$，法平面方程：$16x+9y-z-24=0$．

4．切平面方程：$x+2y-4=0$，法线方程：$\begin{cases}\dfrac{x-2}{1}=\dfrac{y-1}{2},\\ z=0.\end{cases}$

5．切平面方程：$x-y+2z=\pm 3\sqrt{\dfrac{2}{3}}$．

6．切平面方程：$z=2x+2y-2$，法线方程：$\dfrac{x-1}{2}=\dfrac{y-1}{2}=\dfrac{z-2}{-1}$．

7．略．

习题 8.7

1．$1+2\sqrt{3}$．

2．$\dfrac{1}{ab}\sqrt{2(a^2+b^2)}$．

3．$\dfrac{11}{7}\sqrt{14}$．

4．$\dfrac{6}{7}\sqrt{14}$．

5．$x_0+y_0+z_0$．

6．$\mathbf{grad}\ f(0,0,0)=(0,-4,-8)$，$\mathbf{grad}\ f(1,1,1)=(4,4,2)$．

7．$\mathbf{grad}\ u=(2,-4,1)$ 是方向导数取最大值的方向，此方向导数的最大值为

$$|\mathbf{grad}\ u| = \sqrt{21}\ .$$

习题 8.8

1. 极小值：$f(1,1) = -1$.

2. 极小值：$f\left(\dfrac{1}{2}, -1\right) = -\dfrac{\mathrm{e}}{2}$.

3. 极大值：$z\left(\dfrac{1}{2}, \dfrac{1}{2}\right) = \dfrac{1}{4}$.

4. 最大值：$f(\pm 2, 0) = 4$ ，最小值：$f(0, \pm 2) = -4$.

5. $\left(\dfrac{8}{5}, \dfrac{3}{5}\right)$.

6. 当长、宽都是 $\sqrt[3]{2k}$ ，而高为 $\dfrac{1}{2}\sqrt[3]{2k}$ 时，表面积最小.

7. 当矩形的边长为 $\dfrac{2p}{3}$ 及 $\dfrac{p}{3}$ 时，可得最大的体积.

8. 最长距离为 $\sqrt{9 + 5\sqrt{3}}$ ，最短距离为 $\sqrt{9 - 5\sqrt{3}}$.

复习题 8

1. （1）充分，必要；　　（2）必要，充分；　　（3）充分；　　（4）充分.

2. C.

3. （1）e；（2）0 .

4. 略.

5. （1）偏导数 $f_x(0,0) = f_y(0,0) = 0$ ；（2）函数在点 $(0,0)$ 处偏导数不连续；

（3）函数在点 $(0,0)$ 处可微.

6. （1）$\dfrac{\partial z}{\partial x} = \dfrac{1}{x + y^2}$ ，$\dfrac{\partial z}{\partial y} = \dfrac{2y}{x + y^2}$ ，$\dfrac{\partial^2 z}{\partial x^2} = -\dfrac{1}{(x + y^2)^2}$ ，

$\dfrac{\partial^2 z}{\partial y^2} = \dfrac{2(x - y^2)}{(x + y^2)^2}$ ，$\dfrac{\partial^2 z}{\partial x \partial y} = -\dfrac{2y}{(x + y^2)^2}$ ；

（2）$\dfrac{\partial z}{\partial x} = yx^{y-1}$ ，$\dfrac{\partial z}{\partial y} = x^y \ln x$ ，$\dfrac{\partial^2 z}{\partial x^2} = y(y-1)x^{y-2}$ ，

$\dfrac{\partial^2 z}{\partial y^2} = x^y (\ln x)^2$ ，$\dfrac{\partial^2 z}{\partial x \partial y} = x^{y-1}(1 + y \ln x)$ ；

（3）$\dfrac{\partial z}{\partial x} = y\mathrm{e}^{-(xy)^2}$ ，$\dfrac{\partial z}{\partial y} = x\mathrm{e}^{-(xy)^2}$ ，$\dfrac{\partial^2 z}{\partial x^2} = -2xy^3 \mathrm{e}^{-(xy)^2}$ ，

$\dfrac{\partial^2 z}{\partial y^2} = -2x^3 y \mathrm{e}^{-(xy)^2}$ ，$\dfrac{\partial^2 z}{\partial x \partial y} = (1 - 2x^2 y^2)\mathrm{e}^{-(xy)^2}$.

7. $\Delta z = 0.02$ ，$\mathrm{d}z = 0.03$.

8. $\dfrac{\mathrm{d}u}{\mathrm{d}t} = yx^{y-1} \cdot \varphi'(t) + x^y \ln x \cdot \psi'(t)$.

9. $\dfrac{\partial z}{\partial x} = -\dfrac{x + yz\sqrt{x^2 + y^2 + z^2}}{z + xy\sqrt{x^2 + y^2 + z^2}}$ ，$\dfrac{\partial z}{\partial y} = -\dfrac{y + zx\sqrt{x^2 + y^2 + z^2}}{z + xy\sqrt{x^2 + y^2 + z^2}}$ ，

$\qquad \mathrm{d}z = -\dfrac{x + yz\sqrt{x^2 + y^2 + z^2}}{z + xy\sqrt{x^2 + y^2 + z^2}}\mathrm{d}x - \dfrac{y + zx\sqrt{x^2 + y^2 + z^2}}{z + xy\sqrt{x^2 + y^2 + z^2}}\mathrm{d}y$.

10. $\dfrac{\mathrm{d}y}{\mathrm{d}x} = -\dfrac{x(6z+1)}{2y(3z+1)}$ ，$\dfrac{\mathrm{d}z}{\mathrm{d}x} = \dfrac{x}{3z+1}$.

11. 切线方程：$\begin{cases} x = a, \\ by - az = 0; \end{cases}$ 法平面方程：$ay + bz = 0$.

12. 切平面方程：$x - y + 2z = \pm\sqrt{\dfrac{11}{2}}$.

13. $\dfrac{\partial f}{\partial l} = \cos\theta + \sin\theta$ ，（1）$\theta = \dfrac{\pi}{4}$ ；（2）$\theta = \dfrac{5\pi}{4}$ ；（3）$\theta = \dfrac{3\pi}{4}$ 及 $\dfrac{7\pi}{4}$.

14. $x_0 + y_0 + z_0$.

15. 在 $(0,0)$ 处，极小值 $f(0,0) = 1$ ；在 $(2,0)$ 处，极大值 $f(2,0) = \ln 5 + \dfrac{7}{15}$.

16. $\left(\dfrac{4}{5}, \dfrac{3}{5}, \dfrac{35}{12}\right)$.

17. 切点 $\left(\dfrac{a}{\sqrt{3}}, \dfrac{b}{\sqrt{3}}, \dfrac{c}{\sqrt{3}}\right)$ ，$V_{\min} = \dfrac{\sqrt{3}}{2}abc$.

18.（1）沿梯度的方向方向导数最大，最大值为梯度的模．

$\qquad g(x_0, y_0) = \sqrt{(y_0 - 2x_0)^2 + (x_0 - 2y_0)^2} = \sqrt{5(x_0)^2 + 5(y_0)^2 - 8x_0 y_0}$ ；

（2）选择 $P_1(5, -5)$ 或 $P_2(-5, 5)$ 作为攀登的起点．

第 9 章

习题 9.1

1.（1）$I_3 > I_2 > I_1$ ；（2）$I_1 > I_2$.

2.（1）$0 \leqslant I \leqslant 3$ ；（2）$2 \leqslant I \leqslant 8$ ；（3）$36\pi \leqslant I \leqslant 100\pi$.

3. $I_1 = 4I_2$.

4.（1）$\dfrac{\pi}{6}$；（2）$\dfrac{2}{3}\pi a^3$.

习题 9.2

1.（1）$\dfrac{8}{3}$；（2）$\dfrac{20}{3}$；（3）$\dfrac{6}{55}$.

2.（1）$\displaystyle\int_0^1 \mathrm{d}x\int_x^1 f(x,y)\mathrm{d}y$；（2）$\displaystyle\int_{-1}^1 \mathrm{d}x\int_0^{\sqrt{1-x^2}} f(x,y)\mathrm{d}y$；

（3）$\displaystyle\int_0^1 \mathrm{d}y\int_{\mathrm{e}^y}^{\mathrm{e}} f(x,y)\mathrm{d}x$；（4）$\displaystyle\int_0^1 \mathrm{d}y\int_{\sqrt{y}}^{2-y} f(x,y)\mathrm{d}x$.

3.（1）$\pi(\mathrm{e}^4-1)$；（2）$\dfrac{3\pi^2}{64}$.

4.（1）$\displaystyle\int_0^{\frac{\pi}{4}} \mathrm{d}\theta\int_0^{\sec\theta} f(\rho\cos\theta,\rho\sin\theta)\rho\mathrm{d}\rho+\int_{\frac{\pi}{4}}^{\frac{\pi}{2}} \mathrm{d}\theta\int_0^{\csc\theta} f(\rho\cos\theta,\rho\sin\theta)\rho\mathrm{d}\rho$；

（2）$\displaystyle\int_{\frac{\pi}{4}}^{\frac{\pi}{3}} \mathrm{d}\theta\int_0^{2\sec\theta} f(\rho)\rho\mathrm{d}\rho$；

（3）$\displaystyle\int_0^{\frac{\pi}{2}} \mathrm{d}\theta\int_{(\cos\theta+\sin\theta)^{-1}}^{1} f(\rho\cos\theta,\rho\sin\theta)\rho\mathrm{d}\rho$；

（4）$\displaystyle\int_0^{\frac{\pi}{4}} \mathrm{d}\theta\int_{\sec\theta\tan\theta}^{\sec\theta} f(\rho\cos\theta,\rho\sin\theta)\rho\mathrm{d}\rho$.

5.（1）$\dfrac{9}{4}$；（2）$\dfrac{2\pi(b^3-a^3)}{3}$.

习题 9.3

1. 投影法，$\dfrac{1}{24}$.

2. 投影法，$\dfrac{\pi R^4}{16}$.

3. 截面法，$\dfrac{4\pi abc^3}{15}$.

4. 选用柱面坐标，$\dfrac{7}{12}\pi$.

5. 选用柱面坐标，$\dfrac{16}{3}\pi$.

6. 选用柱面坐标，$\dfrac{1}{8}$.

习题 **9.4**

1. $\dfrac{3\pi a^4}{32}$.

2. $\dfrac{4}{3}$.

3. $\dfrac{3}{2}$.

4. $\dfrac{32\pi}{3}$.

5. $\dfrac{1}{2}\sqrt{a^2b^2+b^2c^2+c^2a^2}$.

6. $\bar{x}=\dfrac{3}{5}x_0$，$\bar{y}=\dfrac{3}{8}y_0$.

7. $I_x=\dfrac{72}{5}$，$I_y=\dfrac{96}{7}$.

复习题 9

1. （1）$\dfrac{7}{8}+\arctan 2-\dfrac{\pi}{4}$；　　　（2）$\dfrac{1066}{315}$；

　　（3）$\dfrac{R^3}{3}\left(\pi-\dfrac{4}{3}\right)$；　　　　（4）$\dfrac{\pi R^4}{4}+9\pi R^2$.

2. （1）$\displaystyle\int_{-2}^{0}dx\int_{2x+4}^{4-x^2}f(x,y)dy$；

　　（2）$\displaystyle\int_{0}^{2}dx\int_{\frac{1}{2}x}^{3-x}f(x,y)dy$；

　　（3）$\displaystyle\int_{0}^{1}dy\int_{0}^{y^2}f(x,y)dx+\int_{1}^{2}dy\int_{0}^{\sqrt{2y-y^2}}f(x,y)dx$.

3. 提示：变换积分次序.

4. （1）$\dfrac{1}{8}$；（2）$\dfrac{\pi}{4}h^2R^2$.

5. $\dfrac{1}{2}\sqrt{a^2b^2+b^2c^2+c^2a^2}$.

6. $\dfrac{7}{2}$.

7. $\dfrac{\sqrt{2}}{4}\pi$.

8. $\bar{x}=\dfrac{35}{48}$，$\bar{y}=\dfrac{35}{54}$.

9. $I = \dfrac{368}{105}\mu$.

第 10 章

习题 10.1

1. （1）$2\pi a^{2n+1}$；（2）$\dfrac{17\sqrt{17}-1}{48}$；（3）$4$；（4）$\dfrac{8\sqrt{2}}{15}-\dfrac{\sqrt{3}}{5}$；

   （5）$\dfrac{3\sqrt{14}}{2}+18$；（6）$\dfrac{\pi}{4}a\mathrm{e}^a$.

2. $\dfrac{a}{3}\left(2\sqrt{2}-1\right)$.

3. $\left(\dfrac{4a}{5},0\right)$.

4. $R^3(\alpha-\sin\alpha\cos\alpha)$.

习题 10.2

1. （1）$-\dfrac{56}{15}$；（2）$-\dfrac{\pi}{2}a^3$；（3）$\dfrac{8}{3}$；（4）-2π；（5）13.

2. 略.

3. $\dfrac{k}{2}(b^2-a^2)$，k 为比例系数.

4. $mg(z_2-z_1)$.

习题 10.3

1. 略.

2. （1）$\dfrac{3\pi a^2}{8}$；（2）12π.

3. （1）0；（2）4；（3）$-\dfrac{3}{2}$.

4. $yF_y(x,y)=xF_x(x,y)$.

5. （1）$\dfrac{\pi^2}{4}$；（2）$\dfrac{\sin 2}{4}-\dfrac{7}{6}$；（3）$9$.

6. （1）$\dfrac{1}{2}x^2+2xy+\dfrac{1}{2}y^2+C$；

（2）$\dfrac{1}{3}x^3 + x^2 y - xy^2 - \dfrac{1}{3}y^3 + C$；

（3）$x^2 y + C$；（4）$-\cos 2x \sin 3y + C$．

7．略．

习题 10.4

1．（1）πa^3；（2）$\dfrac{\pi}{2}(\sqrt{2}+1)$；（3）$\dfrac{2\pi}{R}h$；（4）$4\sqrt{61}$．

2．（1）$\dfrac{13}{3}\pi$；（2）$\dfrac{111\pi}{10}$．

3．$\left(\dfrac{a}{2}, \dfrac{a}{2}, \dfrac{a}{2}\right)$．

4．$\dfrac{4}{3}\pi \rho a^4$．

习题 10.5

1．略．

2．（1）a^4；（2）$\dfrac{2\pi}{105}R^7$；（3）$\dfrac{1}{8}$；（4）$\dfrac{3\pi}{2}$．

3．$\dfrac{32}{3}\pi$．

习题 10.6

1．（1）$3a^4$；（2）81π；（3）$2(\mathrm{e}^{2a}-1)\pi a^2$．

2．（1）0；（2）9π．

复习题 10

1．（1）不定向，小于；（2）定向，L 的起点，L 的终点；

（3）不定向，$\mathrm{d}S = \sqrt{1+z_x{}^2+z_y{}^2}\,\mathrm{d}\sigma$；

（4）定向，$\mathrm{d}x\mathrm{d}y = \pm \mathrm{d}\sigma$；$\varSigma$ 的指向；

（5）单连通，$\dfrac{\partial P}{\partial y} = \dfrac{\partial Q}{\partial x}$；

（6）$6a$；（7）C．

2．（1）$2a^2$；（2）$\dfrac{(2+t_0{}^2)^{\frac{3}{2}}-2\sqrt{2}}{3}$；（3）$-2\pi a^2$；（4）$\dfrac{1}{35}$；（5）$\pi a^2$．

3．（1）$2\pi\arctan\dfrac{H}{R}$；（2）$-\dfrac{\pi}{4}h^4$；（3）$2\pi R^3$；（4）$\dfrac{1}{15}$．

4．$Q(x,y)=x^2+2y-1$．

5．$9+\dfrac{15}{4}\ln 5$．

6．略．

7．$\dfrac{3}{2}\pi$．

8．$\left(0,0,\dfrac{a}{2}\right)$．

9．$-\dfrac{3}{2}a^2$．

第 11 章

习题 11.1

1．（1）$(-1)^{n-1}\dfrac{1}{2n-1}$；　　（2）$\dfrac{n!}{2n+1}$；　　（3）$\dfrac{1}{\sqrt[n]{3}}$；

　（4）$\dfrac{1}{(5n-4)(5n+1)}$；　　（5）$\dfrac{x^{\frac{n}{2}}}{2\cdot 4\cdot 6\cdots(2n)}$．

2．（1）收敛，$\dfrac{1}{2}$；　　（2）收敛，$\dfrac{3}{2}$；　　（3）发散；　　（4）发散．

3．（1）发散；　（2）收敛；　（3）发散；　（4）发散；　（5）收敛．

习题 11.2

1．（1）发散；　　（2）收敛；　　（3）收敛；　　（4）收敛；

　（5）$a>1$ 时收敛，$a\leqslant 1$ 时发散．

2．（1）收敛；　（2）发散；　（3）收敛；　（4）发散．

3．（1）收敛；　（2）收敛；　（3）发散．

习题 11.3

1．（1）绝对收敛；　　（2）条件收敛；　　（3）发散；　　（4）条件收敛．

2．略．

3．略．

习题 **11.4**

1．（1）$(-1,1)$；　　　（2）$(-3,3)$；　　　（3）仅在 $x=0$ 处收敛；

　（4）$[4,6)$；　　　（5）$\left[-\dfrac{4}{3},\dfrac{2}{3}\right)$；　　　（6）$[-1,1]$；

　（7）$\left[-\dfrac{1}{2},\dfrac{1}{2}\right]$．

2．（1）$S(x)=\dfrac{1}{(1-x)^2}$　　（$-1<x<1$）；

　（2）$S(x)=\begin{cases}-\dfrac{1}{x}\ln\left(1-\dfrac{x}{2}\right),\ x\in[-2,2)\text{且}x\neq 0,\\[2mm]\dfrac{1}{2},\qquad x=0;\end{cases}$

　（3）$S(x)=\dfrac{2}{(1-x)^3}$　　（$-1<x<1$）．

习题 **11.5**

1．（1）$a^x=\displaystyle\sum_{n=0}^{\infty}\dfrac{(x\ln a)^n}{n!}$，　$x\in(-\infty,+\infty)$；

　（2）$\cos^2 x=1+\displaystyle\sum_{n=1}^{\infty}\dfrac{(-1)^n 2^{2n}}{2(2n)!}x^{2n}$，　$x\in(-\infty,+\infty)$；

　（3）$\sin\left(x+\dfrac{\pi}{4}\right)=\dfrac{\sqrt{2}}{2}\displaystyle\sum_{n=0}^{\infty}(-1)^n\left[\dfrac{1}{(2n)!}x^{2n}+\dfrac{1}{(2n+1)!}x^{2n+1}\right]$，　$x\in(-\infty,+\infty)$；

　（4）$\ln\sqrt{\dfrac{1+x}{1-x}}=\displaystyle\sum_{n=0}^{\infty}\dfrac{x^{2n+1}}{2n+1}$，　$x\in(-1,1)$；

　（5）$(1+x)\ln(1+x)=x+\displaystyle\sum_{n=2}^{\infty}\dfrac{(-1)^n x^n}{n(n-1)}$，　$x\in(-1,1]$．

2．$\dfrac{1}{2+x}=\displaystyle\sum_{n=0}^{\infty}(-1)^n\dfrac{(x-1)^n}{3^{n+1}}$，　$-1<x\leqslant 4$．

3．$\ln x=\ln 2+\displaystyle\sum_{n=1}^{\infty}(-1)^{n-1}\dfrac{1}{n-1}\cdot\dfrac{(x-2)^{n-1}}{2^{n-1}}$，　$0<x\leqslant 4$．

4．$\cos x=\dfrac{1}{2}\displaystyle\sum_{n=0}^{\infty}(-1)^n\left[\dfrac{\left(x+\dfrac{\pi}{3}\right)^{2n}}{(2n)!}+\sqrt{3}\dfrac{\left(x+\dfrac{\pi}{3}\right)^{2n+1}}{(2n+1)!}\right]$，　$x\in(-\infty,+\infty)$．

习题 11.6

1.（1）$x^3 = 2\sum_{n=1}^{\infty}(-1)^{n+1}\left(\dfrac{\pi^2}{n} - \dfrac{6}{n^3}\right)\sin nx$ （$x \neq (2n+1)\pi, n = 0, \pm 1, \pm 2, \cdots$）；

（2）$2\sin\dfrac{x}{3} = \dfrac{18\sqrt{3}}{\pi}\sum_{n=1}^{\infty}(-1)^{n-1}\dfrac{n}{9n^2-1}\sin nx$ （$x \neq (2n+1)\pi, n = 0, \pm 1, \pm 2, \cdots$）．

2.（1）$\mathrm{e}^x + 1 = \dfrac{1}{2\pi}(\mathrm{e}^\pi - \mathrm{e}^{-\pi} + 2\pi) + \dfrac{\mathrm{e}^\pi - \mathrm{e}^{-\pi}}{\pi}\sum_{n=1}^{\infty}\dfrac{(-1)^n}{n^2+1}(\cos nx - n\sin nx)$ （$-\pi < x < \pi$）；

（2）$f(x) = \dfrac{3}{4}\pi - \dfrac{6}{\pi}\sum_{n=0}^{\infty}\dfrac{\cos(2n+1)x}{(2n+1)^2} + \sum_{n=1}^{\infty}(-1)^{n-1}\dfrac{\sin nx}{n}$ （$-\pi < x < \pi$）；

（3）

$$f(x) = \dfrac{1+\pi-\mathrm{e}^{-\pi}}{2\pi} + \dfrac{1}{\pi}\sum_{n=1}^{\infty}\left\{\dfrac{1+(-1)^{n+1}\mathrm{e}^{-\pi}}{n^2+1}\cos nx + \left[\dfrac{-n+(-1)^n n\mathrm{e}^{-\pi}}{n^2+1} + \dfrac{1-(-1)^n}{n}\right]\sin nx\right\}$$

（$-\pi < x < \pi$）．

3. $-\sin\dfrac{x}{2} + 1 = \dfrac{1}{\pi}\sum_{n=1}^{\infty}\left\{\dfrac{(-1)^n 8n}{4n^2-1} - \dfrac{2}{n}\left[(-1)^n - 1\right]\right\}\sin nx$，$\quad 0 < x \leqslant \pi$．

4. $f(x) = 1 + \dfrac{3}{8}\pi + \dfrac{2}{\pi}\sum_{n=1}^{\infty}\left\{\dfrac{1}{n^2}\left[(-1)^n - \cos\dfrac{n\pi}{2}\right] - \dfrac{\pi}{2n}\sin\dfrac{n\pi}{2}\right\}\cos nx$，$\quad x \in \left[0, \dfrac{\pi}{2}\right) \cup \left(\dfrac{\pi}{2}, \pi\right)$，

$\dfrac{\pi}{2} < x \leqslant \pi$．

5. $f(x) = -\dfrac{1}{2} + \sum_{n=1}^{\infty}\left\{\dfrac{3}{n^2\pi^2}\left[1+(-1)^{n+1}\right]\cos\dfrac{n\pi x}{3} - \dfrac{1}{n\pi}\left[1+(-1)^{n+1}\cdot 8\right]\sin\dfrac{n\pi x}{3}\right\}$，

$x \in (-3, 0) \cup (0, 3)$．

复习题 11

1.（1）C；（2）D；（3）B．

2.（1）收敛；　（2）发散；　（3）收敛；　（4）发散．

3.（1）条件收敛；　（2）条件收敛；　（3）绝对收敛；　（4）条件收敛．

4.（1）$\left(-\dfrac{1}{2}, \dfrac{1}{2}\right]$；　（2）仅在 $x = 0$ 处收敛；　（3）$(-\sqrt{3}, \sqrt{3})$；

（4）$[0, 2]$．

5. $S(x) = (2x^2 + 1)\mathrm{e}^{x^2}$，$\quad x \in (-\infty, +\infty)$，$\quad \sum_{n=1}^{\infty}\dfrac{2n+1}{n!} = 3\mathrm{e}$．

6.（1）$x\mathrm{e}^{-x^2} = \sum_{n=0}^{\infty}(-1)^n\dfrac{x^{2n+1}}{n!}$，$\quad x \in (-\infty, +\infty)$；

（2） $\ln\left(x+\sqrt{x^2+1}\right)=x+\sum_{n=1}^{\infty}(-1)^n\dfrac{(2n-1)!!}{(2n)!!}\cdot\dfrac{x^{2n+1}}{2n+1}$，$x\in[-1,1]$.

7. $\dfrac{1}{x^2}=\sum_{n=1}^{\infty}(-1)^{n+1}\dfrac{n}{3^{n+1}}(x-3)^{n-1}$，$x\in(0,6)$.

8. $f(x)=\dfrac{\pi}{4}-\dfrac{2}{\pi}\sum_{n=1}^{\infty}\dfrac{1}{(2n-1)^2}\cos(2n-1)x+3\sum_{n=1}^{\infty}(-1)^{n+1}\dfrac{\sin nx}{n}$，$-\pi<x\leqslant\pi$.

9. $f(x)=\dfrac{2}{\pi}\sum_{n=1}^{\infty}\dfrac{1-\cos nh}{n}\sin nx$，$x\in[0,h)\cup(h,\pi]$；

$f(x)=\dfrac{h}{\pi}+\dfrac{2}{\pi}\sum_{n=1}^{\infty}\dfrac{\sin nh}{n}\cos nx$，$x\in[0,h)\cup(h,\pi]$.

参考文献

[1] 吴赣昌. 高等数学（理工类·简明版）. 北京：中国人民大学出版社，2011.

[2] 同济大学数学系. 高等数学. 第六版. 北京：高等教育出版社，2007.

[3] 赵佳因. 高等数学工科类. 北京：北京大学出版社，2004.

[4] 俎冠兴. 高等数学. 北京：化学工业出版社，2007.

[5] 刘志峰，罗成諟. 高等数学. 北京：化学工业出版社，2007.

[6] 同济大学应用数学系. 高等数学第五版（上册）. 北京：高等教育出版社，2002.

[7] 吴赣昌. 微积分（上册）经管类. 第三版. 北京：中国人民大学出版社，2008.

[8] 陈文灯. 高等数学辅导. 北京：世界图书出版公司，2005.

[9] 尹金生，王伟平. 高等数学学习与考试指导，青岛：石油大学出版社，2004.

[10] 王金金，李广民. 高等数学. 北京：清华大学出版社，2007.

[11] 傅英定，钟守铭. 高等数学（下册）. 成都：电子科技大学出版社，2007.

[12] 孟祥发. 高等数学. 北京：机械工业出版社，2000.

[13] 韩旭里，刘碧玉，李军英. 大学数学教程. 北京：科学出版社，2004.

[14] 上海大学理学院数学系. 高等数学教程. 上海：上海大学出版社，2005.

[15] 赵文玲，付夕联，徐峰，孙锦萍. 高等数学教程. 北京：科学出版社，2004.

[16] 何瑞文，胡成，杨宁，周海东. 高等数学. 成都：西南交通大学出版社；2006.

[17] 岳贵新. 高等数学. 北京：人民交通出版社，2004.

[18] 谢季坚，李启文. 大学数学：微积分及其在生命科学、经济管理中应用（第2版）. 北京：高等教育出版社，2004.

[19] 吴传生. 经济数学：微积分. 北京：高等教育出版社，2009.

[20] 教育部高等教育司组. 高等数学（第2版）. 北京：高等教育出版社，2003.

[21] 林建华等. 高等数学. 北京：北京大学出版社，2010.

[22] 吴钦宽，孙福树，翁连贵. 高等数学. 北京：科学出版社，2010.

[23] 朱来义. 微积分. 北京：高等教育出版社，2010.

[24] 陆少华. 微积分. 上海：上海交通大学出版社，2002.

[25] 熊德之，柳翠花，伍建华. 高等数学. 北京：科学出版社，2009.

[26] 欧阳隆. 高等数学. 武汉：武汉大学出版社，2008.

[27] 杜忠复. 大学数学——微积分. 北京：高等教育出版社，2004.

[28] 赵利彬. 高等数学. 上海：同济大学出版社，2007.

[29] 上海交通大学数学系微积分课程组编. 大学数学——微积分. 北京：高等教育出版社，2008.

[30] 刘书田. 高等数学（第二版）. 北京：北京大学出版社，2006.

[31] 罗贤强，陈怀琴. 高等数学（上册）. 北京：北京航空航天大学出版社，2006.

[32] 赵树嫄等. 经济应用数学基础（一）：微积分学习参考（第三版）. 北京：中国人民大学出版社，2010.

[33] 吴兰芳. 高等数学. 北京：高等教育出版社，1987.

[34] 周兆麟. 经济数学基础. 北京：中央广播电视大学出版社，1995.

[35] 同济大学数学教研室. 高等数学习题集. 北京：人民教育出版社，1965.

参考文献